招投标与预决算丛书

装饰工程招投标与预决算

ZHUANGSHI GONGCHENG
ZHAOTOUBIAO YU YUJUESUAN

赵莹华 主编

化学工业出版社

·北京·

《装饰工程招投标与预决算》（第二版）是"招投标与预决算丛书"中的一本，以《建设工程工程量清单计价规范》（GB 50500—2013）、《中华人民共和国招标投标法》等最新规范和标准、法律法规为基本依据，分概述，装饰工程预算定额，装饰工程定额工程量计算，装饰工程工程量清单计价，装饰工程施工图预算，装饰工程的结算、决算与审查，装饰工程招投标，装饰工程承包合同管理共九章内容，全面阐述了装饰工程招标标底与投标报价的编制，定额工程量和清单工程量的计算规则和方法，预决算与审查，并在相关章节增设了例题，便于读者进一步理解和掌握相关知识。

　　本书采用"笔记式"的编写方式，重点突出招投标实例，内容深浅适宜，理论与实例结合，可操作性强。适合装饰工程招投标编制、工程预算、工程造价及项目管理工作人员参考使用，也可供相关专业的大专院校师生参考阅读。

图书在版编目（CIP）数据

装饰工程招投标与预决算/赵莹华主编. —2版. —北京：化学工业出版社，2015.10
（招投标与预决算丛书）
ISBN 978-7-122-25007-0

Ⅰ. ①装…　Ⅱ. ①赵…　Ⅲ. ①建筑装饰-工程施工-招标②建筑装饰-工程施工-投标③建筑装饰-建筑预算定额　Ⅳ. ①TU723

中国版本图书馆 CIP 数据核字（2015）第 200467 号

责任编辑：袁海燕　　　　　　　　　　装帧设计：王晓宇
责任校对：边　涛

出版发行：化学工业出版社（北京市东城区青年湖南街13号　邮政编码100011）
印　　装：北京科印技术咨询服务有限公司数码印刷分部
787mm×1092mm　1/16　印张14¾　字数395千字　2015年10月北京第2版第1次印刷

购书咨询：010-64518888　　　　　　　售后服务：010-64518899
网　　址：http://www.cip.com.cn
凡购买本书，如有缺损质量问题，本社销售中心负责调换。

定　　价：48.00元

《装饰工程招投标与预决算》

编写人员

主　编　赵莹华

参编人员　（按姓名笔画排序）

马小满　王　开　王　安　白　莹

白雅君　朱喜来　刘佳力　季贵斌

郑勇强　赵莹华　谭立新

第二版前言
Foreword

为了规范建设市场秩序、提高投资效益，做好工程造价工作，住房与城乡建设部于2013年颁布实施了《建设工程工程量清单计价规范》（GB 50500—2013）、《房屋建筑与装饰工程工程量计算规范》（GB 50854—2013）、《建筑工程建筑面积计算规范》（GB 50353—2013）、建设工程施工合同（示范文本）（GF-2013-0201）、中华人民共和国标准设计施工总承包招标文件（2012年版）、中华人民共和国简明标准施工招标文件（2012年版）等最新标准规范文件，同时《中华人民共和国招标投标法》、《中华人民共和国合同法》也进行了更新和修订。

本书第一版的很多知识已经过时，使用性不强，因此已经不再适用，很有必要进行第二版的修订。第二版更注重将最新的标准规范与现有的工程造价知识及招投标知识相结合，更符合当前的市场经济发展趋势，也更有利于工程造价人员学习参考使用。

本书内容深浅适宜，理论与实例结合，涉及内容广泛、编写体例新颖、方便查阅、可操作性强。主要内容包括：概述，装饰工程预算定额，装饰工程定额工程量计算，装饰工程工程量清单计价，装饰工程施工图预算，装饰工程的结算、决算与审查装饰工程招投标，装饰工程承包合同管理。

本书适合装饰工程招投标编制、工程预算、工程造价及项目管理工作人员参考使用，也可供相关专业的大专院校师生参考阅读。

由于编者的经验和学识有限，虽尽心尽力，仍不免有疏漏和不妥之处，恳请广大读者和有关专家提出宝贵的意见。

编　者
2015 年 7 月

目 录
Contents

第1章
概述

第1节　装饰工程费用

⇜ 要　点 ⇝

按国家规定，装饰装修工程费用由直接费、间接费、利润和税金组成。

⇜ 解　释 ⇝

一、直接费

直接费由直接工程费和措施费组成。

（1）直接工程费　是指装饰装修工程施工中耗费的构成工程实体的各项费用，由人工费、材料费、施工机械使用费和其它直接费构成。

① 人工费　是指从事装饰装修工程施工的人工（包括现场运输等辅助人工）和附属施工工人的基本工资、附加工资、辅助工资、工资性津贴和劳动保护费。人工费不包括材料保管、采购、施工管理人员、运输人员、机械操作人员的工资。这些人员的工资，分别计入其它有关的费用中。人工费可用下式表示：

$$人工费 = \sum(预算定额基价人工费 \times 分项工程工程量)$$

② 材料费　是指完成装饰装修施工工程所消耗的材料、零件、成品和半成品的费用，以及周转性材料摊销费。

材料费的计算可用下式表示：

$$材料费 = \sum(预算定额基价材料费 \times 分项工程工程量)$$

③ 施工机械使用费　是指装饰装修工程施工中所使用各种机械费用的统称。但不包括施工管理和实行独立核算的加工厂所需的各种机械的费用。

施工机械使用费的计算，可用下式表示：

$$施工机械使用费 = \sum(预算定额基价机械费 \times 分项工程工程量)$$

此外，还必须指出，有些地区的装饰装修工程预算定额基价中，规定了一项综合费用。其内容包括建筑物七层（高度22.5m）以内的材料垂直运输和高度3.6m以内的脚手架，按照通常施工方法考虑了材料水平运输、卫生设施、通讯设施等的费用。

④ 其它直接费 是指装饰装修工程定额直接费中没有包括的，而在实际施工中发生的具有直接费性质的费用。其中，包括雨季施工增加费、冬季施工增加费等费用及预算包干费等。这些费用，通常按各地区的规定进行计算。

（2）措施费 是指为完成装饰工程项目施工，发生于该工程施工前和施工过程中非工程实体项目的费用，包括内容见表1-1。

表1-1 措施费具体内容

项 目	内 容
环境保护费	施工现场为达到环保部门要求所需要的各项费用
文明施工费	施工现场文明施工所需要的各项费用
安全施工费	施工现场安全施工所需要的各项费用
临时设施费	施工企业为进行建筑工程施工所必须搭设的生活和生产用的临时建筑物、构筑物和其它临时设施费用等 临时设施包括：临时宿舍、文化福利及公用事业房屋与构筑物，仓库、办公室、加工厂，以及规定范围内的道路、水、电、管线等临时设施和小型临时设施 临时设施费用包括临时设施的搭设、维修、拆除费或摊销费
夜间施工费	因夜间施工所发生的夜班补助费、夜间施工降效、夜间施工照明设备摊销及照明用电等费用
二次搬运费	因施工场地狭小等特殊情况而发生的二次搬运费
脚手架费	施工需要的各种脚手架搭、拆、运输费用及脚手架的摊销（或租赁）费用
已完工程及设备保护费	竣工验收前，对已完工程及设备进行保护所需费用
垂直运输机械费	施工需要的各种垂直运输机械的台班费用
室内污染测试费	检测室内污染所需要的费用

二、间接费

间接费由规费和企业管理费构成。

（1）规费 是指政府和有关权力部门规定必须缴纳的费用，内容见表1-2。

表1-2 规费的具体内容

费 用 项 目	内 容
工程排污费	施工现场按规定缴纳的工程排污费
工程定额测定费	按规定支付工程造价（定额）管理部门的定额测定费
社会保障费	①养老保险费 即企业按规定标准为职工缴纳的基本养老保险费 ②失业保险费 即企业按照国家规定标准为职工缴纳的失业保险费 ③医疗保险费 即企业按照规定标准为职工缴纳的基本医疗保险费 ④住房公积金 即企业按规定标准为职工缴纳的住房公积金 ⑤危险作业意外伤害保险 即按照建筑法规定,企业为从事危险作业的建筑安装施工人员支付的意外伤害保险费

（2）企业管理费 是指建筑安装企业组织施工生产和经营管理所需费用，内容见表1-3。

三、利润

在装饰装修工程费用中扣除装饰装修成本后的余额，称为盈利。

四、税金

税金是国家财政收入的主要来源。是指国家税法规定的应计入建筑安装工程造价内的营业税、教育费附加及城市维护建设税等。它与其它收入相比，具有强制性、固定性与无偿性等特点。

表 1-3　企业管理费具体内容

费用项目	内容
管理人员工资	管理人员的基本工资、工资性补贴、职工福利费和劳动保护费等
办公费	企业管理办公用的文具、纸张、账表、印刷、邮电、书报、会议、水电、烧水和集体取暖(包括现场临时宿舍取暖)用煤等费用
差旅交通费	职工因公出差、调动工作的差旅费和住勤补助费,市内交通费和误餐补助费,职工探亲路费,劳动力招募费,职工离退休、退职一次性路费,工伤人员就医路费,工地转移费,以及管理部门使用的交通工具的油料、燃料、养路费和牌照费
固定资产使用费	管理和试验部门及附属生产单位使用的属于固定资产的房屋、设备仪器等的折旧、大修、维修或租赁费
工具用具使用费	管理使用的不属于固定资产的生产工具、器具、家具、交通工具,以及检验、试验、测绘、消防用具等的购置、维修和摊销等
劳动保险费	由企业支付离退休职工的易地安家补助费、职工退职金、六个月以上的病假人员工资、职工死亡丧葬补助费、抚恤费,以及按规定支付给离休干部的各项经费
工会经费	企业按职工工资总额计提的工会经费
职工教育经费	企业为职工学习先进技术和提高文化水平,按职工工资总额计提的费用
财产保险费	施工管理用财产、车辆保险
财务费	企业为筹集资金而发生的各种费用
税金	企业按规定缴纳的房产税、车船使用税、土地使用税、印花税等
其它	包括技术转让费、技术开发费、业务招待费、绿化费、广告费、公证费、法律顾问费、审计费和咨询费等

～ 相关知识 ～

装饰装修工程费用的特点

装饰装修工程的费用与一般土建装饰装修工程费用的构成很相似,但由于装饰装修工程的施工与一般土建装饰装修工程的施工相比有许多特殊性,所以,装饰装修工程的费用也有其特点。

(1)预算定额基价构成不同　在有些地区装饰装修工程预算定额基价中,除包含人工费、材料费和机械使用费以外,还包含一些综合费用,而土建装饰装修工程预算定额基价中不含有此项费用。

(2)费用构成不同　土建装饰装修工程中计取二次搬运费、夜间施工增加费及城市运输干扰费,在装饰装修工程费用中均不计取。

(3)其它直接费和间接费的计算基础不同　在土建工程中,不同单位工程的各部分工程,其直接费用相差比较大,但综合成为单位工程时,各单位工程的直接费用是较为稳定的,各种差别相互抵消。所以,土建工程以直接费或定额直接费作为其它费用的计算基础。

土建工程中的一个分部工程是建筑装饰装修工程,其取费基础与土建工程相同,费用包含在土建费用之中。但在装饰装修工程中,各种材料的价值很高,价差很大,直接费数量受材料价格影响大,很不稳定,但其中的人工费数量则是比较稳定的。因此,装饰装修工程以定额人工费作为其它费用的计算基础。

～ 例题 ～

【例 1-1】 某室内顶棚装饰装修工程,施工面积为 $500m^2$,已知该地区现行装饰工程预算定额中装饰脚手架项目的定额基价为 576.32 元/100m²,以直接费为计算基础的管理费费率为 18%、利润率为 11%,试计算脚手架费用。

解:　顶棚装饰脚手架费用＝直接费×(1＋管理费费率＋利润费)

＝500×(576.32÷100)×(1＋18%＋11%)

＝3717.26(元)

第2节 装饰工程预算

要 点

建筑装饰装修工程预算是根据不同设计阶段的设计图纸，根据规定的建筑装饰装修工程消耗量定额和由市场确定的综合单价等资料，按一定的步骤预先计算出的装饰装修工程所需全部投资额的造价文件。本节从装饰工程预算的种类、作用以及装饰工程预算的编制依据、步骤四方面来详细介绍。

解 释

一、装饰工程预算的种类

由于建筑装饰工程设计和施工的进展阶段不同，建筑装饰工程的预算可分为：建筑装饰工程的设计预算、施工预算、施工图预算和建筑装饰工程的竣工结（决）算等。

当建筑装饰工程只是作为某个单项工程中的一个单位工程时，它就成为整个建筑安装工程的一个组成部分，这时它又可以按建筑安装工程的规模大小进行分类，可分为：单项工程综合预算、单位工程预算、工程建设其它费用和建设工程项目总预算等。由于这种分类对建筑装饰工程来说不是可以独立存在的，古建筑装饰工程一般都按前一种类别进行分类。

二、装饰工程预算的作用

① 确定建筑装饰工程造价、编制固定资产计划的依据。

② 建设单位确定标底和建筑企业投标报价的依据。

③ 签订建筑装饰工程合同、实行建设单位投资包干和办理工程决算的依据。

④ 设计方案进行技术经济分析的重要依据。

⑤ 建筑企业进行经济核算、考核工程成本的依据。

三、装饰工程预算的编制依据

① 装饰施工图纸。

② 建筑工程量计算规则。

③ 建筑工程费用项目构成及计算规则。

④ 施工组织设计或施工方案。

⑤ 建筑工程消耗量定额和各市地建筑装饰工程价目表。

⑥ 合同或协议。

⑦ 工具书及有关手册。

四、装饰工程预算的编制步骤

1. 熟悉施工图纸，了解现场情况

① 看懂图纸，主要看标注尺寸、材料名称、规格和内部结构做法。

② 遇有图纸不明之处，及时提出，尽早解决。了解现场情况很重要，尤其在做决算时。

2. 正确计算工程量

① 使用工具包括工程量计算单、铅笔或圆珠笔、橡皮、计算器、比例尺等。

② 计算顺序依据定额的章节划分列项，或按照先地面、再天棚、后墙面的顺序进行。

③ 计算工程量要按照各省建筑工程量计算规则进行计算，不得违背此原则。

④ 计算工程量要注意计量单位的转换。图纸单位为 mm，计算工程量单位为 m 或 m^2，定额及价目表单位为 10m 或 $10m^2$。

⑤ 计算工程量要注意避免重复劳动。

⑥ 工程量计算完毕要进行审核。

3. 套用消耗量定额及价目表单价

① 工程量×该项目定额基价＝该项目定额直接费用。

工程量×该项目定额人工费＝该项目人工费。

② 工程子项的规格、名称、材料与定额内容不一致时，在定额说明允许换算的情况下，可以将材料规格、单价进行换算，并在定额编号前加上"换"字。

4. 工料分析

消耗量定额项目中的材料用量×该项目工程量＝该项目工程此种材料的用量。

消耗量定额项目中的人工工日数×该项目工程量＝该项目工程人工工日数量。

5. 人工、材料汇总

$\sum$各项目工程某种材料的用量＝该工程此种材料的总用量。

$\sum$各项目工程人工工日数＝该工程人工工日数总量。

材料汇总和人工工日汇总是工程管理人员安排材料购买品种、数量和安排工人进场数量的重要依据。

6. 套用工程费用计算程序计算各项费用

累计分项工程的定额直接费用之和，即为本项工程的直接工程费用。以直接工程费为计费基础，套用费用定额计算各项费用。直接费用与各项费用之和即为此项工程的总造价。

7. 编制预算说明

① 编制依据：图纸、定额、价目表和各种费用文件的名称。

② 补充项目和遗留项目有哪些，原因及处理方式，补充项目的编制依据。

③ 预算中是否考虑设计变更及图纸会审记录。

④ 其它事项。

8. 逻辑审查、复印送审

逻辑审查、复印送审全面复核，报甲方、审计部门审核。

相关知识

装饰工程预算与决算的不同点

装饰工程预算与决算的不同点见表1-4。

表1-4　装饰工程预算与决算的不同点

不 同 点	说　　明
依据不同	装饰工程预算的依据是施工图纸,决算的依据是竣工图纸和实际竣工工程
作用不同	装饰工程预算的作用在于预测工程预算资金,是建设单位筹备工程款的依据;决算的作用在于确认工程实际造价,是建设、施工双方结算的依据
数额不同	由于设计变更等因素,必然使预算与决算的数额不同。一般情况下,决算数额大于预算数额的情况比较多见

第 3 节　工程量清单编制

 要　点

工程量清单是指用以表现拟建建筑安装工程项目的分部分项工程项目、措施项目、其他

项目、规费项目、税金项目名称以及相应数量的明细标准表格。工程量清单体现的核心内容为分项工程项目名称及其相应数量，是招标文件的组成部分。《建设工程工程量清单计价规范》（GB 50500—2013）强制规定"招标工程量清单必须作为招标文件的组成部分，其准确性和完整性由招标人负责"。工程量清单是由招标人或由其委托的具有相应资质的代理机构按照招标要求，依据《建设工程工程量清单计价规范》（GB 50500—2013）中规定的统一项目编码、项目名称、计量单位以及工程量计算规则进行编制，作为编制招标控制价、投标报价、计算工程量、支付工程款、调整合同价款、办理竣工结算以及工程索赔等的依据之一。

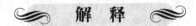

解　释

一、一般规定

1. 清单编制主体

招标工程量清单应由具有编制能力的招标人或受其委托，具有相应资质的工程造价咨询人或招标代理人编制。

2. 清单编制条件及责任

招标工程量清单必须作为招标文件的组成部分，其准确性和完整性由招标人负责。

3. 清单编制的作用

招标工程量清单是工程量清单计价的基础，应作为编制招标控制价、投标报价、计算工程量、工程索赔等的依据之一。

4. 清单的组成

招标工程量清单应以单位（项）工程为单位编制，应由分部分项工程量清单、措施项目清单、其他项目清单、规费和税金项目清单组成。

5. 清单编制依据

编制工程量清单的依据如下。

（1）《房屋建筑与装饰工程工程量计算规范》（GB 50854—2013）和现行国家标准《建设工程工程量清单计价规范》（GB 50500—2013）。

（2）国家或省级、行业建设主管部门颁发的计价依据和办法。

（3）建设工程设计文件。

（4）与建设工程项目有关的标准、规范、技术资料。

（5）拟定的招标文件。

（6）施工现场情况、工程特点及常规施工方案。

（7）其他相关资料。

6. 编制要求

（1）其它项目、规费和税金项目清单应按照现行国家标准《建设工程工程量清单计价规范》（GB 50500—2013）的相关规定编制。

（2）编制工程量清单出现《房屋建筑与装饰工程工程量计算规范》（GB 50854—2013）附录中未包括的项目，编制人应做补充，并报省级或行业工程造价管理机构备案，省级或行业工程造价管理机构应汇总报住房和城乡建设部标准定额研究所。

补充项目的编码由《房屋建筑与装饰工程工程量计算规范》（GB 50854—2013）的代码 01 与 B 和三位阿拉伯数字组成，并应从 01B001 起顺序编制，同一招标工程的项目不得重码。

补充的工程量清单需附有补充项目的名称、项目特征、计量单位、工程量计算规则、工作内容。不能计量的措施项目，需附有补充项目的名称、工作内容及包含范围。

二、分部分项工程清单

1. 工程量清单编码

（1）工程量清单应根据《房屋建筑与装饰工程工程量计算规范》（GB 50854—2013）附录规定的项目编码、项目名称、项目特征、计量单位和工程量计算规则进行编制。

（2）工程量清单的项目编码，应采用前十二位阿拉伯数字表示，一至九位应按《房屋建筑与装饰工程工程量计算规范》（GB 50854—2013）附录的规定设置，十至十二位应根据拟建工程的工程量清单项目名称设置，同一招标工程的项目编码不得有重码。

各位数字的含义是：一、二位为专业工程代码（01—房屋建筑与装饰工程；02—仿古建筑工程；03—通用安装工程；04—市政工程；05—园林绿化工程；06—矿山工程；07—构筑物工程；08—城市轨道交通工程；09—爆破工程。以后进入国标的专业工程代码以此类推）；三、四位为工程分类顺序码；五、六位为分部工程顺序码；七、八、九位为分项工程项目名称顺序码；十至十二位为清单项目名称顺序码。

当同一标段（或合同段）的一份工程量清单中含有多个单位工程且工程量清单是以单位工程为编制对象时，在编制工程量清单时应特别注意对项目编码十至十二位的设置不得有重码的规定。

2. 工程量清单项目名称与项目特征

（1）工程量清单的项目名称应按《房屋建筑与装饰工程工程量计算规范》（GB 50854—2013）附录的项目名称结合拟建工程的实际确定。

（2）分部分项工程量清单项目特征应按《房屋建筑与装饰工程工程量计算规范》（GB 50854—2013）附录规定的项目特征，结合拟建工程项目的实际予以描述。

工程量清单的项目特征是确定一个清单项目综合单价不可缺少的重要依据，在编制工程量清单时，必须对项目特征进行准确和全面地描述。但有些项目特征用文字往往又难以准确和全面地描述清楚。因此，为达到规范、简洁、准确、全面描述项目特征的要求，在描述工程量清单项目特征时应按以下原则进行。

① 项目特征描述的内容应按附录中的规定，结合拟建工程的实际，能满足确定综合单价的需要。

② 若采用标准图集或施工图纸能够全部或部分满足项目特征描述的要求，项目特征描述可直接采用详见××图集或××图号的方式。对不能满足项目特征描述要求的部分，仍应用文字描述。

3. 工程量计算规则与计量单位

（1）工程量清单中所列工程量应按《房屋建筑与装饰工程工程量计算规范》（GB 50854—2013）附录中规定的工程量计算规则计算。

（2）分部分项工程量清单的计量单位应按《房屋建筑与装饰工程工程量计算规范》（GB 50854—2013）附录中规定的计量单位确定。

4. 其他相关要求

（1）现浇混凝土工程项目"工作内容"中包括模板工程的内容，同时又在"措施项目"中单列了现浇混凝土模板工程项目。对此，由招标人根据工程实际情况选用，若招标人在措施项目清单中未编列现浇混凝土模板项目清单，即表示现浇混凝土模板项目不单列，现浇混凝土工程项目的综合单价中应包括模板工程费用。

（2）对预制混凝土构件按现场制作编制项目，"工作内容"中包括模板工程，不再另列。若采用成品预制混凝土构件时，构件成品价（包括模板、钢筋、混凝土等所有费用）应计入综合单价中。

（3）金属结构构件按成品编制项目，构件成品价应计入综合单价中，若采用现场制作，包括制作的所有费用。

三、措施项目清单

（1）措施项目清单必须根据相关工程现行国家计量规范的规定编制，应根据拟建工程的实际情况列项。

（2）措施项目中列出了项目编码、项目名称、项目特征、计量单位、工程量计算规则的项目。编制工程量清单时，应按照"分部分项工程"的规定执行。

（3）措施项目中仅列出项目编码、项目名称，未列出项目特征、计量单位和工程量计算规则的项目，编制工程量清单时，应按"措施项目"规定的项目编码、项目名称确定。

四、其他项目清单

其他项目清单应按照暂列金额、暂估价、计日工、总承包服务费列项。

1. 暂列金额

暂列金额是招标人暂定并包括在合同价款中的一笔款项。不管采用何种合同形式，其理想的标准是，一份合同的价格就是其最终的竣工结算价格，或者至少两者应尽可能接近。我国规定对政府投资工程实行概算管理，经项目审批部门批复的设计概算是工程投资控制的刚性指标，即使商业性开发项目也有成本的预先控制问题，否则，无法相对准确地预测投资的收益和科学合理地进行投资控制。但工程建设自身的特性决定了工程的设计需要。根据工程进展不断地进行优化和调整，业主需求可能会随工程建设进展而出现变化，工程建设过程还会存在一些不能预见、不能确定的因素。消化这些因素必然会影响合同价格的调整，暂列金额正是因应这类不可避免的价格调整而设立，以便达到合理确定和有效控制工程造价的目标。

有一种错误的观念认为，暂列金额列入合同价格就属于承包人（中标人）所有了。事实上，即便是总价包干合同，也不是列入合同价格的任何金额都属于中标人的，是否属于中标人应得金额取决于具体的合同约定，暂列金额从定义开始就明确，只有按照合同约定程序实际发生后，才能成为中标人的应得金额，纳入合同结算价款中。扣除实际发生金额后的暂列金额余额仍属于招标人所有。设立暂列金额并不能保证合同结算价格不会再出现超过已签约合同价的情况，是否超出已签约合同价完全取决于对暂列金额预测的准确性，以及工程建设过程是否出现了其他事先未预测到的事件。

2. 暂估价

暂估价是指招标阶段直至签订合同协议时，招标人在招标文件中提供的用于支付必然要发生但暂时不能确定价格的材料以及专业工程的金额。其包括材料暂估价、工程设备暂估单价、专业工程暂估价。

为方便合同管理和计价，需要纳入工程量清单项目综合单价中的暂估价最好只是材料费，以方便投标人组价。对专业工程暂估价一般应是综合暂估价，包括除规费、税金以外的管理费、利润等。

3. 计日工

计日工是为了解决现场发生的零星工作的计价而设立的。国际上常见的标准合同条款中，大多数都设立了计日工计价机制。计日工对完成零星工作所消耗的人工工时、材料数量、施工机械台班进行计量，并按照计日工表中填报的适用项目的单价进行计价支付。计日工适用的所谓零星工作一般是指合同约定之外或者因变更而产生的、工程量清单中没有相应项目的额外工作，尤其是那些时间不允许事先商定价格的额外工作。

4. 总承包服务费

总承包服务费是为了解决招标人在法律、法规允许的条件下进行专业工程发包以及自行供应材料、工程设备，并需要总承包人对发包的专业工程提供协调和配合服务，对供应材料、工程设备提供收、发和保管服务以及进行施工现场管理时发生并向总承包人支付的费用。招标人应预计该项费用，并按投标人的投标报价向投标人支付该项费用。

五、规费项目清单

（1）规费项目清单应按照下列内容列项。

① 社会保障费。包括养老保险费、失业保险费、医疗保险费、工伤保险费、生育保险费。

② 住房公积金。

③ 工程排污费。

（2）出现第（1）条未列的项目，应根据省级政府或省级有关部门的规定列项。

六、税金项目清单

（1）税金项目清单应包括下列内容。

① 营业税。

② 城市维护建设税。

③ 教育费附加。

④ 地方教育附加。

（2）出现第（1）条未列的项目，应根据税务部门的规定列项。

相关知识

工程量清单计价编制的一般规定

1. 计价方式

（1）使用国有资金投资的建设工程发承包，必须采用工程量清单计价。

（2）非国有资金投资的建设工程，宜采用工程量清单计价。

（3）不采用工程量清单计价的建设工程，应执行《建设工程工程量清单计价规范》（GB 50500—2013）除工程量清单等专门性规定外的其他规定。

（4）工程量清单应采用综合单价计价。

（5）措施项目中的安全文明施工费必须按国家或省级、行业建设主管部门的规定计算。不得作为竞争性费用。

（6）规费和税金必须按国家或省级、行业建设主管部门的规定计算。不得作为竞争性费用。

2. 发包人提供材料和工程设备

（1）发包人提供的材料和工程设备（以下简称甲供材料）应在招标文件中按照规定填写《发包人提供材料和工程设备一览表》，写明甲供材料的名称、规格、数量、单价、交货方式、交货地点等。

承包人投标时，甲供材料单价应计入相应项目的综合单价中，签约后，发包人应按合同约定扣除甲供材料款，不予支付。

（2）承包人应根据合同工程进度计划的安排，向发包人提交甲供材料交货的日期计划。发包人应按计划提供。

（3）发包人提供的甲供材料如规格、数量或质量不符合合同要求，或由于发包人原因发生交货日期延误、交货地点及交货方式变更等情况的，发包人应承担由此增加的费用和（或）工期延误，并应向承包人支付合理利润。

（4）发承包双方对甲供材料的数量发生争议不能达成一致的，应按照相关工程的计价定额同类项目规定的材料消耗量计算。

（5）若发包人要求承包人采购已在招标文件中确定为甲供材料的，材料价格应由发承包双方根据市场调查确定，并应另行签订补充协议。

3. 承包人提供材料和工程设备

（1）除合同约定的发包人提供的甲供材料外，合同工程所需的材料和工程设备应由承包人提供，承包人提供的材料和工程设备均应由承包人负责采购、运输和保管。

（2）承包人应按合同约定将采购材料和工程设备的供货人及品种、规格、数量和供货时间等提交发包人确认，并负责提供材料和工程设备的质量证明文件，满足合同约定的质量标准。

（3）对承包人提供的材料和工程设备经检测不符合合同约定的质量标准，发包人应立即要求承包人更换，由此增加的费用和（或）工期延误应由承包人承担。对发包人要求检测承包人已具有合格证明的材料、工程设备，但经检测证明该项材料、工程设备符合合同约定的质量标准，发包人应承担由此增加的费用和（或）工期延误，并向承包人支付合理利润。

4. 计价风险

（1）建设工程发承包。必须在招标文件、合同中明确计价中的风险内容及其范围。不得采用无限风险、所有风险或类似语句规定计价中的风险内容及范围。

（2）由于下列因素出现，影响合同价款调整的，应由发包人承担。

① 国家法律、法规、规章和政策发生变化。

② 省级或行业建设主管部门发布的人工费调整，但承包人对人工费或人工单价的报价高于发布的除外。

③ 由政府定价或政府指导价管理的原材料等价格进行了调整。

（3）由于市场物价波动影响合同价款的，应由发承包双方合理分摊，填写《承包人提供主要材料和工程设备一览表》作为合同附件；当合同中没有约定，发承包双方发生争议时，应按"合同价款调整"中"物价变化"的规定调整合同价款。

（4）由于承包人使用机械设备、施工技术以及组织管理水平等自身原因造成施工费用增加的，应由承包人全部承担。

（5）当不可抗力发生，影响合同价款时，应按"合同价款调整"中"不可抗力"的规定执行。

第4节　工程量清单计价表格

要　点

工程量清单计价是指由投标人按照招标人提供的工程量清单，逐一填报单价，并计算出建设项目所需的全部费用，主要包括分部分项工程费、措施项目费、其他项目费、规费和税金等的这一过程。工程量清单计价应采用"综合单价"计价。综合单价是指完成规定计量单位分项工程所需的人工费、材料费、施工机械使用费、管理费、利润，并考虑了风险因素的一种单价。

解　释

工程清单计价格式及填制说明内容如下。

1. 封面

（1）招标工程量清单封面（表1-5）。

（2）招标控制价封面（表1-6）。

（3）投标总价封面（表1-7）。

（4）竣工结算书封面（表1-8）。

（5）工程造价鉴定意见书封面（表1-9）。

2. 扉页

（1）招标工程量清单扉页（表1-10）。

（2）招标控制价扉页（表1-11）。

（3）投标总价扉页（表1-12）。

（4）竣工结算总价扉页（表1-13）。

（5）工程造价鉴定意见书扉页（表1-14）。

3. 总说明

总说明见表1-15。

4. 工程计价汇总表

（1）招标控制价/投标报价汇总表（表1-16～表1-18）。

（2）竣工结算使用的汇总表（表1-19～表1-21）。

5. 分部分项工程和措施项目计价表

（1）分部分项工程和单价措施项目清单与计价表（表1-22）。

（2）综合单价分析表（表1-23）。

（3）综合单价调整表（表1-24）。

（4）总价措施项目清单与计价表（表1-25）。

6. 其他项目计价表

（1）其他项目清单与计价汇总表（表1-26）。

（2）暂列金额明细表（表1-27）。

（3）材料（工程设备）暂估单价及调整表（表1-28）。

（4）专业工程暂估价及结算价表（表1-29）。

（5）计日工表（表1-30）。

（6）总承包服务费计价表（表1-31）。

（7）索赔与现场签证计价汇总表（表1-32）。

（8）费用索赔申请（核准）表（表1-33）。

（9）现场签证表（表1-34）。

7. 规费、税金项目计价表

规费、税金项目计价表（表1-35）。

8. 工程计量申请（核准）表

工程计量申请（核准）表（表1-36）。

9. 合同价款支付申请（核准）表

（1）预付款支付申请（核准）表（表1-37）。

（2）总价项目进度款支付分解表（表1-38）。

（3）进度款支付申请（核准）表（表1-39）。

（4）竣工结算款支付申请（核准）表（表1-40）。

（5）最终结清支付申请（核准）表（表1-41）。

10. 主要材料、工程设备一览表

（1）发包人提供材料和工程设备一览表（表1-42）。

（2）承包人提供主要材料和工程设备一览表（适用于造价信息差额调整法）（表1-43）。

（3）承包人提供主要材料和工程设备一览表（适用于价格指数差额调整法）（表1-44）。

表 1-5 招标工程量清单（封面）

_____工程

招 标 工 程 量 清 单

招 标 人：_____

（单位盖章）

造价咨询人：_____

（单位盖章）

年 月 日

表 1-6 招标控制价（封面）

_____工程

招 标 控 制 价

招 标 人：_____

（单位盖章）

造价咨询人：_____

（单位盖章）

年 月 日

表 1-7 投标总价（封面）

_____工程

投 标 总 价

投 标 人：_____

（单位盖章）

年 月 日

表 1-8 竣工结算书（封面）

_____工程

竣 工 结 算 书

发 包 人：_____

（单位盖章）

承 包 人：_____

（单位盖章）

造价咨询人：_____

（单位盖章）

年 月 日

表 1-9 工程造价鉴定意见书（封面）

_____工程

编号：×××〔20××〕××号

工 程 造 价 鉴 定 意 见 书

造价咨询人：_____

（单位盖章）

年 月 日

表 1-10　招标工程量清单（扉页）

_____工程

招 标 工 程 量 清 单

招　标　人：_____　　造价咨询人：_____
　　　　　　　（单位盖章）　　　　　　　　　　　　（单位资质专用章）

法定代表人　　　　　　　　　　　　法定代表人
或其授权人：_____　　或其授权人：_____
　　　　　　　（签字或盖章）　　　　　　　　　　　（签字或盖章）

编　制　人：_____　　复　核　人：_____
　　　　　　（造价人员签字盖专用章）　　　　　　（造价工程师签字盖专用章）

编制时间：　年 月 日　　　　　　　复核时间：　年 月 日

表 1-11　招标控制价（扉页）

_____工程
招 标 控 制 价

招标控制价（小写）：_____
　　　　（大写）：_____

招　标　人：_____　　造价咨询人：_____
　　　　　　　（单位盖章）　　　　　　　　　　　　（单位资质专用章）

法定代表人　　　　　　　　　　　　法定代表人
或其授权人：_____　　或其授权人：_____
　　　　　　　（签字或盖章）　　　　　　　　　　　（签字或盖章）

编　制　人：_____　　复　核　人：_____
　　　　　　（造价人员签字盖专用章）　　　　　　（造价工程师签字盖专用章）

编制时间：　年 月 日　　　　　　　复核时间：　年 月 日

表 1-12　投标总价（扉页）
投 标 总 价

招　标　人：_____

工 程 名 称：_____

投标总价（小写）：_____

　　　　（大写）：_____

投　标　人：_____
　　　　　　　　　（单位盖章）

法定代表人
或其授权人：_____
　　　　　　　　（签字或盖章）

编　制　人：_____
　　　　　　　（造价人员签字盖专用章）

编制时间：　年 月 日

表 1-13　竣工结算总价（扉页）

_____工程
竣 工 结 算 总 价

签约合同价（小写）：_____　　　（大写）：_____

竣工结算价（小写）：_____　　　（大写）：_____

发包人：_____　承包人：_____　造价咨询人：_____
　　　　　（单位盖章）　　　　　　　　　　　（单位盖章）　　　　　　　　　　（单位资质专用章）

法定代表人　　　　　　　　　　法定代表人　　　　　　　　　　法定代表人
或其授权人：_____　或其授权人：_____　或其授权人：_____
　　　　（签字或盖章）　　　　　　　　（签字或盖章）　　　　　　　　（签字或盖章）

编 制 人：_____　　核 对 人：_____
　　　　（造价人员签字盖专用章）　　　　　　　　　　（造价工程师签字盖专用章）

编制时间：　年　月　日　　　　　　核对时间：　年　月　日

表 1-14　工程造价鉴定意见书

_____工程
工 程 造 价 鉴 定 意 见 书

鉴定结论：

造价咨询人：_____
　　　　　　　（盖单位章及资质专用章）

法定代表人：_____
　　　　　　　（签字或盖章）

造价工程师：_____
　　　　　　　（签字盖专用章）

年　　月　　日

表 1-15　总说明

工程名称：　　　　　　　　　　　　　　　　　　　　　第 页 共 页

表 1-16 建设项目招标控制价/投标报价汇总表

工程名称： 第 页 共 页

序号	单项工程名称	金额/元	其中:/元		
			暂估价	安全文明施工费	规费
	合计				

注:本表适用于建设项目招标控制价或投标报价的汇总。

表 1-17 单项工程招标控制价/投标报价汇总表

工程名称： 第 页 共 页

序号	单项工程名称	金额/元	其中:/元		
			暂估价	安全文明施工费	规费
	合计				

注:本表适用于单项工程招标控制价或投标报价的汇总。暂估价包括分部分项工程中的暂估价和专业工程暂估价。

表 1-18 单位工程招标控制价/投标报价汇总表

工程名称： 标段： 第 页 共 页

序号	汇总内容	金额/元	其中:暂估价/元
1	分部分项工程		
1.1			
1.2			
1.3			
1.4			
1.5			
2	措施项目		—
2.1	其中:安全文明施工费		
3	其他项目		
3.1	其中:暂列金额		—
3.2	其中:专业工程暂估价		—
3.3	其中:计日工		—
3.4	其中:总承包服务费		—
4	规费		—
5	税金		—
招标控制价/投标报价合计=1+2+3+4+5			

注:本表适用于单位工程招标控制价或投标报价的汇总,单项工程也使用本表汇总。

表 1-19　建设项目竣工结算汇总表

工程名称：　　　　　　　　　　　　　　　　　　　　　　　　第　页　共　页

序号	单项工程名称	金额/元	其中：/元	
			安全文明施工费	规费
	合　计			

表 1-20　单项工程竣工结算汇总表

工程名称：　　　　　　　　　　　　　　　　　　　　　　　　第　页　共　页

序号	单项工程名称	金额/元	其中：/元	
			安全文明施工费	规费
	合　计			

表 1-21　单位工程竣工结算汇总表

工程名称：　　　　　　　　　　　标段：　　　　　　　　　　第　页　共　页

序号	汇总内容	金额/元
1	分部分项工程	
1.1		
1.2		
1.3		
1.4		
1.5		
2	措施项目	
2.1	其中:安全文明施工费	
3	其他项目	
3.1	其中:专业工程结算价	
3.2	其中:计日工	
3.3	其中:总承包服务费	
3.4	其中:索赔与现场签证	
4	规费	
5	税金	
竣工结算总价合计＝1+2+3+4+5		

注：如无单位工程划分，单项工程也使用本表汇总。

表 1-22 分部分项工程和单价措施项目清单与计价表

工程名称： 标段： 第 页 共 页

序号	项目编码	项目名称	项目特征描述	计量单位	工程量	金额/元		
						综合单价	合 价	其中
								暂估价
			本页小计					
			合 计					

注：为计取规费等的使用，可在表中增设其中："定额人工费"。

表 1-23 综合单价分析表

工程名称： 标段： 第 页 共 页

项目编码		项目名称		计量单位	工程量度	

清单综合单价组成明细

定额编号	定额项目名称	定额单位	数 量	单价/元				合价/元			
				人工费	材料费	机械费	管理费和利润	人工费	材料费	机械费	管理费和利润
人工单价			小 计								
元/工日			未计价材料费								

清单项目综合单价

材料费明细	主要材料名称、规格、型号		单位	数量	单价/元	合价/元	暂估单价/元	暂估合价/元
	其他材料费					—		—
	材料费小计					—		—

注：1. 如不使用省级或行业建设主管部门发布的计价依据，可不填定额编号、名称等。

2. 招标文件提供了暂估单价的材料，按暂估的单价填入表内"暂估单价"栏及"暂估合价"栏。

表 1-24 综合单价调整表

工程名称： 标段： 第 页 共 页

序号	项目编码	项目名称	已标价清单综合单价/元					调整后综合单价/元				
			综合单价	其中				综合单价	其中			
				人工费	材料费	机械费	管理费和利润		人工费	材料费	机械费	管理费和利润

造价工程师(签章)： 发包人代表(签章)： 造价人员(签章)： 发包人代表(签章)：

日期： 日期：

注：综合单价调整应附调整依据。

表 1-25　总价措施项目清单与计价表

工程名称：　　　　　　　　　　　标段：　　　　　　　　　　　第 页 共 页

序号	项目编码	项目名称	计算基础	费率/%	金额/元	调整费率/%	调整后金额/元	备注
		安全文明施工费						
		夜间施工增加费						
		二次搬运费						
		冬雨季施工增加费						
		已完工程及设备保护费						
合　计								

编制人（造价人员）：　　　　　　　　复核人（造价工程师）：

注：1."计算基础"中安全文明施工费可为"定额基价"、"定额人工费"或"定额人工费＋定额机械费"，其他项目可为"定额人工费"或"定额人工费＋定额机械费"。

2. 按施工方案计算的措施费，若无"计算基础"和"费率"的数值，也可只填"金额"数值，但应在备注栏说明施工方案出处或计算方法。

表 1-26　其他项目清单与计价汇总表

工程名称：　　　　　　　　　　　标段：　　　　　　　　　　　第 页 共 页

序号	项目名称	金额/元	结算金额/元	备注
1	暂列金额			明细详见表 1-27
2	暂估价			
2.1	材料(工程设备)暂估价/结算价	—	—	明细详见表 1-28
2.2	专业工程暂估价/结算价			明细详见表 1-29
3	计日工			明细详见表 1-30
4	总承包服务费			明细详见表 1-31
5	索赔与现场签证			明细详见表 1-32
合　计				—

注：材料（工程设备）暂估价进入清单项目综合单价，此处不汇总。

表 1-27　暂列金额明细表

工程名称：　　　　　　　　　　　标段：　　　　　　　　　　　第 页 共 页

序号	项目名称	计量单位	暂定金额/元	备注
1				
2				
3				
4				
5				
6				
合计				—

注：此表由招标人填写，如不能详列，也可只列暂定金额总额，投标人应将上述暂列金额计入投标总价中。

表 1-28　材料（工程设备）暂估单价及调整表

工程名称：　　　　　　　　　标段：　　　　　　　　　第　页　共　页

序号	材料(工程设备)名称、规格、型号	计量单位	数量		暂估/元		确认/元		差额±/元		备注
			暂估	确认	单价	合价	单价	合价	单价	合价	
合　计											

注：此表由招标人填写"暂估单价"，并在备注栏说明暂估价的材料、工程设备拟用在哪些清单项目上，投标人应将上述材料暂估单价计入工程量清单综合单价报价中。

表 1-29　专业工程暂估价及结算价表

工程名称：　　　　　　　　　标段：　　　　　　　　　第　页　共　页

序号	工程名称	工程内容	暂估金额/元	结算金额/元	差额±/元	备注
合　计						

注：此表"暂估金额"由招标人填写，投标人应将"暂估金额"计入投标总价中，结算时按合同约定结算金额填写。

表 1-30　计日工表

工程名称：　　　　　　　　　标段：　　　　　　　　　第　页　共　页

编号	项目名称	单位	暂定数量	实际数量	综合单价/元	合价/元	
						暂定	实际
一	人工						
1							
2							
人工小计							
二	材料						
1							
2							
材料小计							
三	施工机械						
1							
2							
施工机械小计							
四、企业管理费和利润							
总　计							

注：此表项目名称、暂定数量由招标人填写，编制招标控制价时，单价由招标人按有关计价规定确定；投标时，单价由投标人自主报价，按暂定数量计算合价计入投标总价中。结算时，按发承包双方确认的实际数量计算合价。

表 1-31　总承包服务费计价

工程名称：　　　　　　　　　　　标段：　　　　　　　　　　　第　页　共　页

序号	项目名称	项目价值/元	服务内容	计算基础	费率/%	金额/元
1	发包人发包专业工程					
2	发包人供应材料					
	合　计		—	—		—

注：此表项目名称、服务内容有招标人填写，编制招标控制价时，费率及金额由招标人按有关计价规定确定。投标时，费率及金额由投标人自主报价，计入投标总价中。

表 1-32　索赔与现场签证计价汇总表

工程名称：　　　　　　　　　　　标段：　　　　　　　　　　　第　页　共　页

序号	签证及索赔项目名称	计量单位	数量	单价/元	合价/元	索赔及签证依据
	本页小计		—	—		—
	合计		—	—		—

注：签证及索赔依据是指经双方认可的签证单和索赔依据的编号。

表 1-33　费用索赔申请（核准）表

工程名称：　　　　　　　　　　　标段：　　　　　　　　　　　编号：

致：　　　　　　　　　　　　　　　　　　　　　　　　　　　（发包人全称）

根据施工合同条款第_____条的约定，由于_____原因，我方要求索赔金额（大写）_____（小写_____），请予核准。

附：1. 费用索赔的详细理由和依据。

　　2. 索赔金额的计算：

　　3. 证明材料：

承包人（章）

造价人员_____　　　　　　　承包人代表_____　　　日　期_____

复核意见： 　根据施工合同条款第_____条的约定,你方提出的费用索赔申请经复核： 　□不同意此项索赔,具体意见见附件。 　□同意此项索赔,索赔金额的计算,由造价工程师复核。 监理工程师_____ 日　期_____	复核意见： 　根据施工合同条款第_____条的约定,你方提出的费用索赔申请经复核,索赔金额为(大写)_____(小写_____)。 造价工程师_____ 日　期_____

审核意见：

　□不同意此项索赔。

　□同意此项索赔,与本期进度款同期支付。

发包人（章）

发包人代表_____

日　期_____

注：1. 在选择栏中的"□"内作标识"√"。

　　2. 本表一式四份，由承包人填报，发包人、监理人、造价咨询人、承包人各存一份。

表 1-34 现场签证表

工程名称： 标段： 编号：

施工部位		日 期	

致：_____（发包人全称）

根据_____（指令人姓名） 年 月 日的口头指令或你方_____（或监理人） 年 月 日的书面通知，我方要求完成此项工作应支付价款金额为（大写）_____（小写_____），请予核准。

附：1. 签证事由及原因：

2. 附图及计算式：

承包人（章）

造价人员_____承包人代表_____ 日 期_____

复核意见： 你方提出的此项签证申请经复核： □不同意此项签证，具体意见见附件。 □同意此项签证，签证金额的计算，由造价工程师复核。 监理工程师_____ 日 期_____	复核意见： □此项签证按承包人中标的计日工单价计算，金额为（大写）_____元，（小写）_____元。 □此项签证因无计日工单价，金额为（大写）_____元，（小写）_____元。 造价工程师_____ 日 期_____

审核意见：

□不同意此项签证。

□同意此项签证，价款与本期进度款同期支付。

承包人（章）

承包人代表_____

日 期_____

注：1. 在选择栏中的"□"内作标识"√"。

2. 本表一式四份，由承包人在收到发包人（监理人）的口头或书面通知后填写，发包人、监理人、造价咨询人、承包人各存一份。

表 1-35 规费、税金项目计价表

工程名称： 标段： 第 页共 页

序号	项目名称	计算基础	计算基数	计算费率/%	金额/元
1	规费				
1.1	社会保险费				
(1)	养老保险费	定额人工费			
(2)	失业保险费	定额人工费			
(3)	医疗保险费	定额人工费			
(4)	工伤保险费	定额人工费			
(5)	生育保险费	定额人工费			
1.2	住房公积金	定额人工费			
1.3	工程排污费	按工程所在地环境保护部门收取标准，按实计入			
2	税金	分部分项工程费＋措施项目费＋其他项目费＋规费－按规定不计税的工程设备金额			
合 计					

编制人（造价人员）： 复核人（造价工程师）：

表 1-36　工程计量申请（核准）表

工程名称：　　　　　　　　　　标段：　　　　　　　　　　第　页共　页

序号	项目编码	项目名称	计量单位	承包人申报数量	发包人核实数量	发承包人确认数量	备注

承包人代表：	监理工程师：	造价工程师：	发包人代表：
日　期：	日　期：	日　期：	日　期：

表 1-37　预付款支付申请（核准）表

工程名称：　　　　　　　　　　标段：　　　　　　　　　　编号：

致：＿＿＿＿＿＿＿＿＿＿＿＿＿＿＿＿＿＿＿＿（发包人全称）

我方根据施工合同的约定，先申请支付工程预付款额为(大写)＿＿＿＿＿＿,(小写＿＿＿＿＿＿),请予核准。

序号	名称	申请金额/元	复核金额/元	备注
1	已签约合同价款金额			
2	其中:安全文明施工费			
3	应支付的预付款			
4	应支付的安全文明施工费			
5	合计应支付的预付款			

承包人(章)

造价人员＿＿＿＿＿＿＿＿＿　　承包人代表＿＿＿＿＿＿＿＿　日　期＿＿＿＿＿＿

复核意见： □与合同约定不相符,修改意见见附件。 □与合约约定相符,具体金额由造价工程师复核。 　　　　　监理工程师＿＿＿＿＿ 　　　　　日　期＿＿＿＿＿	复核意见： 　你方提出的支付申请经复核,应支付预付款金额为(大写)＿＿＿＿＿＿,(小写＿＿＿＿)。 　　　　　造价工程师＿＿＿＿＿ 　　　　　日　期＿＿＿＿＿

审核意见：
□不同意。
□同意,支付时间为本表签发后的 15 日内。

发包人(章)
发包人代表＿＿＿＿＿＿
日　期＿＿＿＿＿＿

注：1. 在选择栏中的"□"内作标识"√"。

2. 本表一式四份,由承包人填报,发包人、监理人、造价咨询人、承包人各存一份。

表1-38 总价项目进度款支付分解表

工程名称： 标段： 单位：元

序号	项目名称	总价金额	首次支付	二次支付	三次支付	四次支付	五次支付	
	安全文明施工费							
	夜间施工增加费							
	二次搬运费							
	社会保险费							
	住房公积金							
	合 计							

编制人（造价人员）： 复核人（造价工程师）：

注：1. 本表应由承包人在投标报价时根据发包人在招标文件明确的进度款支付周期与报价填写，签订合同时，发承包双方可就支付分解协商调整后作为合同附件。

2. 单价合同使用本表，"支付"栏时间应与单价项目进度款支付周期相同。

3. 总价合同使用本表，"支付"栏时间应与约定的工程计量周期相同。

表1-39 进度款支付申请（核准）表

工程名称： 标段： 编号：

致：＿＿＿＿＿＿＿＿＿＿＿＿＿＿＿＿＿＿（发包人全称）

我方于＿＿＿＿至＿＿＿＿期间已完成了＿＿＿＿＿＿＿工作，根据施工合同的约定，现申请支付本期的工程款额为（大写）＿＿＿＿＿＿（小写＿＿＿＿＿），请予核准。

序号	名 称	实际金额/元	申请金额/元	复核金额/元	备注
1	累计已完成的合同价款				
2	累计已实际支付的合同价款				
3	本周期合计完成的合同价款				
3.1	本周期已完成单价项目的金额				
3.2	本周期应支付的总价项目的金额				
3.3	本周期已完成的计日工价款				
3.4	本周期应支付的安全文明施工费				
3.5	本周期应增加的合同价款				
4	本周期合计应扣减的金额				
4.1	本周期应抵扣的预付款				
4.2	本周期应扣减的金额				
5	本周期应支付的合同价款				

附：上述3、4详见附件清单。

承包人（章）

造价人员＿＿＿＿＿＿＿ 承包人代表＿＿＿＿＿＿＿ 日 期＿＿＿＿＿＿＿

续表

复核意见： □与实际施工情况不相符,修改意见见附件。 □与实际施工情况相符,具体金额由造价工程师复核。 监理工程师_____ 日　　期_____	复核意见： 　你方提供的支付申请经复核,本期间已完成工程款额为(大写)_____(小写_____),本期间应支付金额为(大写)_____(小写_____)。 造价工程师_____ 日　　期_____

审核意见：
□不同意。
□同意,支付时间为本表签发后的 15 日内。

发包人(章)
发包人代表_____
日　　期_____

注：1. 在选择栏中的"□"内作标识"√"。

2. 本表一式四份,由承包人填报,发包人、监理人、造价咨询人、承包人各存一份。

表 1-40　竣工结算款支付申请(核准)表

工程名称：　　　　　　　　　　　　标段：　　　　　　　　　　　　编号：

致：_____(发包人全称)

　我方于_____至_____期间已完成合同约定的工作,工程已经完工,根据施工合同的约定,现申请支付竣工结算合同款额为(大写)_____(小写_____),请予核准。

序号	名称	申请金额/元	复核金额/元	备注
1	竣工结算合同价款总额			
2	累计已实际支付的合同价款			
3	应预留的质量保证金			
4	应支付的竣工结算款金额			

承包人(章)
造价人员_____　　承包人代表_____　　日　　期_____

复核意见： □与实际施工情况不相符,修改意见见附件。 □与实际施工情况相符,具体金额由造价工程师复核。 监理工程师_____ 日　　期_____	复核意见： 　你方提出的竣工结算款支付申请经复核,竣工结算款总额为(大写)_____(小写_____),扣除前期支付以及质量保证金后应支付金额为(大写)_____(小写_____) 造价工程师_____ 日　　期_____

续表

审核意见：

　　□不同意。

　　□同意，支付时间为本表签发后的 15 日内。

发包人（章）

发包人代表_____

日　　期_____

注：1. 在选择栏中的"□"内作标识"√"。

　　2. 本表一式四份，由承包人填报，发包人、监理人、造价咨询人、承包人各存一份。

表 1-41　最终结清支付申请（核准）表

工程名称：　　　　　　　　　　标段：　　　　　　　　　　编号：

致：_____（发包人全称）

　　我方于_____至_____期间已完成了缺陷修复工作，根据施工合同的约定，现申请支付最终结清合同款额为（大写）_____（小写_____），请予核准。

序号	名称	申请金额/元	复核金额/元	备注
1	已预留的质量保证金			
2	应增加因发包人原因造成缺陷的修复金额			
3	应扣减承包人不修复缺陷、发包人组织修复的金额			
4	最终应支付的合同价款			

承包人（章）

造价人员_____　承包人代表_____　日　　期_____

复核意见：	复核意见：
□与实际施工情况不相符，修改意见见附件。 □与实际施工情况相符，具体金额由造价工程师复核。 监理工程师_____ 日　　期_____	你方提出的支付申请经复核，最终应支付金额为（大写）_____（小写_____）。 造价工程师_____ 日　　期_____

审核意见：

　　□不同意。

　　□同意，支付时间为本表签发后的 15 日内。

发包人（章）

发包人代表_____

日　　期_____

注：1. 在选择栏中的"□"内作标识"√"。

　　2. 本表一式四份，由承包人填报，发包人、监理人、造价咨询人、承包人各存一份。

表 1-42　发包人提供材料和工程设备一览表

工程名称：　　　　　　　　　　　标段：　　　　　　　　　　第　页　共　页

序号	材料(工程设备)名称、规格、型号	单位	数量	单价/元	交货方式	送达地点	备注

注：此表由招标人填写，供投标人在投标报价、确定总承包服务费时参考。

表 1-43　承包人提供主要材料和工程设备一览表
（适用于造价信息差额调整法）

工程名称：　　　　　　　　　　　标段：　　　　　　　　　　第　页　共　页

序号	名称、规格、型号	单位	数量	风险系数/%	基准单价/元	投标单价/元	发承包人确认单价/元	备注

注：1. 此表由招标人填写除"投标单价"栏的内容，投标人在投标时自主确定投标单价。

2. 投标人应优先采用工程造价管理机构发布的单价作为基准单价，未发布的，通过市场调查确定其基准单价。

表 1-44　承包人提供主要材料和工程设备一览表
（适用于价格指数差额调整法）

工程名称：　　　　　　　　　　　标段：　　　　　　　　　　第　页　共　页

序号	名称、规格、型号	变值权重 B	基本价格指数 F_0	现行价格指数 F_t	备注
	定值权重 A		—	—	
	合　计	1	—	—	

注：1. "名称、规格、型号"、"基本价格指数"栏由招标人填写，基本价格指数应首先采用工程造价管理机构发布的价格指数，没有时，可采用发布的价格代替。如人工、机械费也采用本法调整，由招标人在"名称"栏填写。

2. "变值权重"栏由投标人根据该项人工、机械费和材料、工程设备值在投标总报价中所占的比例填写，1 减去其比例为定值权重。

3. "现行价格指数"按约定的付款证书相关周期最后一天的前 42 天的各项价格指数填写，该指数应首先采用工程造价管理机构发布的价格指数，没有时，可采用发布的价格代替。

～～～～　**相关知识**　～～～～

计价表格使用规定

（1）工程计价表宜采用统一格式。各省、自治区、直辖市建设行政主管部门和行业建设主管部门可根据本地区、本行业的实际情况，在《建设工程工程量清单计价规范》（GB 50500—2013）中附录 B 至附录 L 计价表格的基础上补充完善。

（2）工程计价表格的设置应满足工程计价的需要，方便使用。

（3）工程量清单的编制使用表格包括：表 1-5、表 1-10、表 1-15、表 1-22、表 1-25、表 1-26（不含表 1-32～表 1-34）、表 1-35、表 1-42、表 1-43 或表 1-44。

（4）招标控制价、投标报价、竣工结算的编制使用表格。

① 招标控制价使用表格包括：表 1-6、表 1-11、表 1-15、表 1-16、表 1-17、表 1-18、表

1-22、表 1-23、表 1-25、表 1-26（不含表 1-32～表 1-34）、表 1-35、表 1-42、表 1-43 或表 1-44。

② 投标报价使用的表格包括：表 1-7、表 1-12、表 1-15、表 1-16、表 1-17、表 1-18、表 1-22、表 1-23、表 1-25、表 1-26（不含表 1-32～表 1-34）、表 1-35、表 1-36、招标文件提供的表 1-42、表 1-43 或表 1-44。

③ 竣工结算使用的表格包括：表 1-8、表 1-13、表 1-15、表 1-19、表 1-20、表 1-21、表 1-22、表 1-23、表 1-24、表 1-25、表 1-26、表 1-35、表 1-36、表 1-37、表 1-38、表 1-39、表 1-40、表 1-41、表 1-42、表 1-43 或表 1-44。

④ 工程造价鉴定使用表格包括：表 1-9、表 1-14、表 1-15、表 1-19～表 1-42、表 1-43 或表 1-44。

⑤ 投标人应按招标文件的要求，附工程量清单综合单价分析表。

第2章
装饰工程预算定额

第1节 装饰工程预算定额的组成及应用

要 点

　　装饰工程预算定额是建筑工程预算定额的组成部分,是完成规定计量单位的装饰分项工程计价的人工、材料和机械台班消耗量的标准,它是随着我国经济建设和装饰装修行业的发展而逐步形成的。要正确应用预算定额,必须全面了解预算定额的组成与应用。

解 释

一、装饰工程预算定额的组成

　　装饰工程预算定额由定额总目录、总说明、分部分项工程说明及其相应的工程量计算规则和方法、分项工程定额项目表及有关的附录或附表等组成。

　　1. 定额总说明

　　主要包括下列内容。

　　① 预算定额的适用范围、指导思想及目的和作用。

　　② 预算定额的编制原则、主要依据及上级下达的有关定额汇编文件精神。

　　③ 定额所采用的材料价格、材质标准、允许换算的原则。

　　④ 定额在编制过程中已经考虑的和没有考虑的因素及未包括的内容。

　　⑤ 使用本定额必须遵守的规则及本定额的适用范围。

　　⑥ 各分部工程定额的共性问题和有关统一规定及使用方法。

　　2. 分部工程及其说明

　　分部工程在装饰工程预算定额中,称为"章",其中包括下列内容。

　　① 说明分部工程所包括的定额项目内容和子目数量。

　　② 分部工程定额内综合的内容及允许换算和不得换算的界限及特殊规定。

　　③ 分部工程定额项目工程量的计算方法。

　　④ 使用本分部工程允许增减系数范围的规定。

　　3. 定额项目表

　　定额项目表由分项定额组成,是预算定额的主要构成部分。分项工程在装饰工程预算定额中，称为"节"，其中包括下列内容。

① 分项工程定额编号（子目号）。

② 分项工程定额名称。

③ 预算价值（基价），其中包括人工费、材料费和机械费。

④ 人工表现形式，人工栏内所列人工工日不分列技术等级和工种，一律以综合工日表示，内容包括基本用工、人工幅度差和超运距用工。其它人工费包括材料二次搬运和冬雨季施工期间所增加的人工费。人工费单价包括基本工资、工资性津贴、辅助工资、交通补助和劳动保护费，以及养老保险和医疗保险。

⑤ 材料表现形式，材料栏内的材料消耗量包括主要材料、辅助材料和零星材料等，并且计入了相应的损耗，其内容和范围包括：从工地仓库、现场集中堆放地点或者现场加工地点至操作或安装地点的运输损耗、施工操作损耗和施工现场堆放损耗。其它材料费包括零星材料和冬季雨季施工期间所增加的材料费。

⑥ 施工机械表现形式，其中的机械台班消耗量是按正常合理的机械配备综合取定的。其它机具费包括中小型机械使用费、生产工具使用费、材料二次搬运、冬季雨季施工期间所增加的机械费及仪器仪表使用费等。

⑦ 预算定额的单价（基价），无论是人工工资单价，材料价格，机械台班单价均以预算价格为准。通常表现形式分为两种：一种表现形式是对号入座的单项单价；另一种表现形式是按定额内容和各自用量比例加权所得的综合单价。

⑧ 有的定额表下面还列有与本章节定额有关的说明及附注。说明设计与本定额规定不符合时如何进行调整，以及说明其它应明确的、但在定额总说明和分部说明中不包括的问题。

二、装饰工程预算定额的作用

① 装饰工程预算定额是工程设计阶段对设计方案或某种新材料、新工艺进行技术经济评价的依据。

② 装饰工程预算定额是编制装饰工程施工图预算、确定装饰工程预算造价的依据，也是招投标工作中，业主编制工程标底的依据。

③ 装饰工程预算定额是编制装饰工程施工组织设计的依据，也是确定装饰施工中工人的劳动消耗量、装饰材料消耗量以及机械台班需用量的依据。

④ 装饰工程预算定额是承包商进行经济核算和经济活动分析的依据。

⑤ 装饰工程预算定额是控制装饰工程投资、办理工程付款和工程结算的依据。

⑥ 装饰工程预算定额是编制装饰工程概算定额和地区单位估价表的依据。

三、装饰工程预算定额的应用

装修装饰工程预算定额是确定装修装饰工程预算造价，办理工程价款，处理承发包工程经济关系的主要依据之一。定额应用得正确与否，直接影响装修装饰工程造价。因此，预算工作人员必须熟练并准确地使用预算定额。

1. 套用定额时应注意的几个问题

① 查阅定额前，首先必须认真阅读定额总说明，分部工程说明和有关附注内容；熟悉和掌握定额的适用范围，定额已考虑和未考虑的因素以及有关规定。

② 要明确定额中的用语和符号的含义。

③ 要正确地熟记和理解建筑面积计算规则和各个分部工程量计算规则中所指出的计算方法，以便在熟悉施工图的基础上，能够准确迅速地计算各分项工程（或配件、设备）的工程量。

④ 要了解和记忆常用分项工程定额所包括的工作内容，材料、人工、施工机械台班消

耗数量和计量单位，及有关附注的规定，实现正确地套用定额项目。

⑤ 要明确定额换算范围，正确应用定额附录资料，熟练地进行定额项目的换算和调整。

2. 定额编号

为了方便查阅、核对和审查定额项目选套是否准确合理，提高装修装饰工程施工图预算的编制质量，在编制装修装饰工程施工图预算时，必须填写定额编号。定额编号的方法，通常有下列两种。

① "二符号" 编号法："二符号" 编号法，是在 "三符号" 编号法的基础上，去掉一个符号（分项工程序号或分部工程序号），采用定额中 "分部工程序号（或子项目所在定额页数）—子项目序号" 等两个号码，进行定额编号。其表达形式为：

分部—子项目

或 子项目所在定额页数—子项目

② "三符号" 编号法："三符号" 编号法，是以预算定额中的分部工程序号—分项工程序号（或子项目所在定额页数）—分项工程的子项目序号等三个号码，进行定额编号。其表达方式为：

分部—分项—子项目

或 分部—子项目所在定额页数—子项目

3. 定额项目的选套方法

(1) 预算定额的直接套用　当施工图设计的工程项目内容，与所选套的相应定额内容相同时，则必须按定额的规定，直接套用定额。在编制装修装饰工程施工图预算、选套定额项目和确定单位预算价值时，绝大部分属于这种情况。

当施工图设计的工程项目内容，与所选套的相应定额项目规定内容不一致时，而定额规定又不允许调整或换算，此时也必须直接套用相应定额项目，不得随意换算或调整。直接套用定额项目的方法步骤如下。

① 根据施工图设计的工程项目内容，从定额目录中查出该工程项目所在定额中的页数及其部位。

② 判断施工图设计的工程项目内容与定额规定的内容是否相一致。当完全一致或虽然不相一致，但定额规定不允许换算或调整时，即可直接套用定额基价。但在套用定额基价前，必须注意分项工程的名称、规格、计量单位要与定额规定的名称、规格、计量单位相一致。

③ 将定额编号和定额基价，其中包括材料费、人工费和机械使用费，分别填入装修装饰工程预算表内。

④ 确定工程项目预算价值。其计算公式如下：

工程项目预算价值＝工程项目工程量×相应定额基价

(2) 套用换算后的定额项目　施工图设计的工程项目内容，与选套的相应定额项目规定的内容不相一致时，如果定额规定允许换算或调整时，则应在定额规定范围内调整或换算，套用换算后的定额项目。对换算后的定额项目编号应加括号，并在括号右下角注明 "换"字，以示区别。

(3) 套用补充定额项目　施工图中的某些工程项目，由于采用了新结构、新材料、新构造和新工艺等原因，在编制预算定额时尚未列入。与此同时，也没有类似定额项目可供借鉴。在这种情况下，为了确定装修装饰工程预算造价，必须编制补充定额项目，报请工程造价管理部门审批后执行。套用补充定额项目时，应在定额编号的分部工程序号后注明 "补"字，以示区别。

⚞ 相关知识 ⚟

装饰工程预算定额的分类

1. 按生产要素分类（按定额反映的物质内容分类）

（1）劳动消耗定额 劳动消耗定额，简称劳动定额，是指在正常施工条件下，完成单位合格产品所规定的必要劳动消耗数量标准。劳动定额具有两种表现形式，即时间定额和产量定额。时间定额是指某种专业、某种技术等级的工人在合理的劳动组织与合理的使用材料的条件下，完成单位合格产品所必需的工作时间，包括基本生产时间、辅助生产时间、准备与结束时间、不可避免的中断时间和工人必需的休息时间等；产量定额是指在合理劳动组织与合理使用材料的条件下，某种专业、某种技术等级的工人在单位工日中应完成的合格产品的数量。为了方便综合与核算，劳动定额大多采用工作时间消耗量来计算劳动消耗的数量，所以，劳动定额的主要表现形式是时间定额。工日是时间定额的单位，每一工日按8小时计算。

（2）材料消耗定额 材料消耗定额，简称材料定额，是指在正常施工条件下完成单位合格产品所规定的各种材料、成品、半成品和构配件消耗的数量标准。由于材料费在装饰工程造价中所占比例非常大，所以，材料消耗量的多少，对产品价格和工程成本有直接的影响。材料消耗定额，在很大程度上可以影响材料的合理使用和调配。在产品材料质量和生产数量一定的情况下，材料的供应计划和需求都会受材料定额的影响。重视和加强材料定额管理，制定合理的材料消耗定额，是组织材料的正常供应，保证生产顺利地进行，以及合理利用资源，减少积压、浪费的必要前提。

（3）机械台班定额 机械台班定额，是指在正常施工条件下，合理地组织劳动与使用机械而完成单位合格产品所规定的施工机械消耗的数量标准。机械台班定额同样可分为产量定额和时间定额。机械时间定额是指完成单位合格产品，施工机械所必需消耗的时间；机械产量定额是指在台班工作时间内，由每个机械台班和小组成员总工日数所完成的合格产品数量。一般，机械台班定额的表现形式是机械时间定额，时间定额以台班为单位，每一台班按8小时计算。机械台班定额是施工机械生产率的具体反映，高质量的施工机械台班定额，是合理组织机械化施工、有效利用施工机械和进一步提高机械生产率的必备条件。

2. 按定额编制程序及用途分类

（1）预算定额 预算定额是规定一定计量单位的工程基本构造要素（即分部分项工程）上，材料、人工和机械台班消耗的数量标准，它是一种计价性定额，主要用于施工图设计完成后编制施工图预算。在工程委托承包时，它是确定工程直接费的主要依据，在工程招投标时，它是编制标底和确定投标报价的主要依据。应该说，预算定额在所有计价定额中占有很重要的位置，从编制程序上来看，预算定额是概算定额和估算指标的编制基础。

（2）概算定额 概算定额是在预算定额的基础上，以主要工序为准，结合相关工序，并加以综合扩大编制而成的；是规定一定计量单位的、综合了相关工序的主要分项工程上材料、人工和机械台班消耗的数量标准，主要用于初步设计或扩大初步设计完成后，编制设计概算，是控制建设项目投资的主要依据。概算定额的编制基础是预算定额，但又比预算定额综合扩大，它的定额项目划分原则是与初步设计的深度相适应的。

另外，概算定额是为工程在初步设计阶段的工程投资进行概算而编制的一种综合性定额。因为它是在基础定额地区统一基价表的基础上，进行综合计算编制而成，因此它一般都带有一定的区域性。

（3）估算指标 估算指标是比概算定额更加综合扩大了人工、材料和机械台班的消耗定额指标，具有较大的概括性，宽裕度误差范围较大，属参考性经济指标，主要用于在项目建议书阶段可行性研究和编制设计任务书阶段编制投资估算。估算指标往往以独立的单项工程或完整的工程项目为计算对象，它的表现形式通常是以建筑面积、建筑体积、自然量和物理量等为计量单位，列出造价指标及人工、材料和机械台班的需用量。估算指标是项目决策和投资控制的重要依据。

(4) 工期定额　工期定额是为各类工程规定的施工期限的定额天数。包括建设工期定额和施工工期定额两个层次。

建设工期是指建设项目或独立的单项工程在建设过程中所耗用的时间总量，即从开工建设时起至全部建成投产或交付使用时为止所经历的时间，通常以月数或者天数来表示。但不包括由于计划调整而停、缓建所延误的时间。施工工期一般是指单位工程或单项工程从正式开工起至完成承包工程全部设计内容并达到国家验收标准为止的全部有效天数。

建设工期是评价投资效果的重要指标，直接标志着建设速度的快慢。缩短工期，提前投产，不仅能节约投资，也能更快地发挥效益，创造出更多的物质和精神财富。工期对于施工企业来说，也是在履行承包合同、安排施工计划、减少成本开支以及提高经营成果等方面必须考虑的指标。但是，各类工程所需工期有一个合理的界限，在一定的条件下，工期长短也是有规律性的。如果违背这个规律就会造成质量问题和经济效益降低。关键是需要一个合理工期和评价工期的标准。在工期定额中已经考虑了地区性特点、季节性施工因素、工程结构和规模、工程用途以及施工技术与管理水平等因素对工期的影响。因此，工期定额是评价工程建设速度、编制施工计划、签订承包合同以及评价全优工程的可靠依据。

3. 按定额适用范围分类（按制定单位和管理权限分类）

(1) 全国统一定额　全国统一定额是由国家建设行政主管部门，综合全国工程建设中技术和施工组织管理的情况编制，并在全国范围内执行的定额，如全国统一安装工程定额。全国统一定额反映的是一定时期我国社会生产力水平的一般情况，是各省、自治区、直辖市编制各地单位估价表的依据。

(2) 行业部门统一定额　行业部门统一定额，是考虑到各行业部门专业工程技术特点以及施工生产和管理水平编制的。一般只在本行业和相同专业性质的范围内使用的专业定额。

(3) 地区统一定额　地区统一定额是各省、自治区、直辖市考虑地区特点并结合全国统一定额水平适当调整补充而编制、在规定的地区范围内使用的定额。各地的气候条件、经济技术条件、物质资源条件和交通运输条件等，都是编制地区统一定额的重要依据。

(4) 企业定额　企业定额是承包商考虑到本企业的具体情况，参照国家、部门或地区定额水平制定的定额。企业定额只在企业内部使用，是企业素质的一个标志。企业定额水平一般应高于国家现行定额，这样才能满足生产技术的发展、企业管理和市场竞争的需要。

第2节　装饰工程预算定额项目的换算

在确定某一工程项目单位预算价值时，如果施工图设计的工程项目内容与所套用相应定额项目内容的要求不完全一致，并且定额规定允许换算，则应按定额规定的换算范围、内容和方法进行定额换算。定额项目的换算就是将定额项目规定的内容与设计要求的内容，取得一致的换算或调整的过程。

解　释

一、材料价格换算法

当装修装饰材料的"主材"和"五材"（表2-1）的市场价格，与相应定额预算价格不同而引起定额基价的变化时必须进行换算。

表 2-1　装修装饰"主材"和"五材"项目表

项　目	内　容
装修装饰主材	铝合金、不锈钢、有色金属、轻钢骨架、石膏板、大理石、花岗岩板、艺术马赛克、玻璃马赛克、艺术瓷砖、墙布纸、进口玻璃、铝合金五金、铝合金电化装饰板、镁铝曲板、玻璃镜、防静电地板、塑料地板块、玻璃砖等
装修装饰五材	水泥、木材、钢材、沥青、玻璃

材料价格换算的方法步骤如下。

① 根据施工图纸设计的工程项目内容，从定额手册目录中查出工程项目所在定额的页数及其部位，并判断是否需要定额项目换算。

② 如果需要换算，则从定额项目中查出工程项目相应的换算前定额基价、材料预算价格和定额消耗量。

③ 从装修装饰材料市场价格信息资料中，查出相应的材料市场价格。

④ 计算换算后定额基价，通常可用下式计算：

$$换算后定额基价 = 换算前定额基价 + [换算材料定额消耗量 \times$$
$$(换算材料市场价格 - 换算材料预算价格)]$$

⑤ 写出换算后的定额编号。

⑥ 计算换算后预算价值，一般可用下式计算：

$$换算后预算价值 = 工程项目工程量 \times 相应的换算后定额基价$$

二、材料用量换算法

当施工图设计的工程项目的主材用量与定额规定的主材消耗量不同而引起定额基价的变化时，必须进行定额换算。

其换算的方法步骤如下。

① 根据施工图设计的工程项目内容，从定额手册目录中，查出工程项目所在定额手册中的页数及其部位，并判断是否需要进行定额换算。

② 从定额项目表中，查出换算前的定额基价、定额主材消耗量和相应的主材预算价格。

③ 计算工程项目主材的实际用量和定额单位实际消耗量，一般可按下式计算：

$$主材实际用量 = 主材设计净用量 \times (1 + 损耗率)$$

$$定额单位主材实际消耗量 = 主材实际用量 / 工程项目工程量 \times 工程项目定额计量单位$$

④ 计算换算后的定额基价，一般可按下式进行计算：

$$换算后的定额基价 = 换算前定额基价 + (定额单位主材实际消耗量 - 定额单位主材$$
$$定额消耗量) \times 相应主材预算价格$$

⑤ 写出换算后的定额编号。

⑥ 计算换算后的预算价值。

三、材料种类换算法

当施工图设计的工程项目所采用的材料种类，与定额规定的材料种类不同而引起定额基价的变化时，定额规定必须进行换算，其换算的方法和步骤如下。

① 根据施工图设计的工程项目内容，从定额手册目录中，查出工程项目所在定额手册中的页数及其部位，并判断是否需要进行定额换算。

② 如需换算，从定额项目表中查出换算前定额基价、换出材料定额消耗量及相应的定额预算价格。

③ 计算换入材料定额计量单位消耗量，并查出相应的价格。

④ 计算定额计量单位换入（出）材料费，一般可按下式计算：

换入材料费＝换入材料市场价格×相应材料定额单位消耗量

换出材料费＝换出材料预算价格×相应材料定额单位消耗量

⑤ 计算换算后的定额基价，一般可按下式计算：

换算后定额基价＝换算前定额基价＋（换入材料费－换出材料费）

⑥ 写出换算后定额编号。

⑦ 计算换算后的预算价值。

四、材料规格换算法

当施工图设计的工程项目的主材规格与定额规定的主材规格不同而引起定额基价的变化时，定额规定必须进行换算。与此同时，也应进行差价调整。其换算与调整的方法和步骤如下：

1）根据施工图设计的工程项目内容，从定额手册目录中，查出工程项目所在的定额页数及其部位，并判断是否需要进行定额换算。

2）如需换算，从定额项目表中，查出换算前定额基价、需要换算的主材定额消耗量及其相应的预算价格。

3）根据施工图设计的工程项目内容，计算应换算的主材实际用量和定额单位实际消耗量，一般有下列两种方法：

① 虽然主材不同，但两者的消耗量不变。此时，必须按定额规定的消耗量执行。

② 因规格改变，引起主材实际用量发生变化。此时，要计算设计规格的主材实际用量和定额单位实际消耗量。

③ 从装修装饰材料市场价格信息资料中，查出施工图采用的主材相应市场价格。

④ 计算定额计量单位两种不同规格主材费的差价，一般可按下式计算：

差价＝定额计量单位选用规格主材费－定额计量单位定额规格主材费

定额计量单位图纸规格主材费＝定额计量单位选用规格主材实际消耗量×

相应主材市场价格

定额计量单位定额规格主材费＝定额规格主材消耗量×相应的主材定额预算价格

⑤ 计算换算后的定额基价，一般可按下式计算：

换算后定额基价＝换算前定额基价±差价

⑥ 写出换算后定额编号。

⑦ 计算换算后的预算价值。

五、工程量换算法

工程量的换算，是依据装修装饰工程预算定额中的规定，将施工图设计的工程项目工程量，乘以定额规定的调整系数。

换算后的工程量，一般可按下式计算：

换算后的工程量＝按施工图计算的工程量×定额规定的调整系数

六、系数增减换算法

施工图设计的工程项目内容与定额规定的相应内容有的不完全相符，定额规定在其允许范围内，采用增减系数调整定额基价或其中的人工费、机械使用费等。

系数增减换算的方法步骤如下。

① 根据施工图设计的工程项目内容，从定额手册目录中，查出工程项目所在定额中的页数及其部位，并判断是否需要增减系数，调整定额项目。

② 如需调整，从定额项目表中查出调整前定额基价和人工费（或机械使用费等），并从

定额总说明、分部工程说明或附注内容中查出相应调整系数。

　　③ 计算调整后的定额基价，一般可按下式进行计算：

　　　　调整后定额基价＝调整前定额基价±［定额人工费（或机械费）×相应调整系数］

　　④ 写出调整后的定额编号。

　　⑤ 计算调整后的预算价值，一般可按下式计算：

　　　　调整后预算价值＝工程项目工程量×调整后定额基价

≈≋ **相关知识** ≋≈

补充定额的编制

　　在预算中某些工程有时碰上"生项"。所谓"生项"就是分项工程中无定额套用或不允许换算时要另编补充定额。

　　1. 出现生项的原因

　　① 设计中采用了定额项目中没有选用的新材料或构造做法。

　　② 设计中选用的砂浆配合比或混凝土配合比在定额中未列出。

　　③ 在结构设计上采用了定额中没有的新的结构做法。

　　④ 施工中使用了定额中未考虑的新的施工机具。

　　⑤ 施工中采用了定额中未包括的施工工艺。

　　遇到"生项"时，应按现行预算定额的编制原则与有关规定编制补充生项定额。

　　2. 生项的编制原则

　　① 生项定额中的组成内容必须与现行定额中同类项目相一致。

　　② 工、料、机单价必须与现行预算定额统一。

　　③ 材料消耗量必须符合现行定额规定。

　　④ 各项数据必须是实际施工情况统计或实验结果，数据计算必须实事求是。

　　⑤ 施工中可能发生的各种情况必须考虑全面。

　　3. 编制补充"生项"需要准备的资料

　　① 设计要求：包括设计图纸选用的配合比、材料品种，规格、性能、设计尺寸和设计要求的施工工艺。

　　② 施工组织设计及施工概况，包括总工程量，总施工天数（其中作业天数、停滞天数）参加施工的各工种人数，使用机械的型号，规格、台班、场内材料水平运距等。

　　③ 测定资料：劳动效率、机械效率、材料损耗和单方材料消耗量等测定资料。

　　④ 有关试验报告：有关配合比和材料性能的试验报告。

　　4. 生项劳动力消耗量

　　按投入的总工日及总工程量计算：

$$定额合计工日 = \frac{施工投入总工日}{总工程量}$$

　　5. 生项材料消耗量

　　按施工过程中实际总耗用量和总工程量计算：

$$定额材料耗用量 = \frac{总耗用量}{总工程量}$$

　　6. 生项机械台班耗用量

　　按投入施工过程中的作业班数与总工程量计算：

$$机械台班耗用量 = \frac{作业台班总量}{总工程量}$$

第3节　装饰工程预算定额的编制

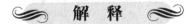

要点

预算定额是确定装饰装修工程价格的主要依据。本节介绍装饰工程预算定额的编制原则和编制方法等内容。

解释

一、装饰工程预算定额的编制原则

为了使定额具有科学性、实践性、指导性，并保证定额的编制质量，在装饰工程预算定额的编制过程中应该贯彻下列原则。

1. 平均水平原则

在定额计价方式中，建筑装饰产品价格的主要部分由预算定额来确定，因此，预算定额的编制必须符合生产商品的社会必要劳动量规律，即在正常施工条件下，以平均的劳动强度、平均的技术熟练程度，在平均的技术装备条件下，完成单位合格产品所需要的劳动消耗量，就是预算定额的消耗量水平。这种以社会必要劳动量来确定的定额水平，就是通常所说的预算定额的平均水平。因此，在定额编制过程中要认真贯彻平均水平原则。

需要指出的是，定额消耗量与定额水平成反比。

2. 简明适用原则

定额的简明性和适用性是统一体中的两个方面。如果只强调简明性，适应性就差；如果只强调适应性，简明性就差。因此，为了合理解决好这一对矛盾，预算定额应坚持在适用的基础上力求简明的原则。

定额的简明适用原则主要体现在下列几个方面。

① 为了满足各方面适用的需要（如编制标底或标价、签订合同价、办理工程结算、编制各种计划和进行工程成本核算等），不但要求项目齐全，而且还要考虑补充有关新工艺、新结构的项目。另外，还要注意每个定额子目的内容划分要恰当，例如，300mm×300mm 方格网轻钢龙骨吊顶，要分为不上人型与上人型两种，因为这两者之间的材料消耗量和人工消耗量都有较大的差别。因此，要把上述内容划分为两个定额子目。

② 明确预算定额计量单位时，要考虑简化工程量计算的问题。

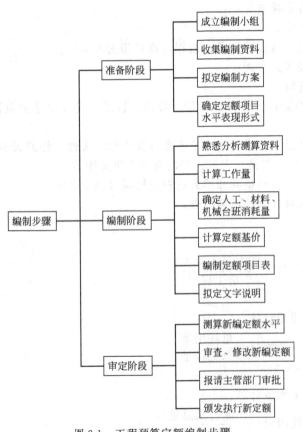

图 2-1　工程预算定额编制步骤

③ 预算定额中的各种说明，要简明扼要，通俗易懂。

二、装饰工程预算定额的编制步骤

装修装饰工程预算定额的编制步骤大致可分为三个阶段，即准备工作阶段（包括收集资料）、编制定额阶段、申报定额阶段，如图 2-1 所示。但各阶段工作有时互相交叉，有些工作会有多次反复。

① 建立编制预算定额的组织机构，确定编制预算定额的思想和编制原则。

② 制定编制预算定额的细则，搜集编制预算定额的有关技术资料。

③ 审查、熟悉和修改搜集来的资料，按确定的定额项目和有关的技术资料分别计算工程量。

④ 规定人工幅度差、机械幅度差、材料损耗率、材料超运距及其它工料费的计算要求，并分别计算出一定计量单位分项工程或结构构件的人工、材料和施工机械台班消耗量标准。

⑤ 根据上述计算的人工、材料和机械台班消耗量标准及本地区人工工资标准、材料预算价格、机械台班使用费，计算预算定额基价，即完成一定计量单位分项工程或结构构件所消耗的人工费、材料费、机械费。

⑥ 编制定额项目表。

⑦ 测算定额水平，审查修改所编制的定额，并报请有关部门批准。

三、装饰工程预算定额的编制方法

1. 确定定额项目名称和工程内容

装修装饰工程预算定额项目名称，即分部分项工程（或配件、设备）项目及其所含子项目的名称，定额项目及其工程内容，通常根据编制装修装饰工程预算定额的有关基础资料，参照施工定额分项工程项目综合确定，并应反映当前装修装饰业的实际水平，具有广泛的代表性。

2. 确定施工方法

施工方法是确定装修装饰工程预算定额项目的各专业工种和相应的用工数量，各种材料、成品或半成品的使用量，施工机械类型及其台班的使用量，以及定额基价的主要依据。

3. 确定定额项目计量单位

（1）确定的原则 定额计量单位的确定，应与定额项目相适应。首先，它应当确切地反映分项工程（或配件、设备）等最终产品的实物消耗量，保证装修装饰工程预算的准确性。其次，要有利于减少定额项目、简化工程量计算，保证预算定额的适用性。

定额计量单位的选择，主要根据分项工程（或配件、设备）的形体特征和变化规律来确定，见表 2-2。

表 2-2 定额计量单位的选择

物体形体特征及变化规律	定额计量单位	举 例
长、宽、高都发生变化	m^3	如土方、砖石、瓦块等
厚度一定，面积变化	m^2	如铝合金墙面、门窗、木地板等
截面形状大小固定，只有长度变化	m	如楼梯扶手、装饰线、避雷网安装等
体（面）积相同，重量和价格差异大	t 或 kg	如金属构件制作、安装工程等
形状不规则难以度量	套、个、件等	如制冷通风工程、栓类阀门工程等

（2）表示方法 定额计量单位，一般规定见表 2-3。

表 2-3 定额计量单位公制表示法

计量单位名称	定额计量单位	计量单位名称	定额计量单位
长度	mm,cm,m	体积	m^3
面积	mm^2,cm^2,m^2	重量	kg,t

（3）定额项目单位 定额项目单位，一般按表 2-4 取定。

表 2-4 选择定额计量单位的方法表

项　　目		单　　位	小　数　位　数
人工		工日	保留二位小数
材料	木材	m³	保留三位小数
	钢材	t	保留三位小数
	铝合金型材	kg	保留二位小数
	通风设备、电气设备	台	保留二位小数
	水泥	kg	零（取整数）
	其它材料	依具体情况而定	保留二位小数
机械		台·班	保留三位小数
定额基价		元	保留二位小数

4. 计算工程量

计算工程量的目的，是为了通过分别计算出典型设计图或资料所包括的施工过程的工程量，使之在编制装修装饰工程预算定额时，有可能利用施工定额的人工、材料和施工机械台班的消耗指标。

定额项目工程量的计算方法是：根据确定的分项工程（或配件、设备）及其所含子项目，结合选定的典型设计图或资料、典型施工组织设计，按照工程量计算规则进行计算。通常采用工程量计算表格计算。

在工程量计算表中，需要填写的内容主要包括下列四项：

① 典型工程的性质。

② 选择的典型设计图或资料的来源和名称。

③ 选择的图例和计算公式等。

④ 工程量计算表的编制说明。

最后，根据装修装饰工程预算定额单位，将已计算出的自然数工程量，折算成定额单位工程量。

5. 装修装饰工程预算定额人工、材料和机械台班消耗量指标的确定

确定分项工程或结构构件的定额消耗指标，包括劳动力、材料和机械台班的消耗量指标。

（1）人工消耗量指标的确定 预算定额人工消耗量指标，是指完成一定计量单位的装修装饰产品所必需的各种用工量的总和，包括基本用工量和其它用工量。

1）基本工消耗量，是指完成一定计量单位分项工程或结构构件所需消耗的主要用工。基本工消耗量计算公式可表示为：

$$基本工消耗量 = \sum（工序工程量 \times 相应时间定额）$$

2）其它工消耗量，是指劳动定额内没有包括而在预算定额内又必须考虑的工时消耗。其内容包括辅助用工、超运距用工和人工幅度差。

① 辅助用工是指预算定额中基本工以外的材料加工等所用的工时。辅助用工的计算，可用下式表示：

$$辅助用工量 = \sum（材料加工数量 \times 相应时间定额）$$

② 超运距用工是指编制预算定额时，材料、半成品等运距超过劳动定额（或施工定额）所规定的运距，而需增加的工时数量。超运距及超运距用工量的计算可用下式表示：

超运距＝预算定额规定的运距－劳动定额规定的运距

超运距用工量＝Σ（超运距材料数量×相应时间定额）

③ 人工幅度差，是指劳动定额中没有包括而在预算定额中又必须考虑的工时消耗，也是在正常施工条件下所必须发生的各种零星工序用工。其内容包括：各工种间的工序搭接、交叉作业互相配合所造成的不可避免的停歇用工；施工过程中水电维修、隐检验收等质量检查而影响的操作用工；施工机械在单位工程之间变换位置或临时移动水电线路所造成的间歇用工；场内单位工程间操作地点转移影响工人操作的时间；施工中不可避免的少量用工等。人工幅度差的计算，可用下式表示：

人工幅度差＝（基本用工＋超运距用工＋辅助用工）×人工幅度差系数

（2）材料消耗指标的确定　装修装饰工程预算定额中的主要材料、成品或半成品的消耗量，应以施工定额的材料消耗定额为计算基础。如果某些材料成品或半成品没有材料消耗定额，则应选择有代表性的施工图，通过分析、计算，求得材料消耗指标。

材料消耗指标的构成，如图2-2所示。

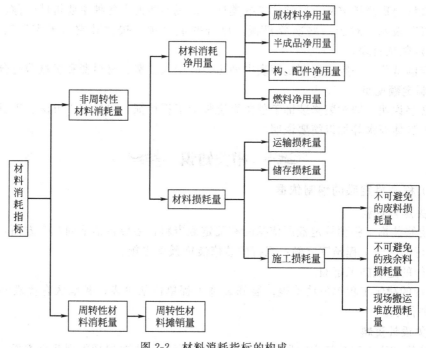

图 2-2　材料消耗指标的构成

① 非周转性材料消耗指标，一般可按下式计算：

非周转性材料消耗量＝材料净用量＋材料损耗量＝材料净用量×（1＋材料损耗率）

式中，材料净用量可按材料消耗净定额或采用观察法、试验法和计算法确定；材料损耗量可按材料损耗定额或采用观察法、试验法和计算法确定；材料损耗率为材料损耗量与净用量的百分比，即：

材料损耗率＝损耗量/净用量×100％

② 周转性材料消耗指标，即周转性材料摊销量。一般可按下式计算：

周转性材料摊销量＝周转使用量－回收量

周转使用量＝[1＋（周转次数－1）×补损率]/周转次数

补损率＝材料补损量/净用量×100％

回收量＝一次使用量×（1－补损率）/周转次数

式中，周转次数为周转材料重复使用的次数；一次使用量为周转材料一次使用的基本量。

（3）施工机械台班消耗指标的确定　装修装饰工程预算定额中的机械台班消耗指标，是以台班为单位进行计算的。机械台班消耗指标根据机械台班定额规定台班工程量计算，并考虑在合理的施工组织技术条件下机械的停歇因素。根据影响机械台班消耗量因素，在施工定额基础上，规定出一个附加额。这个附加额用相对数表示，称为"机械幅度差系数"。

6. 编制定额项目表

（1）人工消耗定额　通常按综合列出工日数，并在它的下面分别按技工、普通工列出工日数。

（2）材料消耗定额　通常要列出材料（或配件、设备）的名称和消耗量；对于一些用量很少的次要材料，可合并成一项，按"其它材料费"直接以金额"元"列入定额项目表，但占材料总价值的比重，不能超过 $2\% \sim 3\%$。

（3）机械台班消耗定额　通常按机械类型、机械性能列出各种主要机械名称，其消耗定额以"台班"表示；对于一些次要机械，可合并成一项，按"其它机械费"直接以金额"元"列入定额项目表。

（4）定额基价　一般直接在定额表中列出，其中人工费、材料费和机械费应分别列出。

7. 编制定额说明

定额文字说明，即对装修装饰工程预算定额的工程特征，包括施工方法、工程内容、计量单位以及具体要求等加以简要说明。

❧ 相关知识 ❧

装饰工程预算定额的编制依据

1. 有关定额资料

编制装修装饰工程预算定额所依据的有关定额资料，主要包括下列几个方面：

① 现行的建筑工程预算定额；现行的装修装饰预算定额。

② 现行的建筑施工定额。

③ 现行的建筑工程单位估价表；装修装饰工程单位估价表；各地区有代表性建筑工程补充单位估价表。

2. 有关设计资料

编制装修装饰工程预算定额所依据的有关设计资料，主要包括下列几个方面：

① 有关构件、产品的定型设计图集。

② 由国家或地区颁布的通用设计图集。

③ 其它有代表性的设计资料。

3. 有关法规（规范、标准、规程和规定）文件资料

编制装修装饰工程预算定额所依据的有关法规文件资料，主要包括下列几个方面：

① 现行的建筑安装工程施工验收规范。

② 现行的建筑安装工程操作规程。

③ 现行的装修装饰工程质量评定标准。

④ 现行的建筑安装工程质量评定标准。

⑤ 现行的建筑工程施工验收规范。

⑥ 其它有关文件资料。

4. 有关价格资料

编制装修装饰工程预算定额所依据的有关价格资料，主要包括下列几个方面：

① 现行的材料预算价格资料。

② 现行的人工工资标准资料。

③ 现行的施工机械台班预算价格资料。

④ 现行的有关设备配件等价格资料。

第3章
装饰工程定额工程量计算

第1节 楼地面工程

要点

主要包括楼地面工程的定额说明及工程量的计算规则。

解释

一、楼地面工程的定额说明

① 整体面层的水泥砂浆、混凝土和细石混凝土楼地面，定额中均包括一次抹光的工料费用。

② 楼梯装饰定额中，包括了休息平台、踏步和楼梯踢脚线，但不包括楼梯底面抹灰。水泥面楼梯包括金刚砂防滑条。

③ 耐酸瓷板地面定额中，包括找平层和结合层。

④ 坡道、台阶和散水定额中，仅包括面层的工料费用，不包括垫层，其垫层按图示做法执行本节相应子目。

⑤ 台阶的平台宽度（外墙面至最高一级台阶外边线）在 2.5m 以内时，平台执行台阶子目；超过 2.5m 时，平台执行楼地面相应子目。

二、楼地面工程量的计算规则

1. 楼地面

（1）计算规则　楼地面装饰面积按饰面的净面积计算，不扣除 0.1m² 以内的孔洞所占的面积。拼花部分按实贴面积计算。

（2）计算规则及计算方法说明

①"楼地面装饰饰面的净面积"是指除结构面积以外的室内净面积、室外使用面积或辅助面积，一般室内是以室内净长与净宽之积计算的，室外按图示尺寸以实铺面积计算。

②"不扣除 0.1m² 以内的孔洞所占的面积"是指穿过楼地面的上、下水管道等所占的面积，其面积往往小于 0.1m²，这里所指的"0.1m² 以内"是指孔洞面积小于等于 0.1m²，

如果孔洞面积大于 $0.1m^2$，则需要被扣除。

③ "拼花部分" 是指为了达到一定的装饰效果，在商场、酒店等公用建筑的大厅或民用建筑的起居室等处采用不同的天然石材种类和不同的颜色拼成的完整装饰图案，定额按成品考虑。

④ 不同的材质和结构做法不同，应分开列项计算。

（3）计算公式

$$楼地面装饰面层净面积＝房间净长×房间净宽－柱、垛及 0.1m^2 以上的孔洞$$

$$所占的面积＋门、空圈、暖气包槽、壁龛开口面积$$

$$拼花部分面积＝实际拼贴的完整图案的总面积$$

拼花部分面积一般为圆形或方形。

2. 楼梯

（1）计算规则 楼梯面积（包括踏步、休息平台以及小于 500mm 宽的楼梯井）按水平投影面积计算。

（2）计算规则说明

① "楼梯面积按水平投影面积计算" 是指为简化计算，不按楼梯的踢面、踏面展开，而是以楼梯间踏步、休息平台及小于 500mm 宽的楼梯井的水平平面面积计算。计算时分三种情况。第一种，有走道墙的，楼梯与走道的分界线以走道墙的边线为界；第二种，无走道墙有梯口梁的，以梯口梁为界，楼梯面积包括梯口梁；第三种，无走道墙且无梯口梁的，以最上一层踏步外沿 300mm 为界。

② "休息平台" 是指楼梯 "一跑" 与 "另一跑" 之间歇脚的平台。

③ "楼梯井" 是指楼梯两跑之间转弯时结构设计的空隙。其宽度小于或等于 500mm 时，楼梯工程量不需要扣除该部分投影面积；当其宽度大于 500mm 时，则需要被扣除。

（3）计算公式

① 直形楼梯

$$直形楼梯水平投影面积＝（楼梯间长度×楼梯间宽度－500mm 以上宽的楼梯井$$

$$投影面积）×n$$

式中，n 为楼层数量，如为不上人屋面，需扣减一层。

② 弧形楼梯

$$弧形楼梯水平投影面积＝\pi×(R^2－r^2)$$

式中，r 为梯井半径，大于 250mm；R 为螺旋楼梯半径。

3. 台阶

（1）计算规则 台阶面层（包括踏步及最上一层踏步沿 300mm）按水平投影面积计算。

（2）计算规则说明

① "台阶面层按水平投影面积计算" 是指为简化计算，不按台阶的踢面、踏面展开，而是以台阶的水平投影面积计算。

② "包括踏步及最上一层踏步沿 300mm" 是指台阶的水平投影长度的取定除台阶本身的踏步投影长度以外还要加上最上层外延的 300mm。

③ 台阶的宽度指台阶的设计净宽度，不包括梯带、牵边、花池等。

（3）计算公式

$$台阶面层面积＝（台阶的水平投影长度＋300mm）×台阶宽度$$

4. 踢脚线

（1）计算规则 踢脚线按实贴长乘高以平方米计算，成品踢脚线按实贴延长米计算。楼梯踢脚线按相应定额乘以系数 1.15。

（2）计算规则说明

① 踢脚线分两种情况计算，一种是成品踢脚线，按长度计算；另一种是非成品踢脚线，按面积计算。

② 楼梯踏步处考虑锯齿形及斜长消耗，故楼梯踏步部分踢脚线工程量以水平投影长度乘以系数 1.15 计算。

（3）计算公式

① 成品踢脚线：

$$楼地面成品踢脚线长度＝实贴延长米$$
$$楼梯成品踢脚线长度＝实贴延长米×1.15$$

② 非成品踢脚线：

$$楼地面非成品踢脚线面积＝实贴延长米×高$$
$$楼梯非成品踢脚线长度＝实贴延长米×高×1.15$$

5. 零星项目

（1）计算规则　零星项目按实铺面积计算。

（2）计算规则说明

① "零星项目"是指面积在 1m² 以内且定额中未列项目的工程以及一些施工复杂、工料耗用量相比较多的项目。

② 楼梯侧面、台阶牵边、小便池、蹲台、池槽等的面层工程量属于零星项目。

（3）计算公式

$$零星项目工程量＝\Sigma 各分项工程展开面积$$

6. 点缀

（1）计算规则　点缀按个计算，计算主体铺贴地面面积时，不扣除点缀所占面积。

（2）计算规则说明

① 点缀是指镶拼面积小于 0.015m² 的石材地面。

② 因点缀面积太小，而且镶贴复杂，所以在计算主体铺贴地面面积时不予扣除，且镶贴点缀另列项计算。

（3）计算公式　　　　　　　$$点缀＝镶拼个数$$

7. 栏杆、拦板、扶手、弯头

（1）计算规则　栏杆、拦板、扶手均按其中心线长度以延长米计算，计算扶手时不扣除弯头所占长度。弯头按个计算。

（2）计算规则说明

① 定额中规定的不同材质的"栏杆、拦板、扶手"的截面积已定，长度上发生变化，因此以延长米计算。

② 弯头是楼梯转弯处的结构构件，计算扶手时其长度不需扣除，弯头工程量另算。

（3）计算方法

① 栏杆、拦板、扶手工程量＝栏杆、拦板、扶手中心线的实际长度

② 弯头按个计算，一个转弯一般有一个或两个弯头，根据设计图纸确定。

8. 石材底面

（1）计算规则　石材底面刷养护液按底面面积加 4 个侧面面积，以 m² 计算。

（2）计算公式

$$石材底面刷养护液面积＝a×b＋(a＋b)×2×石材厚度$$

式中，a 为石材长度；b 为石材宽度。

三、楼地面工程定额有关项目的解释

1. 常用楼地面

地面的基本构造层为面层、垫层和地基；楼面的基本构造层为面层和楼板。根据使用和构造要求可增设相应的构造层（结构层、找平层、防水层和保温隔热层等）。

（1）各构造层次的作用　各构造层次的作用见表3-1。

表 3-1　各构造层次的作用

层　　次	作　　用
面层	直接承受各种物理和化学作用的表面层。分整体和块料两类
结合层	面层与下层的连接层，分胶凝材料和松散材料两类
找平层	在垫层、楼板或轻质松散材料上起找平或找坡作用的构造层
防水层	防止楼地面上液体透过面层的构造层
防潮层	防止地基潮气透过地面的构造层，应与墙身防潮层相连接
保温隔热层	改变楼地面热工性能的构造层。设在地面垫层上、楼板上或吊顶内
隔声层	隔绝楼地面撞击声的构造层
管道敷设层	敷设设备暗管线的构造层（无防水层的地面也可敷设在垫层内）
垫层	承受并传布楼地面荷载至地基或楼板的构造层，分刚性和柔性两类
基层	楼板或地基（当土层不够密实时需做加强处理）

（2）各种楼地面的适用范围

① 经常受坚硬物体冲击的地面宜采用混凝土垫层兼面层或细石混凝土面层。经受强冲击的地面宜采用混凝土板、块石或素土面层。

② 经常承受剧烈磨损的地面宜采用C20混凝土、铁屑水泥或块石及条石面。

③ 承受剧烈震动作用或用于大面积储放重型材料的地面，宜采用粒料、灰土类柔性地面。同时有平整和清洁要求时，宜采用有砂浆结合层的预制混凝土板面层。

④ 经常受大量水作用或冲洗的块料面层地面，结合层宜采用胶凝类材料。经常有大量水作用或冲洗的楼面等用装配式楼板时应加强楼面整体性，必要时设防水层。

⑤ 经受高温影响的地面宜采用素土或矿渣面层。同时有较高平整和清洁要求或同时有强烈磨损的地面宜采用金属面层。

⑥ 地面防潮要求较高者宜设卷材或涂料防水层。

⑦ 有较高清洁要求的地面宜采用光洁水泥面层、水磨石面层或块材面层。

⑧ 经常受机油作用的地面不宜采用沥青类材料做面层及嵌缝。楼面应采取防油渗措施。

⑨ 有一定弹性和清洁要求的地面可采用橡胶板、塑料或菱苦土地面。但存在较大冲击、经常受潮或有热源影响时，不宜使用菱苦土地面。

⑩ 有防腐蚀要求的地面要采用防腐蚀面层。

2. 黏土砖、水泥、水磨石、菱苦土楼地面

黏土砖、水泥、水磨石、菱苦土楼地面适用于有清洁、弹性或防爆要求的地段。磨损不多的地段，宜用不掺砂的软性菱苦土；磨损较多的地段，宜用掺砂的硬性菱苦土。不适用于经常有水或各种液体存留及地面温度经常处于35℃以上的地段。

3. 塑料、金属楼地面

① 塑料楼地面特点是耐磨、绝缘性好、吸水性小和耐化学侵蚀等，有一定弹性，行走舒适，可制作成各色图案，宜用于洁净要求较高的生产用房或公共活动厅室。但也存在一些缺点，如老化、变形、静电吸尘和必须经常打蜡等。因石棉绒有致癌性，故不宜用作塑料地面的填充料。

② 金属地面用于有强磨损、高温影响，同时又有较高平整和清洁要求的楼地面。当其它面层材料不能满足上述使用要求时，可局部采用不同做法的金属楼地面。

4. 木楼地面

木楼地面面层分为普通木楼地面、硬木条楼地面和拼花木楼地面等。构造方式有空铺、实铺、粘贴和弹簧式等。根据需要可做成单层或双层。

5. 块料、耐油楼地面

（1）块料楼地面　板块面层是用陶瓷锦砖、大理石、碎块大理石和水泥花砖，以及用混凝土、水磨石等预制板块，分别铺设在砂和水泥砂浆的结合层上而成。砂结合层厚度为 20～30mm，水泥砂浆结合层厚度为 10～15mm。

（2）耐油楼地面　耐油楼地面是在较密实的普通混凝土中，掺入 $FeCl_3$ 混合剂，以提高混凝土的抗渗性，适用于长期接触矿物油制品的楼地面。

❧ 例 题 ❧

【例 3-1】 某设备车间地面垫层工程，尺寸示意见图 3-1（单位：mm）。其中，地面垫层为 C20 混凝土 120mm 厚，墙厚均为 250mm。试计算垫层工程量。

解： ① 室内净面积

$$S_{净} = (18.0 - 0.25) \times (26.0 - 0.25)\text{m}^2$$
$$= 457.06 \ (\text{m}^2)$$

② 设备基础所占面积

$$S_{备} = (0.8 + 1.8) \times 4.2\text{m}^2 - 0.8 \times$$
$$(4.2 - 2.0)\text{m}^2 = 9.16 \ (\text{m}^2)$$

③ C20 混凝土垫层体积

$$V_{垫} = (457.06 - 9.16) \times 0.12\text{m}^3 = 53.75 \ (\text{m}^3)$$

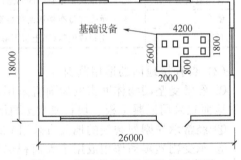

图 3-1　某设备车间地面垫层示意图

【例 3-2】 某装饰工程，花岗岩楼梯装饰面层侧面示意如图 3-2 所示（单位：mm）。试计算花岗岩楼梯侧面装饰面层的工程量。

解： 楼梯侧面面层工程量 $= 3.3 \times 0.10 + 0.28 \times 0.145 \times \dfrac{1}{2} \times 10 = 0.53 \ (\text{m}^2)$

【例 3-3】 如图 3-3 所示楼梯栏杆立面示意图，试计算楼梯扶手及弯头的工程量。（其中最上层弯头不计）

解：

楼梯扶手工程量 $= \sqrt{0.28^2 + 0.145^2} \times 9 \times 2 = 5.40 \ (\text{m})$

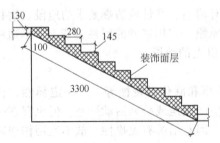

图 3-2　花岗岩楼梯装饰面层侧面示意

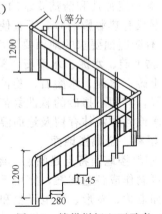

图 3-3　楼梯栏杆立面示意

弯头工程量＝3 个

【**例 3-4**】 某住宅楼地面工程，一层住户平面示意图如图 3-4 所示。地面做法为 3：7 灰土垫层 280mm 厚，50mm 厚 C15 细石混凝土找平层，细石混凝土现场搅拌，25mm 厚 1：3 水泥砂浆面层，试计算住宅楼整体面层工程量。

解：整体面层工程量＝（阳台）(1.48－0.12)×(3.60＋3.40＋0.25－0.12)m²＋

（卧室）(4.50－0.24)×(3.40－0.24)m²＋

（大卧室）(4.50－0.24)×(3.60－0.24)m²＋

（门厅）(4.00－0.24)×(1.80＋2.80－0.24)m²－

(1.50－0.24)×(1.80－0.24)m²＋

（厨房）(3.00－0.24)×(2.80－0.24)m²＋

（餐厅）(3.00＋1.50－0.24)×(0.90＋1.80－0.24)m²＋

（厕所）(2.50－0.24)×(1.50＋0.90－0.24)m²

＝9.697m²＋13.461m²＋14.246m²＋14.428m²＋7.066m²＋

10.48m²＋4.882m²＝76.26（m²）

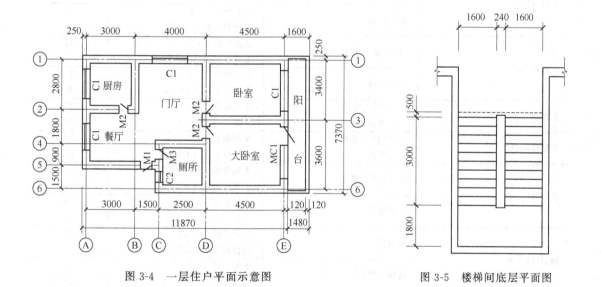

图 3-4 一层住户平面示意图　　　　　图 3-5 楼梯间底层平面图

【**例 3-5**】 楼梯间底层平面图如图 3-5 所示，楼梯装饰按设计图示尺寸以楼梯（包括踏步、休息平台以及小于 50mm 宽的梯井）水平投影面积计算。楼梯与楼地面相连时，算至梯口梁内侧边沿；无梯口梁者，算至最上一层踏步边沿加 300mm。试计算楼梯贴花岗岩面层的工程量。

解：楼梯贴花岗岩面层的工程量为：

(2×1.6＋0.24)×(0.5＋10×0.3＋1.8)＝18.23(m²)

第 2 节　墙、柱面工程

要　点

主要包括墙、柱面工程的定额说明及工程量的计算规则，在节后配有相关例题。

解 释

一、墙、柱面工程的定额说明

① 凡定额注明的砂浆种类、配合比、饰面材料及型材的型号规格与设计不同时，可按设计规定调整，但人工、机械消耗量不变。

② 抹灰砂浆厚度，如设计与定额取定不同时，除定额有注明厚度的项目可以换算外，其它一律不得调整，参见表3-2。

表 3-2　抹灰砂浆定额厚度取定表

项　　目		砂　　浆	厚度/mm
水刷豆石	砖、混凝土墙面	水泥砂浆 1:3	12
		水泥豆石浆 1:1.25	12
	毛石墙面	水泥砂浆 1:3	18
		水泥豆石浆 1:1.25	12
水刷白石子	砖、混凝土墙面	水泥砂浆 1:3	12
		水泥豆石浆 1:1.5	10
	毛石墙面	水泥砂浆 1:3	20
		水泥豆石浆 1:1.5	10
水刷玻璃碴	砖、混凝土墙面	水泥砂浆 1:3	12
		水泥豆石浆 1:1.25	12
	毛石墙面	水泥砂浆 1:3	18
		水泥豆石浆 1:1.25	12
干粘白石子	砖、混凝土墙面	水泥砂浆 1:3	18
	毛石墙面	水泥豆石浆 1:3	30
干粘玻璃碴	砖、混凝土墙面	水泥砂浆 1:3	18
	毛石墙面	水泥砂浆 1:3	30
斩假石	砖、混凝土墙面	水泥砂浆 1:3	12
		水泥豆石浆 1:1.5	10
	毛石墙面	水泥砂浆 1:3	18
		水泥豆石浆 1:1.5	10
墙、柱面拉条	砖墙面	混合砂浆 1:0.5:2	14
		混合砂浆 1:1.5:1	10
	混凝土墙面	水泥砂浆 1:3	14
		混合砂浆 1:1.5:1	10
墙、柱面甩毛	砖墙面	混合砂浆 1:1:6	12
		混合砂浆 1:1:4	6
	混凝土墙面	水泥砂浆 1:3	10
		水泥砂浆 1:2.5	6

注：1. 每增减一遍素水泥浆或108胶素水泥浆，每平方米增减人工0.01工日，素水泥浆或108胶素水泥浆0.0012m³。

2. 每增减1mm厚砂浆，每平方米增减砂浆0.0012m³。

③ 圆弧形、锯齿形等不规则墙面抹灰、镶贴块料按相应项目人工乘以系数1.15，材料乘以系数1.05。

④ 离缝镶贴面砖定额子目，面砖消耗量分别按缝宽5mm、10mm和20mm考虑，如灰缝不同或灰缝超过20mm以上者，其块料及灰缝材料（水泥砂浆1:1）用量允许调整，其它不变。

⑤ 镶贴块料和装饰抹灰的"零星项目"适用于挑檐、天沟、腰线、窗台线、门窗套、压顶、扶手、雨篷周边等。

⑥ 木龙骨基层是按双向计算的，如果设计为单向时，材料、人工用量乘以系数 0.55。

⑦ 定额木材种类除注明者外，均以一、二类木种为准，如果采用三、四类木种时，人工及机械乘以系数 1.3。

⑧ 面层、隔墙（间壁）、隔断（护壁）定额内，除注明者外均未包括压条、收边、装饰线（板），如设计要求时，应按本章相应子目执行。

⑨ 面层、木基层均未包括刷防火涂料，如设计要求时，应按相应子目执行。

⑩ 玻璃幕墙设计有平开、推拉等窗者，仍执行幕墙子目，窗型材、窗五金相应增加，其它不变。

⑪ 玻璃幕墙中的玻璃按成品玻璃考虑，幕墙中的避雷装置和防火隔离层，定额已综合，但幕墙的封边、封顶费用另行计算。

⑫ 隔墙（间壁）、隔断（护壁）、幕墙等定额中的龙骨间距和规格若与设计不同时，定额用量允许调整。

二、墙、柱面工程量的计算规则

1. 内墙抹灰工程量

内墙抹灰工程量按以下规则计算。

（1）内墙抹灰以 m² 计算　计算时，应扣除门窗洞口和空圈所占的面积，不扣除踢脚板、挂镜线、单个面积在 0.3m² 以内的孔洞和墙与构件交接处的面积，洞侧壁和顶面也不增加。墙垛和附墙烟囱侧壁面积与内墙抹灰工程量合并计算。抹灰面积等于涂刷面积。

（2）内墙面抹灰的长度　以主墙间的图示净长尺寸计算，其高度确定见表 3-3。

表 3-3　内墙面抹灰的高度确定

项　目	说　明
无墙裙	其高度按室内地面或楼面至天棚底面之间距离计算
有墙裙	其高度按墙裙顶至天棚底面之间距离计算
有天棚	其高度至天棚底面另加 100mm 计算

（3）内墙裙抹灰面积　按内墙净长乘以高度计算（扣除或不扣除面积同内墙抹灰）。

2. 外墙面装饰抹灰面积

（1）计算规则　按垂直投影面积计算，扣除门窗洞口和 0.3m² 以上的孔洞所占的面积，门窗洞口及孔洞侧壁面积亦不增加。附墙柱侧面抹灰面积并入外墙抹灰面积工程量内。

（2）计算规则说明

① "外墙面装饰抹灰的垂直投影面积"是指外墙的外边线与檐高的乘积。

② 外墙各种装饰抹灰均按图示尺寸以实抹面积计算。

③ "扣除门窗洞口和 0.3m² 以上的孔洞所占的面积，门窗洞口及孔洞侧壁面积亦不增加"是指为了简化计算，小于（包括等于）0.3m² 的孔洞所占的面积、门窗洞口及孔洞侧壁的工、料、机耗用量已综合考虑在定额分项中，因此不需增加计算这部分面积。其中"门窗洞口及孔洞侧壁"是指做法与外墙相同，沿墙的厚度方向的一半的部分，见图 3-6。

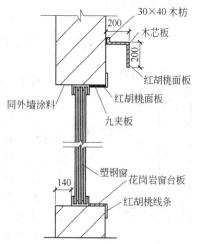

图 3-6　窗洞口侧壁装饰大样图

④ "附墙柱侧面抹灰面积"是指部分嵌在墙中并有一部分突出墙面的柱的两侧的面积。

（3）计算公式

外墙面装饰抹灰面积＝外墙外边线×檐高－门窗洞口和 $0.3m^2$ 以上的

孔洞所占的面积＋附墙柱侧面抹灰面积

外墙裙装饰抹灰面积＝外墙外边线×墙裙高度－门窗洞口和 $0.3m^2$ 以

上的孔洞所占的面积＋附墙柱侧面抹灰面积

3. 柱面装饰

（1）计算规则　柱抹灰按结构断面周长乘以高度计算，柱饰面面积按外围饰面尺寸乘以高度计算。

（2）计算规则说明

① "结构断面周长"是指建筑施工图纸所标注的图示尺寸，见图 3-7。

② "柱饰面外围饰面尺寸"是指装饰装修施工图纸所标注的尺寸，即装饰饰面成活尺寸，见图 3-8。

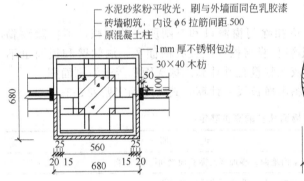
图 3-7　砖结构加大柱子方案

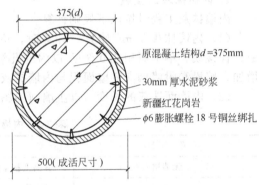
图 3-8　柱外围饰面大样图

③ 除零星项目的柱墩、柱帽项目外，其它项目的柱墩、柱帽工程量按设计图示尺寸以展开面积计算，并入相应柱面积内。"零星项目的柱墩、柱帽项目"是指挂贴大理石、花岗岩项目中的零星项目，按 m 计算。

④ 按实贴面积计算。比如与梁交接处面积应予扣除。

（3）计算公式

$$柱抹灰工程量＝(a+b)×2×h$$

式中，a、b 分别表示柱结构尺寸；h 为柱高。

$$柱装饰饰面工程量＝(a+b)×2×h$$

式中，a、b 分别表示柱饰面成活尺寸；h 为柱高。

4. 女儿墙、阳台栏板内侧装饰抹灰

（1）计算规则　女儿墙（包括泛水、挑砖）、阳台栏板（不扣除花格所占孔洞面积）内侧抹灰按垂直投影面积乘以系数 1.30，按墙面定额执行。

（2）计算规则说明

① "女儿墙内侧垂直投影面积"是指女儿墙内墙长和墙高的乘积，泛水、挑砖部分不展开，压顶部分需另列项计算，见图 3-9。

② "阳台栏板内侧垂直投影面积"是指阳台栏板内侧与栏板高度的乘积，花格所占孔洞面积已由系数综合考虑了，不予扣除，压

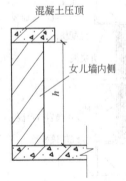
图 3-9　女儿墙内侧示意

顶或扶手需另列项计算。

（3）计算公式

$$女儿墙装饰抹灰工程量＝L×h$$

式中，L 为女儿墙内墙周长；h 为女儿墙高。

$$阳台栏板内饰抹灰工程量＝L×h$$

式中，L 为阳台栏板内侧周长；h 为栏板高。

5. 装饰抹灰分格、嵌缝

（1）计算规则　装饰抹灰分格、嵌缝按装饰抹灰面面积计算。

（2）计算规则说明　装饰抹灰分格、嵌缝是为了达到施工质量要求及美化墙面而做的构造，以装饰抹灰面积进行计算。

（3）计算公式

$$装饰抹灰分格、嵌缝工程量＝墙长×墙高$$

6. 墙面贴块料面层

（1）计算规则　墙面贴块料面层，按实贴面积计算。

（2）计算规则说明

① "实贴面积"是指按图示尺寸，扣除门窗洞口和 $0.3m^2$ 以上的孔洞所占的面积，增加门窗洞口及孔洞侧壁面积。

② 墙面贴块料、饰面高度在 300mm 以内者，按楼地面工程中踢脚板定额执行。

③ 本条规则适用于外墙和内墙。

（3）计算公式

$$外墙块料面层面积＝外墙外边线×檐高－门窗洞口和 0.3m^2 以上的孔洞所占的$$
$$面积＋附墙柱侧面实贴面积＋门窗洞口侧面面积$$
$$外墙裙块料面层面积＝外墙外边线×墙裙高－门窗洞口和 0.3m^2 以上的孔洞所$$
$$占的面积＋附墙柱侧面实贴面积＋门窗洞口侧面面积$$
$$内墙块料面层面积＝内墙净长线×室内净高－门窗洞口和 0.3m^2 以上的孔洞所$$
$$占的面积＋附墙柱侧面实贴面积＋门窗洞口侧面面积$$
$$内墙裙块料面层面积＝内墙净长线×墙裙高－门窗洞口和 0.3m^2 以上的孔洞所$$
$$占的面积＋附墙柱侧面实贴面积＋门窗洞口侧面面积$$

7. 零星项目

（1）计算规则　零星项目按设计图示尺寸以展开面积计算，但属其它零星项目的挂贴花岗岩、大理石柱墩、柱帽按最大外径周长计算。

（2）计算规则说明

① 镶贴块料和装饰抹灰的"零星项目"适用于挑檐、天沟、腰线、窗台线、门窗套、压顶、扶手、雨篷周边等。

② 装饰抹灰的设计图示尺寸是指建筑施工图的结构图所示构件的尺寸。

③ 镶贴块料的设计图示尺寸是指装饰施工图的构件的外围尺寸，即成活尺寸。

④ 挂贴大理石、花岗岩中其它零星项目的花岗岩、大理石是按成品考虑的。如阴、阳脚线，圆柱腰线等，按图示长度计算。

（3）计算公式

$$镶贴块料零星项目＝装饰施工图图示成活尺寸计算出来的实贴面积$$
$$装饰抹灰零星项目＝装饰抹灰图示结构尺寸所计算出来的面积$$
$$阴、阳脚线，圆柱腰线＝图示长度$$

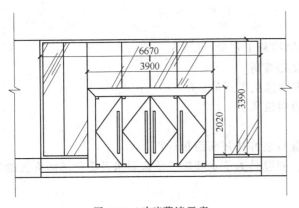

图 3-10　玻璃幕墙示意

8. 隔断

（1）计算规则　隔断按墙的净长×净高计算，扣除门窗洞口及 $0.3m^2$ 以上的孔洞所占的面积。全玻隔断的不锈钢边框工程量按展开面积计算。全玻隔断、全玻幕墙如有加强肋者，工程量按展开面积计算；玻璃幕墙、铝板幕墙以框外围面积计算。

（2）计算规则说明

①隔断按墙的净长×净高计算，小于或等于 $0.3m^2$ 的孔洞所占的面积不予扣除。②隔断上的门窗另外列项计算工程量，厕所木隔断除外。③全玻隔断边框按展开面积另外列项计算工程量。④"玻璃幕墙、铝板幕墙框外围面积"是指玻璃幕墙、铝板幕墙装饰施工图图示成活尺寸，如图 3-10 所示。

（3）计算公式

隔断工程量＝净长×净高－门窗洞口及 $0.3m^2$ 以上的孔洞所占的面积

玻璃幕墙、铝板幕墙工程量＝框外围长×框外围高

三、墙、柱面工程定额有关项目的解释

1. 室内抹灰墙面

抹灰墙面按建筑质量要求可分为普通抹灰、中级抹灰和高级抹灰，总厚度为 15～20mm。

（1）拉毛抹灰　一般用在有一定声学要求的部位。

（2）清水混凝土　清水混凝土即拆下模板后墙面不加任何装饰，能表现出混凝土的本色和模板的纹理，体现出一种质朴的美感。要选择纹理美观的模板，也可人工特制衬模，模板和接缝都要精心设计，使它能恰到好处地表现出自然美。

利用新拌混凝土的塑性，可在立面上形成各种线型，将组成材料中的粗细集料表面加工成外露集料，可获得不同的质感。这种墙面处理手法在国外用得较多，目前国内尚未发现大量使用的情况。

（3）水刷石　水刷石又称洗石，其装饰墙面星点闪烁，耐久性较好，但劳动量大，水泥使用量大，造价高。适用于装饰要求较高的民用建筑或在建筑的局部使用。水刷石装饰抹灰要求石粒清晰，分布均匀，紧密干净，色泽一致，不得有掉粒和接槎痕迹。

（4）干粘石　干粘石饰面效果与水刷石接近，比水刷石施工方便，可节约水泥3%，石屑50%左右，造价降低1/3。缺点是：黏结力差，不宜在首层的外墙面用，易积灰。

（5）斩假石饰面　斩假石饰面又称剁斧石，是仿天然石墙面的一种抹灰。斩假石坚固耐久，但造价高，费工，很难大面积应用。

（6）扫毛抹灰　扫毛抹灰即用竹丝笤帚把面层砂浆扫出不同的方向条纹。一般用于对装饰要求不高的建筑。

（7）拉条抹灰　拉条抹灰即用专用模具或嵌条把面层砂浆做成竖线条。一般线条形状有细线形、半圆形、三角形、梯形和矩形等。要求线条垂直平整、深浅一致，表面光洁，不显接痕。

（8）彩色抹灰　彩色抹灰其水泥浆是用彩色水泥、无水氧化钙和皮胶加水配制成的。彩色水泥浆可用于砖、石和混凝土等各种基层上。缺点是：不宜在负温下施工。

（9）装饰线条抹灰　装饰线条抹灰常用于房间的天棚四周或舞台台口，装饰线条抹灰由

粘结层、垫灰层、出灰层及罩面灰层组成，其线条的道数与外形按设计要求。

（10）喷砂仿石　喷砂仿石即用压缩空气通过喷涂机具将聚合水泥砂浆喷射到抹灰底层上，仿制各种石材条纹，以获得逼真的效果。

2. 木、竹墙面

木、竹墙面具有朴实、典雅的气氛，给人以亲切温暖之感，此材料既可做墙裙，又可装饰到顶。

用作木板墙、柱和木墙裙的木材料种类很多，表面油漆呈各种颜色或本色。本色的有柏木、松木、橡木、柚木、胡桃木、水曲柳和榉木等多种，在室内墙面高级装饰中被广泛使用。对声学和保温隔热要求较高的墙面，在板面与墙体之间填充玻璃棉、矿棉、泡沫聚苯板和泡沫塑料等材料，可以提高吸声性能，作为装饰吸声板。

3. 室内石墙面

石墙面是指采用天然石料的墙面。天然石料如大理石、花岗石等，经过不同的加工处理制成块材、板块。它们具有质地坚硬，结构紧密，强度高，耐久性较强，色彩鲜艳等特点。天然石料加工要求较高，价格较贵，一般多作高级装修之用。

（1）大理石墙面　大理石组织细密、坚实，颜色多样，纹理美观，一般用于高级装修。

（2）花岗石墙面　花岗石在装饰上给人以庄严、稳重之感，常用于大型公共建筑的入口门厅、大厅等比较重要的场所。

（3）人造石墙面　常见的人造石板有人造大理石板、预制水磨石板等。人造石墙面具有强度高，表面光洁，色彩多样，价格比天然石料便宜等特点。

4. 裱糊类墙面

裱糊类墙面是指用纸或锦缎、墙布等贴在墙面上，起到良好装饰效果的一种墙面处理方法。

（1）墙纸类　普通的纸经过特殊的加工处理后，就可造出不同种类的壁纸。它具有耐擦洗、耐火、不易粘灰等特性，在其表面可印上凹凸不平的图案，具有很好的装饰性。

（2）墙布类　墙布类作壁面装饰的布料，如丝绸、麻布、木棉布和混纺品等，比壁纸更富有风格，花色品种更多，并具有吸声的特点，其缺点是：易于沾污，易退色。

5. 板材类墙面

（1）石棉水泥板　石棉水泥板一般用于屋面，但在特殊情况下，也可作为墙面装修，能取得较好的声学效果，价格比其它材料低。吸声要求较好的，可在墙与板间填矿棉。

（2）石膏板　石膏板具有可钻、可钉、可锯、防火、隔声、质轻和不受虫蛀等特点。

（3）水泥刨花板　水泥刨花板指在刨花板上喷上一层薄水泥，上面可喷上各种颜色的漆。这种板美观、坚硬、平整，是目前广泛用于家具及墙面的装饰材料。

（4）镜面玻璃　镜面玻璃直接体现自身的质感和色彩，能反映周围的人物和景象，形成生动、华丽的空间，并且具有扩大空间、化实体为虚体和引导方向的作用。

（5）有机玻璃　有机玻璃具有自重轻、易清洗、色彩清晰和易加工等特点。

（6）金属薄板　金属薄板可采用铝、铜、铝合金、不锈钢等材料，可在其表面喷、烤、镀色。这种材料坚固、耐用、新颖、美观，有强烈的时代感。一般用在有吸声、隔磁要求的房间。

（7）皮革墙面　皮革墙面具有温暖、舒适、消声和柔软的特点。一般用于幼儿园活动室、会议室和练功房等。

6. 喷涂类墙面

（1）内墙涂料　内墙涂料其材料一般为大白浆、可赛银浆，它们都具有耐碱性、黏性好、色彩艳丽、价格低廉和施工方便等特点。

（2）喷石头漆　喷石头漆用喷浆机将粉碎石渣、人造树脂混合浆料喷在墙面上，使墙面具有花岗岩一样的外观效果。

（3）喷漆滚花　喷漆滚花用压缩机喷枪喷出涂料，形成一个个凹凸不平的纹理图案，再用滚筒滚压的一种墙面装修的方法。

例　题

【例 3-6】 某房屋如图 3-11 所示，外墙为混凝土墙面，设计为水刷白石子（12mm 厚水泥砂浆 1∶3，10mm 厚水泥白石子浆 1∶1.5），试计算所需工程量。

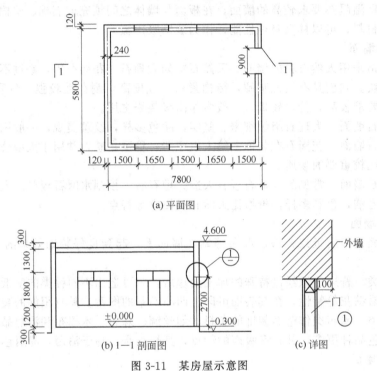

(a) 平面图

(b) 1—1 剖面图　　(c) 详图

图 3-11　某房屋示意图

解： 外墙水刷白石子工程量＝(7.8＋0.12×2＋5.8＋0.12×2)×2×

$$(4.6＋0.3)－1.65×1.8×4－0.9×2.7$$

$$＝123.67（m^2）$$

套用装饰定额：2—005

【例 3-7】 图 3-12 为某外墙面水刷石立面图，其中，柱垛侧面宽 15mm。试计算外墙面水刷石装饰抹灰的工程量。

解： 水刷石抹灰工程量＝5.1×(3.45＋3.71)－3.45×1.7－1.39×1.8＋

$$(0.86＋0.15×2)×5.1$$

$$＝34.074（m^2）$$

【例 3-8】 图 3-13 为挂贴花岗岩柱成品花岗岩线条大样图，已知柱高为 4m。试计算挂贴柱面花岗岩及成品花岗岩线条工程量。

解： 挂贴花岗岩柱工程量＝π×0.6×4＝7.54m²

挂贴花岗岩零星项目＝π×(0.6＋0.1×2)×2＋π×(0.6＋0.04×2)×2

$$＝9.29（m）$$

【例 3-9】 某单层食堂室内净高为 4.2m，室内主墙间的净面积为 38.50m×22.89m，外

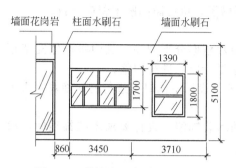

图 3-12 某外墙面水刷石立面图

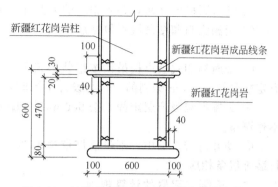

图 3-13 挂贴花岗岩柱成品花岗岩线条大样图

墙墙厚为 240mm，外墙内壁需贴白色瓷砖（瓷砖到顶），外墙上设有 1600mm×2600mm 铝合金双扇推拉窗 16 樘（型材为 90 系列，框宽为 90mm），1400mm×1600mm 铝合金双扇地弹门 3 樘（型材框宽为 110mm，居中立樘），试计算贴块料的工程量。

解：按规定，墙面贴块料面层按尺寸以面积计算，扣除门窗洞口面积，增加侧壁和顶面的面积。

（1）墙内壁面积 $S_1 = (38.50 + 22.89) \times 2 \times 4.2 = 515.68$（m²）

（2）窗洞口面积 $S_2 = 1.6 \times 2.6 \times 16 = 66.56$（m²）

（3）门洞口面积 $S_3 = 1.4 \times 1.6 \times 3 = 6.72$（m²）

（4）应增窗洞侧壁和顶面面积

窗洞侧壁和顶面宽为：$b_1 = (0.24 - 0.09)/2 = 0.075$（m）

窗洞侧壁和顶面面积：$S_4 = (1.6 + 2.6 \times 2) \times 0.075 \times 16 = 8.16$（m²）

（5）应增门洞侧壁和顶面面积

门洞侧壁和顶面宽为：$b_2 = (0.24 - 0.11)/2 = 0.065$（m）

门洞侧壁和顶面面积：$S_5 = (1.6 \times 2 + 1.4) \times 0.065 \times 3 = 0.90$（m²）

内墙贴瓷砖块料的总工程量为：

$S = S_1 - S_2 - S_3 + S_4 + S_5 = 515.68\text{m}^2 - 66.56\text{m}^2 - 6.72\text{m}^2 + 8.16\text{m}^2 + 0.90\text{m}^2 = 451.46$（m²）

第 3 节 天 棚 工 程

要 点

天棚工程的定额说明、工程量的计算规则、相关例题。

解 释

一、天棚工程的定额说明

1）定额项目中龙骨与面层分别列项，使用时应根据不同的龙骨与面层分别执行相应的定额子目。其它项目中吊顶的定额子目中综合了龙骨与面层，故龙骨与面层不另行计算。

2）天棚高低错台立面需要封板龙骨的，执行立面封板龙骨相应子目。

3）天棚面层装饰：

① 天棚面板定额是按单层编制的，若设计要求双层面板时，其工程量乘以 2。

② 预制板的抹灰、满刮腻子，粘贴面层均包括预制板勾缝，不得另行计算。

③ 檐口天棚的抹灰，并入相应的天棚抹灰工程量内计算。

④ 天棚涂料和粘贴层不包括满刮腻子，如需满刮腻子，执行满刮腻子相应子目。

4）其它项目：

① 金属格栅式吸声板吊顶按组装形式分三角形和六角形分别列项，其中吸声体支架距离定额是按 700mm 编制的，若与设计不同时，可根据设计要求进行调整。

② 天棚保温吸声层定额是按 500mm 厚编制的，若与设计不同时可进行材料换算，人工不作调整。

③ 藻井灯带定额中，不包括灯带挑出部分端头的木装饰线，设计要求木装饰线时，执行装饰线条相应子目。

二、天棚工程量的计算规则

1. 天棚抹灰工程量计算规则

① 抹灰面积按柱墙间的净面积计算，不扣除柱、垛、间壁墙、附墙烟囱、检查口和管道所占的面积。带梁天棚、梁两侧抹灰面积并入天棚抹灰工程量内计算。

② 密肋梁和井字梁天棚抹灰面积按展开面积计算。

③ 天棚抹灰带有装饰线时，装饰线按延长米计算。装饰线的道数以一个突出的棱角为一道线。

④ 檐口天棚及阳台、雨篷底的抹灰面积并入相应的天棚抹灰工程量内计算。

⑤ 天棚中的折线、灯槽线、圆弧形线、拱形线等艺术形式的抹灰，按展开面积计算，并入相应的天棚抹灰工程量内。

2. 各种吊顶天棚龙骨

各种吊顶天棚龙骨按主墙间净空面积，以 m² 计算。不扣除间壁墙、检查口、附墙烟囱、柱、灯孔、垛和管道所占面积。

3. 天棚龙骨

（1）计算规则 各种吊顶天棚龙骨按主墙间净面积计算。不扣除间壁墙、检查洞、附墙烟囱、柱、垛和管道所占面积。

（2）计算规则说明

① "按主墙间净面积计算"，"主墙"是指砖墙，砌块墙厚 180mm 以上（包括 180mm 本身）或超过 100mm 以上（包括 100mm 本身）的钢筋混凝土剪力墙；"非主墙"是指其它非承重的间壁墙；"净面积"是指天棚面扣除主墙所占的面积。由天棚定额的制定中可以看到，天棚龙骨定额均是按天棚净投影面积计算的，故计算天棚龙骨工程量也按天棚净投影面积计算。

② "不扣除间壁、检查洞、附墙烟囱、柱、垛和管道所占面积。"其中各项说明见表3-4：

表 3-4 各项目说明

项 目	说 明
间壁墙	内墙起隔开房间的内隔墙,常见尺寸为 120mm 宽
垛	墙体上向外或向上突出的部分
柱	建筑物中直立的起支撑作用的构件。常由木材、石材、型钢或钢筋混凝土等材料组成
附墙烟囱	依墙而设的将室内烟气排出室外的通道
检查口	用砖或预制混凝土井筒砌成的井,设置在沟道断面、方向坡度的变更处或沟道相交处,或通长的直线管道上,供检修人员检查管道的状况,也可称检查井
管道口	建筑物中为节省空间及施工方便、美观的需要将许多管道集中安装在某一部分的空间管道

由于龙骨制作有一定的空距，因此以上各结构部位对龙骨制作的影响相对较小，定额中已综合考虑了这部分的损耗，在计算时不需扣除。

③ 天棚面层在同一标高者为平面天棚，不在同一标高者为跌级天棚，龙骨工程量计算

规则是相同的，皆按主墙间净投影面积计算，单价上有所区别。

（3）计算公式

天棚龙骨工程量＝天棚净面积工程量

＝（房间长的轴线尺寸－主墙厚）×（房间宽的轴线尺寸－主墙厚）

4. 天棚基层

（1）计算规则　天棚基层按展开面积计算。

（2）计算规则说明

① 预算中的"天棚基层"是指安装在主次龙骨面上作为面层底衬的胶合板或石膏板。

② 以"展开面积"计算是指把天棚凹凸面等展开后的全部面积合并计算。

③ 天棚基层计算中需要扣除和不需要扣除的部分同天棚面层。

（3）计算公式

天棚基层＝（楼梯间宽的轴线尺寸－主墙厚）×（楼梯间长的轴线尺寸－主墙厚）＋凸凹面展开面积－0.3m² 以上的孔洞、独立柱、灯槽及与天棚相连的窗帘盒所占面积

5. 天棚装饰面层

（1）计算规则　天棚装饰面层，按主墙间实钉（胶）面积以 m² 计算，不扣除间壁墙、检查口、附墙烟囱、垛和管道所占面积，但应扣除 0.3m² 以上的孔洞、独立柱、灯槽及与天棚相连的窗帘盒所占面积。

（2）计算规则说明

① "天棚装饰面层按主墙间实钉（胶）面积以 m² 计算"是指以天棚主墙间实际钉（胶）的各展开面的面积计算。

② "不扣除间壁墙、检查口、附墙烟囱、垛和管道所占面积"是指为了简化计算，无论面层做于间壁墙之外还是间壁墙之上，在定额中已经包含了这部分的消耗，因此计算时不需扣除。"检查口、附墙烟囱、垛和管道"所占面积很小，在 0.3m² 以内，定额中也已考虑其工料消耗，计算时不必扣除，也不必另算。

③ "应扣除 0.3m² 以上的孔洞、独立柱、灯槽及与天棚相连的窗帘盒所占面积"是指这部分面积较大，计算天棚面层工程量时应予以扣除。需要注意的是如果窗帘盒做于面层之上，其所占面积不能扣除。天棚中的灯槽可按"其它工程"中的灯槽定额子目计算，但饰面层按展开面积合并在天棚面的饰面工程量中计算。天棚中的折线、叠落等圆弧形、拱形、艺术形式天棚的饰面，均按展开面积计算。

（3）计算公式

天棚面层装饰面积＝（楼梯间宽的轴线尺寸－主墙厚）×（楼梯间长的轴线尺寸－

主墙厚）＋各展开面积－0.3m² 以上的孔洞、独立柱、

灯槽及与天棚相连的窗帘盒所占面积

6. 定额中龙骨、基层、面层合并列项的子目

（1）计算规则　各种吊顶天棚龙骨、基层、面层合并列项的子目计算时，不扣除间壁墙、检查洞、附墙烟囱、柱、垛和管道所占面积。

（2）计算规则说明　各种吊顶天棚龙骨、基层、面层合并列项的子目计算规则解释同天棚龙骨计算规则。

（3）计算公式

天棚龙骨、基层、面层合并项目工程量＝天棚净面积工程量

＝（房间长的轴线尺寸－主墙厚）×

（房间宽的轴线尺寸－主墙厚）

7. 板式楼梯底面的装饰工程量

（1）计算规则　板式楼梯底面的装饰工程量按水平投影面积乘 1.15 系数计算，梁式楼梯底面按展开面积计算。

（2）计算规则说明

① "楼梯底面的装饰工程量"包括楼梯段底面装饰和平台底面装饰两部分。

② "板式楼梯底面装饰"是斜面，为简化计算，其工程量按水平投影面积乘 1.15 的系数。如图 3-14 所示板式楼梯。

③ "梁式楼梯底面"见图 3-15，其结构比较复杂，定额规定按展开面积计算。

（3）计算公式

板式楼梯底面工程量＝楼梯水平投影面积×1.15

梁式楼梯底面斜平顶工程量＝按展开面积计算

梁式楼梯底面锯齿顶工程量＝按展开面积计算

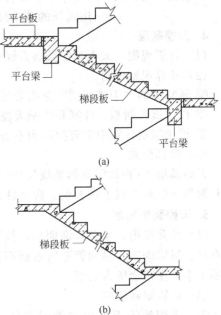

图 3-14　板式楼梯计算示意图

8. 灯光槽工程量

（1）计算规则　灯光槽按延长米算。

（2）计算规则说明

① 计算一般直线形天棚工程量时已将这部分面积扣除，因此灯光槽制作安装需要计算工程量，定额规定按延长米计算。

② 艺术造型天棚项目中包括灯光槽的制作安装，不需另算。

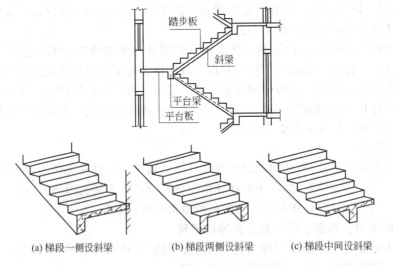

图 3-15　梁式楼梯计算示意图

（3）计算公式

灯光槽工程量＝灯光槽图示长度

9. 保温层、吸声层工程量

（1）计算规则　保温层按实铺面积计算。

（2）计算规则说明　"实铺面积"是指吊顶保温层实际铺设的面积，这里指水平投影面积。

（3）计算公式

$$保温层工程量＝水平投影面积$$

10. 网架工程量

（1）计算规则 网架按水平投影面积计算。

（2）计算规则说明 网架结构构件繁多，按水平投影面积计算，不扣除镂空部分工程量。

（3）计算公式

$$网架工程量＝水平投影面积$$

11. 嵌缝工程量

（1）计算规则 嵌缝按延长米计算。

（2）计算规则说明 由于石膏板在拼接时存在缝隙，为了达到质量要求，使吊顶面层平整且不易裂缝，处理方法是在缝隙上沿长度方向贴绷带，故按米计算。

（3）计算公式

$$嵌缝工程量＝实贴长度$$

三、天棚工程定额有关项目的解释

天棚与地面是形成空间的两水平面，应与其它专业相配合来完成，如天棚是否好看，与风口的位置、消防喷水孔位置等有很大的关系，因此，设计天棚时必须全盘考虑各方面的因素。

天棚的设计应与空间环境相协调，按其空间形式来选择相应的做法。天棚可归纳为吊顶、平顶和叠落式天棚三大类。

1. 吊顶

吊顶是将天棚上的电线管、通风管和水管隐藏在天棚里，使外面空间显得美观。吊顶具体分类见表3-5。

表3-5 吊顶的分类

项 目	解 释
抹灰面层吊顶	抹灰吊顶是由木板条、钢板网抹灰面组成，抹灰层由3～5mm厚的底层（麻刀、水泥、白灰砂浆）、5～6mm厚的中间层（水泥、白灰浆）、2mm厚纸筋灰罩面或喷砂，再喷色浆或涂料
板材面层吊顶	板材一般为石膏板、矿棉吸声板、五夹板、金属板和镜面玻璃等。主格栅间距视吊顶重量和板材规格而定，通常不大于1200mm；次格栅的布置与板材规格尺寸及板缝处理方式相适应
立体面吊顶	立体面吊顶就是将面层做成立体形状
花格吊顶	花格吊顶就是将面层用木框或金属编制成各种形式的花格

2. 叠落式天棚

天棚处在不同的标高上，上下错落，称为叠落式天棚。叠落式天棚适用于餐厅、会议室等结构梁底标高比较低的空间，可以增加空间高度及局部高度。

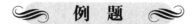

例 题

【例3-10】 某装饰工程，室内预制板天棚抹水泥砂浆，图3-16为室内预制板天棚示意图（单位：mm），其中墙厚均为240mm。试计算工程量，并确定定额项目。

解：抹灰工程量＝(5.15－0.24)×(4.4×2－0.24)＋

0.15×(5.15－0.24)×2＝43.50 (m²)

确定定额项目为9-3-4，项目名称为预制混凝土天棚抹水泥砂浆。

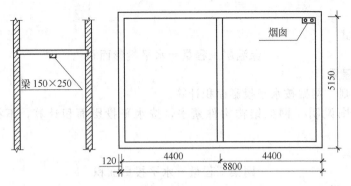

图 3-16　室内预制板天棚示意图

【例 3-11】　某大厦会议室天棚造型吊顶平面图见图 3-17（单位：mm），根据计算规则，试计算其龙骨工程量。

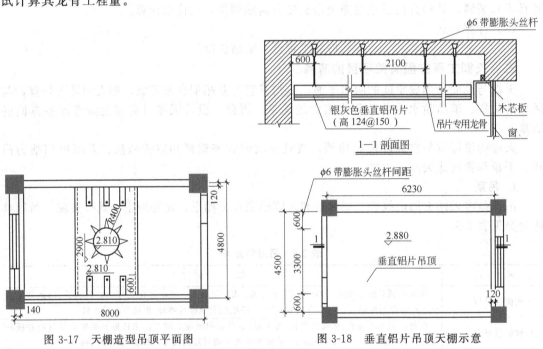

图 3-17　天棚造型吊顶平面图　　　　　图 3-18　垂直铝片吊顶天棚示意

　　解： 龙骨工程量＝(8－0.14－0.12)×(4.8－0.12×2)＝35.29（m²）

【例 3-12】　图 3-18 所示为某公司餐厅天棚为铝垂片吊顶，根据计算规则，试计算其工程量。

　　解： 铝垂片吊顶天棚面层工程量＝(6.23－0.12)×4.5＝27.50（m²）

第 4 节　门窗工程

要　点

门窗工程的定额说明、工程量的计算规则、相关例题。

解　释

一、门窗工程的定额说明

① 门窗定额子目均按工厂制作、现场安装编制，执行中不得调整。

② 定额中的木门窗及厂库房大门不包括安装玻璃，设计要求安装玻璃，执行门窗玻璃的相应定额子目。

③ 铝合金门窗、塑钢门窗及彩板门窗定额子目中包括纱门、纱扇。

④ 门窗组合、门门组合和窗窗组合所需的拼条、拼角，可执行拼管的定额子目。

⑤ 门窗设计要求采用附框时，另执行附框的相应定额子目。

⑥ 阳台门连窗，门和窗分别计算，执行相应的门、窗定额子目。

⑦ 电子感应横移门、旋转门、电子感应圆弧门不包括电子感应装置，另执行相应定额子目。

⑧ 防火门的定额子目不包括门锁、闭门器、合页和顺序器等特殊五金，另执行特殊五金相应定额子目；不包括防火玻璃，另执行防火玻璃相应定额子目。

⑨ 铝合金门窗、塑钢门窗、彩板门窗的五金及安装均包括在门窗的价格中。

⑩ 木门窗包括了普通五金，不包括特殊五金和门锁，设计要求时执行特殊五金的相应定额子目。

⑪ 人防混凝土门和挡窗板均包括钢门窗框。

⑫ 冷藏库门包括门樘筒子板制作安装，门上五金由厂家配套供应。

⑬ 围墙的钢栅栏大门、钢板大门不包括地轨安装，不锈钢伸缩门包括地轨制作及安装。

⑭ 厂库房大门、围墙大门等门上的五金铁件、滑轮和轴承的价格均包括在门的价格中，厂库房推拉大门的轨道制作及安装包括在相应的定额子目中。

⑮ 门窗筒子板的制作安装包括了门窗洞口侧壁及正面的装饰，不包括装饰线，门窗筒子板上的装饰线执行装饰线条的相应定额子目。门窗洞口正面的装饰设计采用成品贴脸，执行装饰线条的相应定额子目，工程量不得重复计算。

⑯ 不抹灰墙面，由于安装附框增加的门窗侧面抹灰，执行墙面中零星抹灰的相应定额子目。

二、门窗工程量的计算规则

1. 铝合金门窗、彩板组角门窗、塑钢门窗

（1）计算规则　铝合金门窗、彩板组角门窗、塑钢门窗安装均按洞口面积以 m² 计算。纱扇制作按扇外围面积计算。

（2）计算规则说明

① "按洞口面积计算"是指按设计洞口面积，即结构尺寸。

② "纱扇制作按扇外围面积"是指按门窗的设计图示尺寸。

（3）计算公式

门窗工程量＝门窗洞口图示长度×门窗洞口图示宽度×个数

2. 卷闸门

（1）计算规则　卷闸门安装按其安装高度乘以门的实际宽度以 m² 计算。安装高度算至滚筒顶点为准。带卷筒罩的按展开面积增加。电动装置安装以套计算，小门安装以个计算，小门面积不扣除。

（2）计算规则说明

① 卷闸门的卷筒或卷筒罩一般均安装在洞口上方，安装的实际面积要比洞口面积大，因此工程量应另行计算。

② 在安装卷闸门时，卷闸门的宽度可以按门的实际宽度来取定，但高度必须比门的实际高度要高，实验测定一般卷闸门的高度要比门的高度高出 600mm，有卷筒罩时，卷筒罩工程量还应展开计算合并于卷闸门中。

③ 电动装置安装需按"套"另行计算。

④ 卷闸门上安装的小门需另外以"个"计算工程量，计算卷闸门工程量时不需扣除小门所占面积，定额中已综合考虑了其工料消耗。

（3）计算公式

$$S_{卷闸门}＝门的宽度×（门高度＋600mm）＋卷筒罩展开面积$$

3. 防盗门、防盗窗、不锈钢格栅门工程量

（1）计算规则　防盗门、防盗窗、不锈钢格栅门按框外围面积以 m² 计算。

（2）计算规则说明"按框外围面积以 m² 计算"是指防盗门、防盗窗、不锈钢格栅门按门框设计图示外围尺寸计算。

（3）计算公式

防盗门、防盗窗、不锈钢格栅门工程量＝门窗图示长度×门窗图示宽度×个数

4. 成品防火门、防火卷帘门工程量

（1）计算规则　成品防火门以框外围面积计算，防火卷帘门从地（楼）面算至端板顶点的高度乘以设计宽度。

（2）计算规则说明

① "以框外围面积计算"是指成品防火门工程量以设计门框外围图示尺寸计算。

② 卷帘门构造如图 3-19 所示。

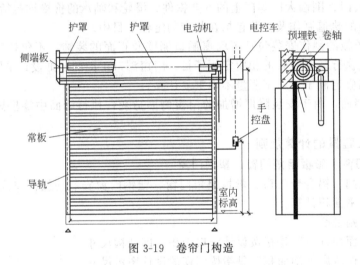

图 3-19　卷帘门构造

（3）计算公式

成品防火门工程量＝门窗图示长度×门窗图示宽度×个数

防火卷帘门工程量＝图示高度×设计宽度×个数

5. 实木门框、门扇制作安装

（1）计算规则　实木门框制作安装以延长米计算。实木门扇制作安装及装饰门扇制作安装按扇外围面积计算。装饰门扇及成品门扇安装按扇计算。

（2）规则说明

① 框扇制作、安装分开计算，便于计算有关费用。

② "按扇外围面积计算"是指按门扇图示尺寸计算，框尺寸除外。

③ 装饰门扇及成品门扇安装按"扇"计算是指计量单位。

（3）计算公式

实木门框制作安装工程量＝门框实际图示设计长度

$$门扇制作安装工程量＝图示高度×设计宽度×个数$$
$$装饰门扇及成品门扇工程量＝门扇个数$$

6. 木门扇皮制隔声面层和装饰板隔声面层工程量

（1）计算规则　木门扇皮制隔声面层和装饰板隔声面层，按单面面积计算。

（2）计算规则说明　木门扇皮制隔声面层和装饰板隔声面层虽然双面都有，在定额消耗量中已综合考虑了，因此只需计算单面面积。

（3）计算公式

$$\begin{matrix}木门扇皮制隔声面层\\和装饰板隔声面层工程量\end{matrix}＝门扇图示设计高度×图示设计宽度$$

7. 装饰材料包门窗套

（1）计算规则　不锈钢板包门框、门窗套、花岗岩门套、门窗筒子板按展开面积计算。门窗贴脸、窗帘盒、窗帘轨按延长米计算。

（2）规则说明

① "不锈钢板包门框、门窗套"指将门框的木材表面用不锈钢片保护起来，增加门的美观，还可免受火种直接烧烤。

② 注意不锈钢等装饰材料包门窗框，是按展开面积计算，即实包面积。

（3）计算公式　门窗套工程量＝门窗套展开面积

8. 窗台板工程量

窗台板按实铺面积计算。

9. 电子感应门及转门工程量

电子感应门及转门按定额尺寸以樘计算。

10. 不锈钢电动伸缩门工程量

不锈钢电动伸缩门以樘计算。

三、门窗工程定额有关项目的解释

（1）门的分类　门的类型很多，按材料分为钢门、木门、铝合金门和塑钢门；按开启方式分为平开门、弹簧门、上翻门、推拉门、单扇升降门、折门、卷帘门、转门和自动门。

（2）门的构造　铝合金门是铝型材作框，框内嵌玻璃制成的门。通常用于门厅、商店橱窗等主要公共场所。具有质轻、耐久和美观等特点。

转门由门扇、侧壁和转动装置组成。框用不锈钢或铝做成，为了方便使用，宜全部或大部分嵌玻璃。转门起防风和保温作用，通常用于建筑物门厅的入口。

（3）门的细部构造　门套起美化门洞的作用，是在门洞内侧用木板、胶合板及大理石覆盖起来，通常用于要求较高的装饰工程中。门帘盒用于电教室、报告厅等，在白天放映录像时起遮光作用。

（4）窗的构造　普通窗一般采用钢窗、木窗，各地都有标准图，可按其功能需要和洞口尺寸直接选用，通常用于民居、办公室等装饰要求不太高的场所。铝合金窗框料为管材，分为古铜色或银白色两种，通常为工厂定做，玻璃面积较大，外观简洁大方，有利于采光，一般用于装修档次较高的场所。遮光窗不透光，但需要通风。遮光窗百叶可水平也可垂直放置，可用木料或金属制作，关键是要互相咬合，保证光线不能透过。

（5）窗的细部　窗的细部由窗帘盒和窗套组成。窗帘盒材料可分为塑料、木料、铝合金、纸面石膏板及竹板等。可以嵌入天棚中，也可做在天棚以下，裸露在空间中。用何种形式取决于空间结构。窗套的构造与门套构造相似，通常用于装修档次较高的场所。

（6）特殊门窗　特殊门窗包括防风雨、防风沙、防寒、冷藏、保温和隔声及防火、防放射线等用途的门窗。门窗密闭用嵌填材料有厚绒布、毛毯、帆布包内填矿棉或玻璃棉等松散材料、橡皮、氯丁海绵橡皮、海绵橡皮、聚氯乙烯塑料和泡沫塑料等，制成条形、管状及适宜于密闭的各种断面。密闭安装方式大致分为外贴式（木窗居多）、内嵌式（钢窗为主）和嵌缝式等三类。

（7）特殊门窗的构造　防火门有不同的构造做法，其防火极限分为 2h、1.5h、1h、0.75h 和 0.42h 等，分别用于不同等级的建筑和不同生活、生产、储藏等方面。

耐火极限为 2h 的防火门，适用于一、二等钢筋混凝土结构内储存有可燃物体的库房；耐火极限为 1.5h 的防火门，适用于钢筋混凝土结构内生产可燃物体的厂房；耐火极限为 1h 及以下的防火门，适用于一般公共建筑或生产可燃物质的车间。

例 题

【例 3-13】　某大厦安装塑钢门窗工程，门洞及窗洞示意见图 3-20，门洞口尺寸2000mm×2600mm，窗洞口尺寸 1600mm×2200mm，不带纱扇，计算其门窗安装需用量。

解：塑钢门需用量＝2.0×2.6＝5.20m²；
塑钢窗需用量＝1.6×2.2＝3.52（m²）

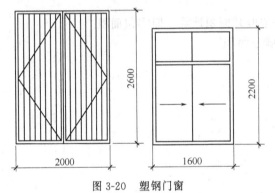

图 3-20　塑钢门窗

【例 3-14】　图 3-21 为某大型超市的卷闸门，经安装时测量，卷筒罩展开面积为5m²，试计算其工程量。

解：根据计算规则，工程量计算如下：
卷闸门工程量＝5.6×（3.2+0.6）+5
＝26.84（m²）

【例 3-15】　图 3-22 为某商场侧门示意图，门套厚度及宽度均为 320mm，计算钢龙骨不锈钢门框工程量。

解：不锈钢门框工程量＝[（1.8+0.32）+（2.5+0.16）×2]×2×0.32+
（1.8+2.5×2）×0.32＝6.94（m²）

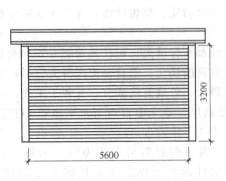

图 3-21　维修服务部卷闸门立面图

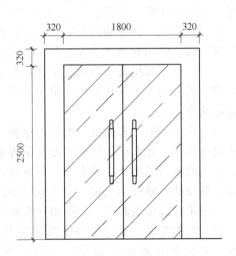

图 3-22　钢龙骨不锈钢门框示意

第5节　油漆、涂料及裱糊工程

要　点

油漆、涂料及裱糊工程的定额说明，工程量的计算规则，相关例题。

解　释

一、油漆、涂料及裱糊工程的定额说明

① 本定额刷涂、刷油采用手工操作；喷塑、喷涂采用机械操作。操作方法不同时，不予调整。

② 油漆浅、中、深各种颜色已综合在定额内，颜色不同，不另调整。

③ 本定额在同一平面上的分色及门窗内外分色已综合考虑。如需做美术图案者，另行计算。

④ 定额内规定的喷、涂、刷遍数与要求不同时，可按每增加一遍定额项目进行调整。

⑤ 喷塑（一塑三油）、底油、装饰漆、面油，其规格划分见表3-6。

表 3-6　各类别的划分规格

类　别	规　格
大压花	喷点压平，点面积在 1.2cm² 以上
中压花	喷点压平，点面积在 1～1.2cm²
喷中点、幼点	喷点面积在 1cm² 以下

⑥ 定额中的双层木门窗（单裁口）指双层框扇。三层二玻一纱窗指双层框三层扇。

⑦ 定额中的单层木门刷油是按双面刷油考虑的，如采用单面刷油，其定额含量乘以系数 0.49。

⑧ 定额中的木扶手油漆为不带托板。

二、油漆、涂料及裱糊工程量的计算规则

1. 抹灰面油漆、涂料、裱糊工程量计算

（1）计算规则　楼地面、天棚、墙、柱、梁面的喷（刷）涂料、抹灰面油漆及裱糊工程，均按相应的计算规则计算，见表3-7。

表 3-7　抹灰面油漆、涂料、裱糊

项 目 名 称	系 数	工程量计算方法
混凝土楼梯底（板式）	1.15	水平投影面积
混凝土楼梯底（梁式）	1.00	展开面积
混凝土花格窗、栏杆花饰	1.82	单面外围面积
楼地面、天棚、墙、柱、梁面	1.00	展开面积

（2）计算规则说明

① 混凝土板式楼梯底、混凝土梁式楼梯底油漆、涂料、裱糊工程量计算与天棚底面装饰工程量计算规则一致。

② 混凝土花格窗、栏杆花饰不扣除空花部分，按单面外围面积计算工程量，由于空花

部分也要刷涂料等，为简化计算，故按单面面积乘以系数 1.82。

③ 楼地面、天棚、墙、柱、梁面所有部位均需展开按实际施工面积计算。

（3）计算公式　混凝土板式楼梯底、混凝土梁式楼梯底油漆、涂料、裱糊工程量计算公式同天棚底面装饰，见本章天棚装饰工程量计算。

混凝土花格窗、栏杆花饰工程量＝花格窗、栏杆花饰单面外围面积×1.82

楼地面、天棚、墙、柱、梁面工程量＝展开面积

2. 木材面的油漆工程量计算

（1）计算规则　木材面油漆的工程量分别按附表相应的计算规则计算，见表 3-8。

（2）计算规则说明　木材面构件类型很多，定额中无法一一列出，只选取几种典型构件作为计算基础，分别执行单层木门定额、单层木窗定额、木扶手定额和其它木材面定额，规定其余构件经过与典型构件的制作消耗比较后乘以合适的系数获取工程量。比如图纸上设计了双层（一玻一纱）木门需做油漆，而定额中只列出了单层木门项目，并且已知单层木门工程量等于木门单面洞口面积（即门窗表上所给定的长和高的乘积），因此可以根据定额规定，双层木门执行单层木门定额，其油漆工程量按单层木门的工程量乘以 1.36 的系数即可，见表 3-8（1）。

表 3-8（1）　执行木门定额工程量系数表

项 目 名 称	系 数	工程量计算方法
单层木门	1.00	
双层（一玻一纱）木门	1.36	
双层（单裁口）木门	2.00	按单面洞口面积计算
单层全玻门	0.83	
木百叶门	1.25	

表 3-8（2）　执行木窗定额工程量系数表

项 目 名 称	系 数	工程量计算方法
单层玻璃窗	1.00	
双层（一玻一纱）木窗	1.36	
双层框扇（单裁口）木窗	2.00	
双层框三层（二玻一纱）木窗	2.60	按单面洞口面积计算
单层组合窗	0.83	
双层组合窗	1.13	
木百叶窗	1.50	

表 3-8（3）　执行木扶手定额工程量系数表

项 目 名 称	系 数	工程量计算方法
木扶手(不带托板)	1.00	
木扶手(带托板)	2.00	
窗帘盒	2.04	
封檐板、顺水板	1.74	按延长米计算
挂衣板、黑板框、单独木线条 100mm 以外	0.52	
挂镜线、窗帘棍、单独木线条 100mm 以内	0.35	

表 3-8（4） 执行其它木材面定额工程量系数表

项 目 名 称	系 数	工程量计算方法
木板、纤维板、胶合板天棚	1.00	长×宽
木护墙、木墙裙	1.00	
窗台板、筒子板、盖板、门窗套、踢脚线	1.00	
清水板条天棚、檐口	1.74	
木方格吊顶天棚	1.20	
吸声板墙面、天棚面	0.35	
暖气罩	1.28	
木间壁、木隔断	1.90	单面外围面积
玻璃间壁露明墙筋	1.65	
木栏杆、木栏杆(带扶手)	1.82	
衣柜、壁柜	1.00	按实刷展开面积
零星木装修	1.10	展开面积
梁柱饰面	1.00	展开面积

表 3-8（5） 执行木地板定额工程量系数表

项 目 名 称	系 数	工程量计算方法
木地板、踢脚线	1.00	长×宽
木楼梯(不包括底面)	2.30	水平投影面积

3. 金属构件油漆的工程量计算

（1）计算规则　金属构件油漆的工程量按构件重量计算。

（2）计算规则说明　装饰装修工程中金属构件油漆的工程量是按设计图示构件的长度与其质量的乘积得到构件重量或工程项目的各种面积等来计算的。很多省市根据建筑工程定额的制定原则确定了金属构件油漆相应的工程量系数表，参考表3-9。计算工程量时乘以相应的系数。

表 3-9（1） 单层钢门窗工程量系数表

项 目 名 称	系 数	工程量计算方法
单层钢门窗	1.00	洞口面积
双层(一玻一纱)钢门窗	1.48	
钢百叶钢门	2.74	
半截百叶门窗	2.22	
满钢门或包铁皮门	1.63	
钢折叠门	2.30	
射线防护门	2.96	
厂库房平开、推拉门	1.70	框(扇)外围面积
铁丝网大门	0.81	
间壁	1.85	长×宽
平屋面	0.74	斜长×宽
瓦垄板屋面	0.89	
排水、伸缩缝盖板	0.78	展开面积
暖气罩	1.63	水平投影面积

表 3-9（2）　单层钢门窗工程量系数表

项　目　名　称	系　数	工程量计算方法
钢屋架、天窗架、挡风架、屋架梁、支撑、	1.00	重量(t)
墙架(空腹式)	1.48	
墙架(隔板式)	0.82	
钢柱、吊车梁、花式梁、柱、空花构件	0.63	
操作台、走台、制动梁、钢梁车挡	0.71	
钢栅栏门、栏杆、窗栅	1.71	
钢爬梯	1.18	
轻型屋架	1.42	
踏步式钢扶梯	1.05	
零星铁件	1.32	

表 3-9（3）　单层钢门窗工程量系数表

项　目　名　称	系　数	工程量计算方法
平板屋面	1.00	斜长×宽
瓦垄板屋面	1.20	
排水、伸缩缝盖板	1.05	展开面积
吸气罩	2.20	水平投影面积
包镀锌铁皮门	2.20	洞口面积

4. 定额中的隔墙、护壁、柱、天棚木龙骨及木地板中木龙骨带毛地板刷防火漆涂料的工程量计算

（1）计算规则

① 隔墙、护壁木龙骨按其面层正立面投影面积计算。

② 柱木龙骨按其面层外围面积计算。

③ 天棚木龙骨按其水平投影面积计算。

④ 木地板中木龙骨及木龙骨带毛地板按面积计算。

（2）计算规则说明　这部分计算方法及规则解释同墙、柱面及天棚面装饰。

5. 隔壁、护壁、柱、天棚面层及木地板刷防火涂料的工程量计算

隔壁、护壁、柱、天棚面层及木地板刷防火涂料，执行其它木材面刷防火涂料相应子目。

本条计算规则的工程量计算同楼地面、墙柱面、天棚面计算规则，执行其它木材面刷防火涂料相应子目，见表 3-8。

6. 木楼梯刷油漆的工程量

（1）计算规则　木楼梯（不包括底面）刷油漆按水平投影面积乘以系数 2.3，见图 3-23。

（2）计算规则说明

① 木楼梯刷油漆的工程量不包括楼梯底部，楼梯底部工程量按展开面积计算。

② 木楼梯刷油漆的工程量包括楼梯踏面、梯面、休息平台、楼梯侧面等，为简化计算，定额规定其工程量的计算按楼梯水平投影面积乘以系数 2.3。

（3）计算公式

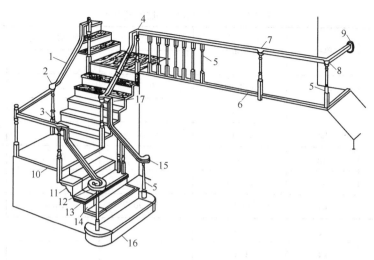

图 3-23 木楼梯示意

1—直扶手与落差弯头连接；2—日式直平上扬；3—日式直平下扬；
4—平弯下扬；5—小柱；6—收口线；7—圆饼；8—日式 90°平弯弯头；
9—扶手托盘；10—缓步台；11—侧板；12—扭弯圆盘；13—踏板；
14—立板；15—扭弯圆饼；16—豪华踏步；17—日式 90°落差上下扬

木楼梯刷油漆的工程量＝水平投影面积×2.3
木楼梯底面刷油漆的工程量＝楼梯底部工程量按展开面积

 相关知识

油漆工程工料消耗参考指标

见表 3-10～表 3-18。

表 3-10 油漆大门（硝基清漆、磁漆） 单位：100m²

内 容	单位	硝基清漆（五遍成活）	每增刷一遍	硝基磁漆（三遍成活）	每增刷一遍
综合工日	工日	187.65	42.89	167.71	47.92
石膏	kg	1.31	—	1.31	—
滑石粉	kg	13.86	—	13.86	—
纤维素	kg	0.56	—	0.56	—
108 胶	kg	2.75	—	2.74	—
色粉	kg	3.85	—	—	—
漆片	kg	7.41	—	5.93	—
酒精	kg	31.31	—	25.05	—
香蕉水	kg	50.1	—	40.08	—
硝基清漆	kg	208.51	39.34	—	—
硝基漆稀料	kg	416.12	78.51	164.26	52.99
硝基底漆	kg	—	—	25.59	—
硝基磁漆	kg	—	—	92.14	29.72
砂蜡	kg	3.37	—	2.7	—
上光蜡	kg	1.12	—	0.9	—

表 3-11　漆漆全板门（过氯乙烯）　　　　　　　　　　　单位：100m²

内　容	单位	五遍成活	每增刷一遍		
			底　漆	磁　漆	清　漆
综合工日	工日	133.13	20.54	21.59	20.54
过氯乙烯腻子	kg	55.30	—	—	—
过氯乙烯底漆	kg	38.68	38.68	—	—
过氯乙烯磁漆	kg	136.50	—	68.25	—
过氯乙烯清漆	kg	150.36	—	—	126.91
过氯乙烯溶剂	kg	48.98	12.90	18.05	41.14
砂蜡	kg	3.37	—	—	—
上光蜡	kg	1.12	—	—	—

注：若设计要求不上蜡，扣除上蜡的综合工日。

表 3-12　油漆木墙面、墙裙（硝基清漆、醇酸清漆）　　　　　单位：100m²

内　容	单位	硝基清漆（五遍成活）	每增刷一遍	醇酸清漆（五遍成活）	每增刷一遍
综合工日	工日	143.28	28.35	102.53	16.40
石膏	kg	4.27	—	4.27	—
滑石粉	kg	15.06	—	15.06	—
108胶	kg	2.26	—	2.26	—
纤维素	kg	0.72	—	0.72	—
色粉	kg	4.24	—	—	—
漆片	kg	0.64	—	—	—
酒精	kg	2.76	—	—	—
香蕉水	kg	4.14	—	—	—
硝基清漆	kg	114.67	21.64	—	—
硝基漆稀料	kg	228.87	41.18	—	—
调和漆	kg	—	—	0.5	—
清油	kg	—	—	2.17	—
松香水	kg	—	—	5.66	—
熟桐油	kg	—	—	3.46	—
酚醛清漆	kg	—	—	0.76	—
醇酸清漆	kg	—	—	51.50	9.29
醇酸漆稀料	kg	—	—	8.1	1.56
砂蜡	kg	1.85	—	1.85	—
上光蜡	kg	0.62	—	0.62	—

表 3-13 油漆做装饰花纹　　　　　　单位：100m²

内　容	单　位	油漆面画石纹	抹灰面做假木纹	彩色内墙喷涂
综合工日	工日	33.88	48.4	61.25
石膏	kg	5.98	5.98	5.98
滑石粉	kg	27.72	27.72	27.72
108 胶	kg	—	—	42.6
清油	kg	3.1	3.1	—
色粉	kg	—	1.5	—
纤维素	kg	0.1	0.1	1.44
调和漆	kg	17.5p	17.5	—
无光调和漆	kg	4.3	4.3	—
熟桐油	kg	2.3	2.3	—
松香水	kg	5.0	5.0	8.0
聚醋酸乙烯乳液	kg	0.2	0.15	—
醇酸清漆	kg	3.5	5.2	—
醇酸漆稀释剂	kg	2.2	3.3	—
106 涂料	kg	—	—	82.4
底涂料	kg	—	—	24.2
中涂料	kg	—	—	28.6
面涂料	kg	—	—	44.0

表 3-14 油漆金属、木构件（防火漆）、木扶手（醇酸漆、硝基漆）　　　单位：m²

内　容	单位	防火漆（两遍成活）			醇酸漆（三遍成活）	硝基漆（三遍成活）
		金属构件	木方面	木板面	木扶手	木扶手
		t	100m²	100m²	100m	100m
综合工日	工日	22.18	16.39	12.53	35.08	56.82
清油	kg	116	—	—	0.62	—
防火漆	kg	10.56	—	—	—	—
松香水	kg	2.66	—	—	—	—
防锈漆	kg	8.93	—	—	—	—
催干剂	kg	1.50	—	—	—	—
膨胀型防火涂料	kg	—	77.52	99.75	—	—
石膏	kg	—	—	—	0.77	0.13
滑石粉	kg	—	—	—	2.69	8.73
108 胶	kg	—	—	—	0.92	0.27
色粉	kg	—	—	—	0.6	—
漆片	kg	—	—	—	1.17	0.59
酒精	kg	—	—	—	4.91	2.56
香蕉水	kg	—	—	—	7.37	4.01
酚醛清漆	kg	—	—	—	0.11	—
醇酸清漆	kg	—	—	—	9.18	—
醇酸漆稀料	kg	—	—	—	1.55	—
砂蜡	kg	—	—	—	0.53	0.53
上光蜡	kg	—	—	—	0.18	0.18
硝基底漆	kg	—	—	—	—	2.69
硝基磁漆	kg	—	—	—	—	8.06
硝基漆稀料	kg	—	—	—	—	14.37

注：木方面按投影面积计算，木板面按双面计算。

表 3-15　油漆天棚（乳胶漆、防火漆）　　　　　　　　单位：100m²

内　容	单位	抹灰乳胶漆		木材面防火漆（三遍成活）	金属面防火漆（三遍成活）
		三遍成活	每增刷一遍		
综合工日	工日	50.1	16.70	20.11	24.85
石膏	kg	3.23	—	—	—
滑石粉	kg	21.83	—	—	—
108 胶	kg	4.94	—	—	—
纤维素	kg	0.82	—	—	—
乳胶漆	kg	49.97	6.66	—	—
醋酸乙烯乳胶	kg	4.46	1.49	—	—
清油	kg	—	—	2.73	1.70
防火漆	kg	—	—	29.99	15.50
松香水	kg	—	—	4.40	3.90
防锈漆	kg	—	—	—	13.10
催干剂	kg	—	—	—	2.20

表 3-16　油漆木制天棚（过氯乙烯漆）　　　　　　　　单位：100m²

内　容	单位	五遍成活	每增刷一遍		
			底　漆	磁　漆	清　漆
综合工日	工日	65.78	10.13	10.59	10.13
过氯乙烯腻子	kg	38.84	—	—	—
过氯乙烯底漆	kg	16.24	16.24	—	—
过氯乙烯磁漆	kg	57.33	—	28.67	—
过氯乙烯清漆	kg	64.31	—	—	32.16
过氯乙烯溶剂	kg	20.57	5.42	7.57	7.58
砂蜡	kg	2.12	—	—	—
上光蜡	kg	0.70	—	—	—

注：若设计要求不上蜡，扣除上蜡材料和综合工日 12.5 个。

表 3-17　油漆墙面（抹灰面）、天棚（乳胶漆、硝基漆）　　　　　　　单位：100m²

内　容	单位	乳胶漆（抹灰面）墙面		硝基清漆刷天棚	
		三遍成活	每增刷一遍	五遍成活	每增刷一遍
综合工日	工日	41.28	10.71	162.41	32.48
石膏	kg	3.08	—	3.23	—
滑石粉	kg	20.79	—	21.83	—
大白粉	kg	2.15	—	—	—
纤维素	kg	0.81	—	0.82	—
漆片	kg	—	—	0.67	—
色粉	kg	—	—	4.45	—
108 胶	kg	11.60	—	4.94	—
酒精	kg	—	—	2.9	—
松香水	kg	—	—	4.35	—
乳胶漆	kg	11.60	15.86	—	—
醋酸乙烯乳胶	kg	47.59	1.42	—	—
熟桐油	kg	4.25	—	—	—
硝基清漆	kg	—	—	114.06	22.81
硝基稀料	kg	—	—	227.67	45.53
砂蜡	kg	—	—	1.94	—
上光蜡	kg	—	—	0.65	—

表 3-18　油漆木地面（聚氨酯清漆、醇酸清漆）　　　　单位：100m²

内　容	单位	聚氨酯清漆		醇酸清漆	
		五遍成活	每增刷一遍	四遍成活	每增刷一遍
综合工日	工日	82.50	19.25	100.33	23.33
石膏	kg	3.83	—	3.83	—
滑石粉	kg	17.49	—	17.49	—
熟桐油	kg	2.36	—	2.36	—
纤维素	kg	0.66	—	0.66	—
漆片	kg	1.37	—	—	—
色粉	kg	3.18	—	3.18	—
108 胶	kg	2.75	—	2.75	—
酒精	kg	7.15	—	7.15	—
松香水	kg	2.50	—	8.49	2.12
清油	kg	3.26	—	3.26	—
聚氨酯甲乙料	kg	151.20	29.08	—	—
聚氨酯稀料	kg	50.04	10.5	—	—
酚醛清漆	kg	—	—	0.75	0.14
醇酸清漆	kg	—	—	48.29	12.07
醇酸稀料	kg	—	—	8.10	2.03
地板蜡	kg	16.67	—	16.67	—

例　题

【例 3-16】　图 3-24 为某办公室双层（一玻一纱）木窗，其中洞口尺寸为 1500mm×2100mm，共 8 樘，设计为刷润油粉一遍，刮腻子，刷调和漆一遍，磁漆两遍，试计算木窗油漆工程量。

解：由木窗油漆定额可知，按单面洞口面积计算系数为 1.36。

木窗油漆工程量＝1.5×2.1×8×1.36＝34.27（m²）

【例 3-17】　图 3-25 所示为某办公室窗扇的防盗钢窗栅（单位：mm），中间使用的 $\phi 8$ 钢筋为 0.395kg/m，四周外框及两横档为 30×30×2.0 角钢，30 角钢 1.18kg/m。试计算油漆工程量。

解：$\phi 8$ 钢筋工程量＝2.5×28 根＝70m

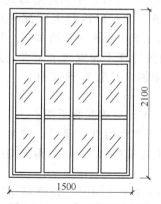

图 3-24　一玻一纱双层木窗

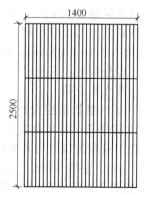

图 3-25　窗扇的防盗钢窗栅

30 角钢长度＝2.5×2＋1.4×4＝10.6m

重量＝0.395kg/m×70m＋1.18kg/m×10.6m＝40.16（kg）

窗栅油漆工程量＝40.16kg×1.71＝68.67kg＝0.069（t）

【例 3-18】 某房屋见图 3-11，外墙刷真石漆墙面，并用胶带分格，试计算所需工程量。

解： 外墙刷真石漆执行抹灰面油漆、涂料、裱糊定额的规定，按展开面积计算，系数为 1.00。

$$外墙面真石漆工程量＝(7.8＋0.12×2＋5.8＋0.12×2)×2×$$
$$(4.6＋0.3)－1.65×1.8×4－0.9×2.7＋$$
$$0.1×[(1.65＋1.8)×2×4＋2.7×2＋0.9]$$
$$＝127.06（m^2）$$

第 6 节 装饰脚手架

要 点

装饰脚手架的定额说明、工程量的计算规则、相关例题。

解 释

一、装饰脚手架工程定额的说明

① 外墙脚手架子目为整体更新改造项目时使用，新建工程的外墙脚手架已包括在建筑工程综合脚手架内，不得重复计算。

② 内墙脚手架，层高在 3.6m 以上时，执行层高 4.5m 以内脚手架子目，层高超过 4.5m 时，超过的部分执行层高 4.5m 以上每增 1m 子目。

③ 吊顶脚手架，层高在 3.6m 以上时，执行层高 4.5m 以内脚手架子目，层高超过 4.5m 时，超过的部分执行层高 4.5m 以上每增 1m 子目。

④ 本定额子目中的搭拆费，包括整个使用周期内脚手架的搭设、拆除、上下翻板子和挂密目网等全部工作内容的费用。

⑤ 本定额子目中的租赁费为每百平方米（或每十米）每日的租赁费，使用时根据不同使用部位脚手架的工程量乘以实际工期计算脚手架租赁费用。

二、装饰脚手架工程量的计算规则

1. 满堂脚手架工程量

（1）计算规则 满堂脚手架，按实际搭设的水平投影面积计算，不扣除附墙柱、柱所占面积，其基本层高以 3.6～5.2m 为准。凡超过 3.6m、在 5.2m 以内的天棚抹灰及装饰装修，应计算满堂脚手架基本层，层高超过 5.2m，每增加 1.2m 计算一个增加层，增加层的层数＝(层高－5.2m)÷1.2m，按四舍五入取整数。室内凡计算了满堂脚手架者，其内墙面粉饰不再计算粉饰架，只按每 100m² 墙面垂直投影面积增加改架工 1.28 工日。

（2）计算规则说明

① 室内天棚装饰面距设计室内地坪在 3.6m 以上时，可计算满堂脚手架。

② 满堂脚手架的计算高度底层以设计室外地坪算至天棚底为准，楼层以楼面至天棚底为准即净高，斜屋面以平均高度计算，吊天棚的木楞施工高度超过 3.6m，而天棚面层的高度未超过 3.6m，应按木楞施工高度计算室内净高。

③ 满堂脚手架按室内净面积计算，其高度在 3.6～5.2m 之间时，计算基本层。超过 5.2m 时，每增加 1.2m 按增加一层计算，不足 0.6m 舍去不计。

④ 计算室内净面积时，不扣除柱、垛所占面积。已计算满堂脚手架后，室内墙面装饰不再计算墙面装饰脚手架。"只按每 $100m^2$ 墙面垂直投影面积增加改架工 1.28 工日"在单价中处理。

（3）计算公式

$$满堂脚手架工程量＝室内净长度×室内净宽度$$

2. 装饰装修外脚手架

（1）计算规则　装饰装修外脚手架按外墙的外边线长乘墙高以 m^2 计算，不扣除门窗洞口的面积。同一建筑物各面墙的高度不同，且不在同一定额步距内时，应分别计算工程量。定额中所指的檐口高度 5～45m 以内，系指建筑物自设计室外地坪面至外墙顶点或构筑物顶面的高度。

（2）计算规则说明

① 外墙装饰不能利用主体脚手架施工时，可计算外墙装饰脚手架。

② 外墙装饰脚手架按设计外墙装饰面积计算，即外墙外边线长乘墙高以 m^2 计算，不扣除门窗洞口的面积。

③ "同一建筑物各面墙的高度不同，且不在同一定额步距内"工程量应分别计算。其中"步距"指同类一组定额之间的间距，见表 3-19，该组定额分为四个步距。檐高 10m、20m、30m、40m 以内。

表 3-19　装饰装修脚手架

定额编号			7-001	7-002	7-003	007-4
项目			装饰装修外脚手架（檐高……以内）			
名称	单位	代码	10m	20m	30m	40m
人工　综合人工	工日	000001	0.0463	0.0613	0.0895	0.1021
材料　铁件	kg	AN5390	0.0065	0.0058	0.0696	0.0707
安全网	m^2	AQ0870	0.0145	0.0132	0.0172	0.0264
回转扣件	kg	AS0160	0.0027	0.0051	0.0078	0.0120
对接扣件	kg	AS0171	0.0160	0.0307	0.0470	0.0733
直角扣件	kg	AS0180	0.0527	0.1014	0.1553	0.2416
脚手架底座	kg	AS0280	0.0015	0.0015	0.0015	0.0015
脚手架板	m^2	CC0210	0.0115	0.0181	0.0249	0.0359
焊接钢管	kg	EA0131	0.1045	0.1890	0.2826	0.4331
防锈漆	kg	HA0471	0.0113	0.0217	0.0324	0.0495
其它材料费（占材料费）	%	AW0022	9.0500	6.3100	4.2300	3.7700
机械　载重汽车 6t	台班	TM0101	0.0004	0.0005	0.0006	0.0011

（3）计算公式

$$外墙装饰脚手架工程量＝外墙装饰面长度×装饰面高度$$

3. 利用主体外脚手架改变其步高作外墙面装饰架及独立柱的工程量

（1）计算规则　利用主体外脚手架改变基步高作外墙面装饰架时，按每 $100m^2$ 外墙面垂直投影面积,增加改架工 1.28 工日;独立柱按柱周长增加 3.6m 乘柱高套用装饰装修外脚手架相应高度的定额。

(2)计算规则说明

①"利用主体外脚手架改变其步高作外墙面装饰架时",装饰部分的外墙脚手架工程量不再另算,"每 100m² 外墙面垂直投影面积增加 1.28 个工日"在单价中处理,见计价定额换算部分计算方法。

②"独立柱按柱周长增加 3.6m"是指柱的图示结构外围尺寸每边增加 0.9m,见图 3-26。

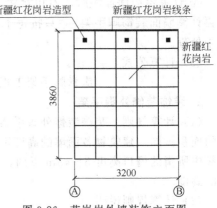

图 3-26 花岗岩外墙装饰立面图

(3)计算公式

利用主体外脚手架改变基步高作外墙面装饰架工程量＝外墙装饰脚手架工程量

独立柱脚手架的工程量＝(柱周长＋3.6)×柱高

4. 内墙面粉饰脚手架

(1)计算规则 内墙面粉饰脚手架,均按内墙面垂直投影面积计算,不扣除门窗洞口的面积。

(2)计算规则说明 如果计算了满堂脚手架,内墙面粉饰脚手架不需另计。

(3)计算公式 内墙装饰脚手架工程量＝内墙净长度×设计净高

5. 安全过道脚手架的工程量

(1)计算规则 安全过道按实际搭设的水平投影面积(架宽×架长)计算。

(2)计算规则说明 安全过道脚手架是沿水平方向在一定高度搭设的脚手架,上面满铺脚手板,下面可为人行、车辆等的通道。搭设水平防护架的目的主要为防止建筑物上材料落下伤人,多为临街一面或建筑物的一些主要通道搭设的,按水平投影面积计算。

(3)计算公式 安全通道脚手架的工程量＝脚手板的长×脚手板的宽

6. 封闭式安全笆工程量

(1)计算规则 封闭式安全笆按实际封闭的垂直投影面积计算。实际用封闭材料与定额不符时,不作调整。

(2)计算规则说明

①建筑物垂直封闭同时也称为架子封席。临街的高层建筑物施工中,为防止建筑材料及其物品坠落伤及行人或妨碍交通,而采取竹席来进行外架全封闭。

②封闭面的垂直投影面积是指垂直于封闭面的光线照射封闭面,在封闭面背光方向留下的阴影部分面积为封闭面垂直投影面积。

③"实际用封闭材料与定额不符时,不作调整"是指封闭式安全笆单价上不作调整。

(3)计算公式 封闭式安全笆工程量＝封闭面的投影长度×垂直投影高度

7. 斜挑式安全笆工程量

(1)计算规则 斜挑式安全笆按实际搭设的(长×宽)斜面面积计算。

(2)计算规则说明 斜挑式安全笆是指从建筑物内部挑伸出的一种脚手架,称为挑脚手架,常用于外墙面的局部装修,如腰线、花饰等装修。挑脚手架:由挑梁(或挑架)和多立杆式外脚手架组成。

(3)计算公式 挑出式安全网工程量＝挑出总长度×挑出的水平投影宽度

8. 满挂安全网的工程量

(1)计算规则 满挂安全网按实际满挂的垂直投影面积计算。

（2）计算规则说明 安全网是建筑工人在高空进行建筑施工、设备安装时，在其下或其上设置的防止操作人员受伤或材料掉落伤人的棕绳网或尼龙网。

（3）计算公式 满挂安全网的工程量＝实挂长度×实挂高度

☙ 相关知识 ☙

项目成品保护工程量的计算规则

① 项目成品保护具体包括：楼地面、楼梯、台阶、独立柱、内墙面等保护。其材料包括：麻袋、胶合板（3mm），彩条纤维布、其它材料费（占材料费）等。

② 项目成品保护如发生时，其工程量计算规则同各章节相应子目。

☙ 例 题 ☙

【例 3-19】 某单层建筑物进行装饰装修，其搭设脚手架平面图见图 3-27（单位：mm），墙面厚度为 250mm，搭设脚手架的高度为 4200mm。试计算搭设脚手架的面积。

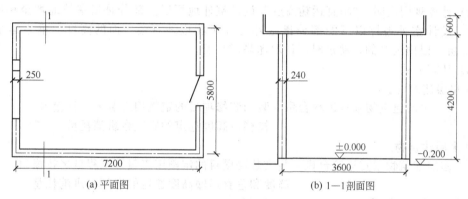

| (a) 平面图 | (b) 1—1剖面图 |

图 3-27 搭设脚手架

解：脚手架搭设高度为 4.2m，因 3.6m＜4.2m＜5.2m，所以应计算满堂脚手架基本层；因（4.2－3.6）＝0.6m＜1.2m，所以不能计算增加层。

脚手架搭设面积＝（7.2＋0.25）×（5.8＋0.25）＝45.07（m²）

【例 3-20】 某临街建筑物施工过程中，为安全施工，沿街面上搭设了一排长度为 18m、宽度为 2.5m 的水平防护架。试计算该水平防护架的工程量。

解：根据计算规则，计算如下：水平防护架的工程量＝18×2.5＝45（m²）

第 7 节 垂直运输及超高增加费

☙ 要 点 ☙

垂直运输费、超高增加费的定额说明及工程量计算规则，相关例题。

☙ 解 释 ☙

一、垂直运输费及超高增加费的定额说明

1. 垂直运输费

① 垂直运输高度：设计室外地坪以上部分指室外地坪至相应地（楼）面的高度。设计室外地坪以下部分指室外地坪至相应地（楼）面的高度。

② 单层建筑物檐高高度在 3.6m 以内时，不计算垂直运输机械费。

③ 带一层地下室的建筑物，若地下室垂直运输高度小于 3.6m，则地下层不计算垂直运输机械费。

④ 再次装饰装修利用电梯进行垂直运输或通过楼梯人力进行垂直运输的按实际计算。

2. 超高增加费

① 本定额用于建筑物檐高在 20m 以上的工程。

② 檐高是指设计室外地坪至檐口的高度。突出主体建筑屋顶的电梯间、水箱间等不计入檐高之内。

二、垂直运输费及超高增加费的工程量计算规则

1. 垂直运输工程量计算

（1）计算规则　装饰装修楼层（包括楼层所有装饰装修工程量）区别不同垂直运输高度（单层建筑物系檐口高度）按定额工日分别计算。地下层超过二层或层高超过 3.6m 时，计取垂直运输费，其工程量按地下层全面积计算。

（2）计算规则说明　"垂直运输高度"设计室外地坪以上部分是指室外地坪至相应楼面的高度，设计室外地坪以下的部分指室外地坪至相应地（楼）面的高度。垂直运输是按 20m（6 层）以内编制的。超过时应计取超高增加费。

（3）计算公式

① 单层建筑物。

$$单层建筑物垂直运输台班＝装饰装修项目的定额用工量×工程量×$$
$$按檐口高度选定的定额台班消耗量$$

② 多层建筑物。

$$多层建筑物垂直运输台班＝装饰装修项目的定额用工量×工程量×按檐口$$
$$高度和垂直运输高度选定的定额台班消耗量$$

2. 超高增加费计算

（1）计算规则　装饰装修楼面（包括楼层所有装饰装修工程量）区别不同的垂直运输高度（单层建筑物系檐口高度）以人工费和机械费之和按元计算。

（2）计算规则说明

① "建筑物超高"是指建筑物的设计檐口高度超过定额规定的极限高度（即檐高 20m 以上），并且檐口高度在 20m 以上的单层或多层建筑物均可计算超高增加费。

② 檐高是指设计室外地坪至檐口的高度。突出主体建筑屋顶的电梯间、水箱等不计入檐高之内。

③ 同一建筑物不同檐高时，按不同高度的建筑面积，分别按相应项目计算。

④ 超高增加费是以人工降效和机械降效之和来计算的。其费用包括工人上下班降低功效，上楼工作前休息及自然增加的时间，从而增加的人工费；由于人工降效引起的机械降效。

（3）计算公式　超高增加费＝（人工费＋机械费）×人工、机械降效系数

❧ 相关知识 ❧

构件运输及安装工程量的计算规则

1. 预制混凝土构件

预制混凝土构件运输及安装均按图示尺寸以实体积计算。钢构件按构件设计图示尺寸，以 t 计算，所需螺栓、电焊条等重量不另计算。木门窗、铝合金门窗、塑钢门窗按框外围面积计算。成型钢筋按 t 计算。

2. 构件运输

① 构件运输项目的定额运距为10km以内，超出时，按每增加1km项目累加计算。

② 加气混凝土板（块）、硅酸盐块运输每立方米折合混凝土构件体积0.4m²，按Ⅰ类构件运输计算。

3. 预制混凝土构件安装

① 焊接成型的预制混凝土框架结构，其柱安装按框架柱计算，梁安装按框架梁计算。

② 预制钢筋混凝土工字形柱、矩形柱、空腹柱、双肢柱、空心柱、管道支架等的安装，均按柱安装计算。

③ 组合屋架安装以混凝土部分的实体体积计算，钢杆件部分不另计算。

④ 预制钢筋混凝土多层柱安装，首层柱按柱安装计算，2层及2层以上按柱接柱计算。

4. 钢构件安装

① 钢构件安装按图示构件钢材重量，以t计算。

② 依附于钢柱上的牛腿及悬臂梁等，并入柱身主材重量内计算。

③ 金属构件中所用钢板设计为多边形者，按矩形计算，矩形的边长以设计构件尺寸的最大矩形面积计算。

例 题

【例3-21】 某多层建筑物檐口高度为32m，室内外装饰装修全面积合计工日总数为18万工日，人工费324万元，机械费用125万元，其它资料见表3-20、表3-21。试计算该工程垂直运输工程量及超高增加值。

表3-20 多层建筑物垂直运输费　　　　　　　　单位：100工日

定 额 编 号			8-001	8-002	8-003
项 目			建筑物檐高(……以内)		
			20m	40m	
			垂直运输高度/m		
			20以内	20～40	
名 称	单位	代码	数 量		
机械	施工电梯(单笼)75m	台班	TM0001	—	1.4600	1.6200
	卷扬机单筒慢速5t	台班	TM0001	2.9200	1.4600	1.6200

表3-21 多层建筑物超高增加费　　　　　　　　单位：100元

定 额 编 号			8-024	8-025	8-026	8-027	8-028
项 目			垂直运输高度/m				
			20～40	40～60	60～80	80～100	100～120
名 称	单 位	代 码	数 量				
人工、机械降效系数	%	AW0570	9.3500	15.300	21.2500	28.0500	34.8500

解： 由表3-20可得，75m施工电梯（单笼）和5t单筒慢速卷扬机均为1.6200台班/100工日，由表3-21可得，人工机械降效系数为9.3500%。

（1）多层建筑物垂直运输台班：

75m施工电梯（单笼）＝180000×1.6200/100＝2916（台班）

5t单筒慢速卷扬机＝180000×1.6200/100＝2916（台班）

(2) 超高增加费＝（324 万元＋125 万元）×9.3500％＝419815（元）

【例 3-22】 某 8 层建筑物，±0.00 以上高度为 27.9m，设计室外地坪为－0.60m，假设该建筑物所有装饰装修人工费之和为 24 万元，机械费之和为 5600 元，其它资料见表 3-21、表 3-22 所示。试计算该建筑物超高增加费。

解： 该多层建筑物檐高为 27.9＋0.6＝28.5m，在 40m 以内，因此套用定额 8-024，又因为建筑物超高增加费工程量是以人工费和机械费之和以 100 元为计量单位，所以此建筑物超高增加费工程量为：（240000＋5600）÷100＝2456（百元）

此建筑物超高增加费见表 3-22。

表 3-22　此建筑物超高增加费

名　称	人工、机械降效系数/％
定额含量	9.3500
工程量	2456
超高增加费	22963.60

第 8 节　其 它 工 程

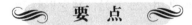
要　点

其它工程的定额说明、工程量的计算规则、相关例题。

解　释

一、其它工程的定额说明

1）本定额项目在实际施工中使用的材料品种、规格与定额取定不同时，可以换算，但人工、材料不变。

2）本定额中铁件已包括刷防锈漆一遍，如设计需涂刷油漆、防火涂料按本章油漆、涂料、裱糊工程相应子目执行。

3）招牌基层：

① 平面招牌是指安装在门前的墙面上；箱式招牌、竖式招牌是指六面体固定在墙面上；沿雨篷、檐口、阳台走向立式招牌，按平面招牌复杂项目执行。

② 一般招牌和矩形招牌是指正立面平整无凸面；复杂招牌和异形招牌是指正立面有凹凸造型。

③ 招牌的灯饰均不包括在定额内。

4）美术字安装：

① 美术字均以成品安装固定为准。

② 美术字不分字体均执行本定额。

5）装饰线条：

① 木装饰线、石膏装饰线均以成品安装为准。

② 石材装饰线条均以成品安装为准。石材装饰线条磨边、磨圆角均包括在成品的单价中，不再另计。

6）石材磨边、磨斜边、磨半圆边及台面开孔子目均为现场磨制。

7）装饰线条以墙面上直线安装为准，如天棚安装直线型、圆弧形或其它图案者，按以下规定计算：

① 天棚面安装直线装饰线条，人工乘系数1.34。

② 天棚面安装圆弧装饰线条，人工乘系数1.6，材料乘系数1.1。

③ 墙面安装圆弧装饰线条，人工乘系数1.2，材料乘系数1.1。

④ 装饰线条做艺术图案者，人工乘系数1.8，材料乘系数1.1。

8) 暖气罩挂板式是指钩挂在暖气片上；平墙式是指凹入墙内，明式是指凸出墙面；半凹半凸式按明式定额子目执行。

9) 货架、柜类定额中未考虑面板拼花及饰面板上贴其它材料的花饰、造型艺术品。

二、其它工程的工程量计算规则

1. 招牌、灯箱工程量

（1）计算规则

① 平面招牌基层按正立面面积计算，复杂形的凹凸造型部分亦不增减。

② 沿雨篷、檐口或阳台走向的立式招牌基层，按平面招牌复杂形执行时，应按展开面积计算，见图3-28。

③ 箱体招牌和竖式标箱的基层，按外围体积计算。突出箱外的灯饰、店徽及其它艺术装潢等均另行计算，见图3-29。

图3-28　沿阳台周边的立式招牌计算示意　　图3-29　箱体招牌计算示意

④ 灯箱的面层按展开面积以 m^2 计算，见图3-29。

⑤ 广告牌钢骨架以 t 计算。

（2）计算规则说明

① 平面招牌是指安装在门前的墙面上；箱体招牌、竖式标箱是指六面体固定在墙面上；沿雨篷、檐口、阳台走向立式招牌，按平面招牌复杂形项目执行，计算工程量时应将招牌的各个面展开。

② 定额项目是按一般招牌、矩形招牌、复杂招牌和异形招牌编制的，一般招牌和矩形招牌是指正立面平整无凸面的招牌，复杂招牌和异形招牌是指正立面有凹凸的造型，计算工程量时应分开。

③ 招牌的灯饰需另算。

（3）计算公式

平面招牌基层工程量＝正立面面积

沿雨篷、檐口或阳台走向的立式招牌基层＝$(a+2b) \times h$

箱体招牌和竖式标箱的基层＝$a \times b \times c$

$$灯箱的面层＝(a×b+b×c+a×c)×2$$

2. 美术字安装工程量

（1）计算规则　美术字安装按字的最大外围矩形面积以个计算。

（2）计算规则说明

① 字体的笔画长短不同，字体样式较多，为方便计算，美术字按字型的最大覆盖尺寸计算。

② 美术字均以成品安装固定为准。

（3）计算公式　美术字安装工程量＝字的个数

3. 压条、装饰线条工程量

（1）计算规则　压条、装饰线条均按延长米计算。

（2）计算规则说明

① 木装饰线、石膏装饰线均以成品安装为准。

② 石材装饰线条以成品安装为准。

（3）计算公式　压条、装饰线条工程量＝图示长度

4. 暖气罩工程量

（1）计算规则　暖气罩（包括脚的高度在内）按边框外围尺寸垂直投影面积计算。

（2）规则说明　暖气罩有挂板式、平墙式、明式、半凸半凹式。挂板式是指钩挂在暖气片上；平墙式是指凹入墙内的暖气罩；明式是指凸出墙面暖气罩；半凸半凹式是指一部分在墙内、一部分在墙面外的暖气罩。无论哪种形式都是以暖气罩边框外围图示尺寸垂直投影面积计算。

（3）计算公式　暖气罩工程量＝$a×b$（a、b 为暖气罩图示长宽尺寸）

5. 镜面玻璃安装、盥洗室木镜箱工程量

（1）计算规则　镜面玻璃安装、盥洗室木镜箱以正立面面积计算。

（2）计算公式

$$镜面玻璃安装、盥洗室木镜箱工程量＝镜面长×镜面宽$$

6. 塑料镜箱、毛巾环、肥皂盒、金属帘子杆、浴缸拉手、毛巾杆安装；不锈钢旗杆；大理石盥洗台工程量

计算规则：塑料镜箱、毛巾环、肥皂盒、金属帘子杆、浴缸拉手、毛巾杆安装以只或副计算。不锈钢旗杆以延长米计算。大理石盥洗台以台面投影面积计算（不扣除孔洞面积）。

7. 货架、柜橱类工程量

（1）计算规则　货架、柜橱类均以正立面的高（包括脚的高度在内）乘宽以 m^2 计算。

（2）计算公式　货架、柜橱工程量＝柜长×柜宽

8. 收银台、试衣间等工程量

（1）计算规则　收银台、试衣间等以个计算，其它以延长米为单位计算。

（2）规则说明

① 规则中"收银台、试衣间"按定额规定为术制。

② 规则中"其它"是指展台、酒吧台及酒店大堂收银台等。

③ 货架、柜类面板拼花及饰面板上贴其它材料的花饰、造型艺术品另算。

三、其它工程定额有关项目的解释

1. 招牌、灯箱、美术字

招牌一般附设在商店、餐馆、旅馆等外立面的重要部位上，例如设在店堂入口的雨篷上下或门前的墙面上，或采用悬挑方式突出设置，比较明显，易于识别。招牌是店面的重要组成部分，招牌起着标志店名、装饰店面及吸引和招徕顾客的作用。

（1）招牌的形式　招牌的外观样式多种多样，按外形和体积等分为平面招牌、竖式标箱、箱体招牌三种；按安装方式又可分为附贴式、外挑式、直立式和悬挂式等。

平面招牌指安装在门前墙面上的招牌，按照正立面的外观形式，则可分为一般和复杂两种形式。一般形式是指正立面平整没有凸出面的招牌形式，复杂形式是指正立面有凸起或有造型的形式。平面招牌由基层、面层及美术字和表面饰件组成，基层是用角钢、不锈钢型材、方木、铝型材等组成的框架；面层是钉在框架上的各种饰面板，如钙塑板、铝塑板、木板、铝合金扣板、不锈钢饰面板等；美术字和表面饰件可钉接或胶接在面层板上。

箱体招牌是指横向的长方形六面体招牌，竖式标箱则为竖向的长方形六面体招牌，分为矩形和异形两种。矩形形式是指其形状为规则的长方体；异形形式是指其带有弧线造型或其正立面有凸凹变化。这两种招牌由基层、面层、美术字、饰件、内外灯饰等组成。基层是指用角钢、铝合金型材、方木、不锈钢型材等组成的立体框架，以及装在框架外围的有机玻璃或其它饰面板。美术字、表面饰件粘结或钉接在面层板上，内外灯饰则安装在框架的骨架上。

附贴式招牌是指招牌直接安装在建筑物表面上且凸出墙面很少的一种招牌形式，也可将其固定在大面积玻璃窗或幕墙上。外挑式招牌是指招牌凸出建筑物表面一定距离的一种招牌形式，可根据造型效果和功能来定出挑的距离，如做成雨篷（又称鹅头）或灯箱等。悬挂式招牌是指悬挂于建筑挑出部分的下部或凸出建筑物而悬挂的招牌形式，其特点是招牌与其附着点间有一定距离。直立式招牌是指距建筑物一定距离的招牌，可设置在屋顶上，通过支架支撑或单独设在室外地面上，对其相近建筑起标示作用。

（2）常见的店面招牌及构造　常见的店面招牌有雨篷式招牌、灯箱、单独字面和悬挑招牌。雨篷式招牌属箱式招牌。一般外挑或附贴在建筑物入口处墙面上，既起招牌作用又起雨篷作用。它是以金属型材和木材做骨架，以木板、铝合金扣板、花岗石薄板、PVC扣板、面砖、大理石、有机片等材料作为面板，再镶以用各种材料制作的店徽、美术字、饰件等。

灯箱是以悬挂、悬挑或附贴方式支撑在墙面上或雨篷下，其内部装有灯光，面板用透明材料制成，通过灯光效果，强烈地表现出店徽、店面，从而突出店面的识别性、装饰性，更有效地吸引招徕顾客。灯箱的形式大多为矩形，按照灯箱的大小不同，其骨架一般用金属型材（如角钢或铝合金型材）或仿木制作，以有机灯片、磨砂刻花玻璃、珠胶片、玻璃贴窗花和即时贴等材料做成面板，再用铝合金作角线或不锈钢角线包覆装饰灯箱边缘。

（3）美术字、图案、店徽等　美术字、图案、店徽等作为店面招牌的有机组成部分，对招牌的识别性、装饰性起着至关重要的作用。美术字、图案、店徽等常用的材料有木材、有机片加聚氨酯泡沫、钢板、毛面不锈钢板、不锈钢镜面板、玻璃钢、铜板、塑料、铝合金板等。

美术字的安装与制作随所采用的材料不同和所安装的招牌面板的不同而不同。有泡沫塑料衬底的有机玻璃安装在金属板、木板、有机玻璃面板及墙面上时，用白乳胶、环氧树脂或氯丁胶黏结，同时在面板上钉铁钉（钉完后将钉帽用钳子剪去）并将铁钉钉尾插入泡沫塑料，使之与黏结剂共同作用，将其固定牢靠。无泡沫塑料衬底的有机玻璃字安装在有机玻璃面板上时，用氯仿黏结；大型钢板凹型字固定在立式招牌的彩色钢扣板或铝合金扣板面上时用螺栓固定；带有侧缘的铜、不锈钢、铝合金板和塑料立体字安装在招牌面板和墙面上时，一般方法是在招牌面板或墙面上先固定在字和底板间起连接作用的镶嵌木块或铝合金连接角，再在字的侧缘钻孔，用自攻螺纹的螺钉将字侧缘和已固定的镶嵌木块或铝合金连接角连接在一起，将字固定。

2. 压条、装饰条

压条和装饰条是装饰工程设计施工中运用最广泛的材料和手段之一，对装饰质量、装饰效果意义重大。它一方面在装饰艺术平面构成设计中起着线形构成的重要作用；体现设计者的风格，表现出一定的主题和情调，使人对所处环境空间产生特定的感受，从而强化装饰效果。另一方面，它还在装饰结构上起着固定、连接加强饰面装饰效果的作用；压条是对接面等的衔接口所用的板条。装饰条在装饰工程中常用于构件分界面、层次面、封口线以及为增添装饰效果而设立的板条，起到封口、封边、压边、造型、连接的作用。从尺寸规格来看，压条一般比较薄，如木压条一般厚为10mm，金属压条一般为1～1.5mm；装饰条大多比较厚，如木装饰条大多在10mm以上，金属条在1.5mm以上。从位置来看，压条大多在缝口处或使饰面平整牢固的着力点处；而装饰条则多在改变饰面的观赏效果处。压条、装饰条按材质分，主要有木线条、铜线条、不锈钢线条和塑料线条、铝合金线条、石膏线条。按用途分，有天花板角线、天花线、挂镜线、压边线、槽型线、封边角线、挂镜线和踢脚线等。

3. 零星装饰

（1）暖气罩　是遮挡暖气片或暖气管的一种饰物；按安装方式不同可分为明式、挂板式和平墙式。明式是指暖气罩凸出墙面，在暖气片上面、左右面和正面均需用暖气罩遮挡的一种形式。挂板式是将暖气罩的遮挡面板用连接件挂在预留的挂钩或支撑件上的一种形式。平墙式则是指暖气片置于专门设置的壁龛内，暖气罩挂在暖气片正面，其表面与墙面基本保持平齐的形式。

暖气罩的骨架可用钢材、木材、铝合金型材制作，面层可用钢板、穿孔钢板、钢板网、铝合金饰面板、软木板、塑料面板、木夹板、镁格铝网（铝合金花格）制作。

（2）木质窗台板、木质筒子板和窗帘盒　木质窗台板是将木板平放在窗台面上再加上饰面处理（如油漆等），兼具装饰性和实用性。木质筒子板，又叫门窗套，是在门窗洞内两侧和上侧以及门窗洞口外边左右两侧和上侧一定宽度内，用木板或木龙骨基层加饰面板材制作成的套子，并饰以木线等饰件，起装饰门窗的作用。窗帘盒是为了装饰整洁，用木材或塑料等材料制成安装于窗子上方，用以遮挡、支撑窗帘杆（轨）、滑轮、拉线等的盒子。窗帘轨（杆）是安装于窗子上方，用于悬挂窗帘的横杆。一般用木棍、铝合金型材、薄壁型钢、不锈钢管和钢筋等材料制作。

（3）挂镜线　是指装钉于房间四周墙壁上部（一般与门窗上口平齐）的带有线形的木条，用以吊挂镜框、字画、蚊帐等，并起装饰作用，所用材料一般有木材、铝合金型材和塑料。其安装方法有黏结法和钉接法（又称机械连接法）。

（4）卫生间镜面玻璃　按档次不同、安装构造不同，可分为车边防雾镜面玻璃、普通镜面玻璃。当镜面玻璃四周带框时，一般需要用木封边条、铝合金或不锈钢封边条，多使用普通镜面玻璃。当车边镜面玻璃的尺度不是很大时，可以在其四角钻孔，在墙面上钉塑料胀管或木楔，直接用不锈钢玻璃钉固定在墙面上。当墙面平整度差，或镜面玻璃尺度较大（1m以上）时，通常加木龙骨夹板基层，并采用嵌压固定方式。

（5）洗漱台　是指卫生间中用于支承台式洗脸盆，搁放洗漱、卫生用品，同时装饰卫生间，使之显示豪华气派风格的台面。宾馆、住宅卫生间内的洗漱台，台面下常做成柜子，一方面遮挡上下水管，另一方面存放部分清洁用品。洗漱台一般用纹理颜色具有较强的装饰性的云石或花岗石光面板材经磨边、开孔制作而成。台面一般厚为20mm，宽约570mm，长度视卫生间大小和台上洗脸盆的数量而定。为了加强台面的抗弯能力，台面下需用角钢焊接架子加以支承。台面两端若与墙相接，则可将角钢架直接固定在墙面上，否则需砌半墙砖支承。

（6）盥洗室镜箱　一般有木镜箱、塑料镜箱两种。木镜箱系以木板作木箱，胶合板木龙骨、镜面玻璃作箱门的卫生间设施，兼作梳妆镜、洗漱用品和化妆品的贮存柜。塑料镜箱系市场采购成品，仅需在墙面上埋入胀管，用木螺钉固定即可。

（7）帘子杆、浴缸拉手、毛巾杆（架）　均为市场采购成品，仅需在墙上埋入胀管，用木螺钉固定。

4. 柜类

柜台、服务台包括酒吧台、酒柜是商业建筑、机场、邮局、银行、旅馆建筑等公共建筑中必不可缺的设施。这些柜台、服务台有些是服务性质的，有些是营业性质的，有的是服务兼营业性质的。由于对其功能要求不同，其构造方式包括基层结构、面层材料选择及连接方式都可能不同。小银行柜台为满足其保密性、安全性的要求，大多采用钢筋混凝土结构基层，面层材料多采用不透明的石材、胶合板材、金属饰面板。商店柜台为了商品陈列的需要，多采用不锈钢和铝合金型材构架，正立面和柜台面面层则多采用玻璃，甚至四周和柜台面都采用玻璃。酒吧是西餐厅和夜总会的构成部分，在餐厅中占有重要地位。吧台、酒柜的选材及制作均需要优良。

柜类设施必须满足防火、防烫、耐磨、结构稳定和实用的功能要求，以及满足创造高雅、华贵装饰效果的要求，多采用木结构、钢结构、钢筋混凝土结构、砖砌体、玻璃结构等组合构成。钢结构、砖结构或混凝土结构作为基础骨架，可保证上述台、柜、架的稳定性，木结构、厚玻璃结构可组成台、架功能使用部分。大理石花岗石、防火板、胶合饰面板等作为这些设施的表面装饰，不锈钢槽、管、钢条、木线等则构成其面层点缀。这种混合结构其各部分之间的连接方式一般为：

① 钢骨架和木结构之间采用螺钉，砖、混凝土骨架与木结构之间采用预埋木砖、木楔和钉接；

② 石板与钢管骨架之间采用钢丝网水泥镶贴，石板和木结构之间采用环氧树脂黏结；

③ 不锈钢管、铜管架采用法兰座和螺栓固定，线条材料常用黏结、钉接固定；

④ 厚玻璃结构间以及厚玻璃与其它结构之间采用卡脚和玻璃胶固定；

⑤ 钢骨架与墙地面的连接用膨胀螺栓或预埋铁件焊接。

柜类设施往往因工程而异，不同的工程采用不同的设计、不同的材料，因此其造价构成情况相对于其它分部分项而言复杂多变，难以用一个简单的比例关系来反映。但材料费仍是左右其造价的关键因素，同样是钢骨架混合结构柜台，当其饰面大理石板分别采用国产材料（如贵州黑）和进口大理石板（如大花白）时，其每米造价差额可达千元。控制柜类设施造价的关键仍在材料的选用上。一般商店常用的木框带柜为 10mm 厚或 12mm 厚玻璃（倒棱、鸭嘴边）柜，8mm 厚玻璃搁板，目前，不锈钢槽镶嵌售货柜台的造价在 600～800 元/m 之间。

例 题

【**例 3-23**】　某家居卫生间如图 3-30 所示，求镜面玻璃工程量、镜面不锈钢装饰线工程

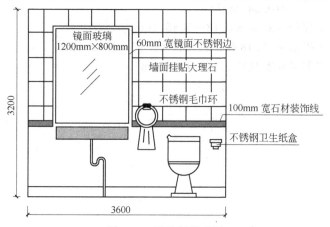

图 3-30　卫生间示意图

量、石材装饰线工程量。

解：镜面玻璃工程量=1.2×0.8=0.96（m²）

镜面不锈钢装饰线工程量=2×（1.2+0.8+2×0.06）=4.24（m）

石材装饰线工程量=3.6－（0.8+0.06×2）=2.68（m）

【例3-24】 图3-31为某家居鞋柜的示意图，试根据计算规则，计算鞋柜工程量。

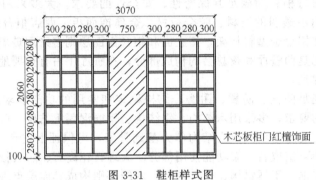

图3-31　鞋柜样式图

解：鞋柜制作工程量=2.06×3.07=6.32（m²）

【例3-25】 图3-32为某房间一侧立面示意图，其窗做贴脸板、筒子板及窗台板，墙角做木压条，窗台板宽180mm，筒子板宽140mm。试计算其工程量。

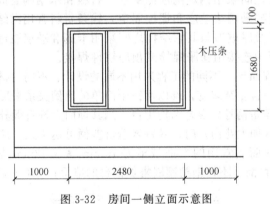

图3-32　房间一侧立面示意图

解：贴脸板的工程量=[（1.68+0.1×2）×2+2.48+0.1×2]×0.1

　　　　　　　　=0.64（m²）

窗台板的工程量=2.48×0.18=0.45（m²）

筒子板的工程量=（2.48+1.68×2）×0.18=1.05（m²）

木压条的工程量=2.48+1×2=4.48（m）

第4章
装饰工程工程量清单计价

第1节 楼地面装饰工程

要 点

共8个分部、43个分项工程项目，包括整体面层及找平、块料面层、橡塑面层、其它材料面层、踢脚线、楼梯面层、台阶装饰、零星装饰项目。

解 释

一、楼地面装饰工程量清单项目的划分

清单项目的划分，见表4-1。

表4-1 各项目所包含的清单项目

项 目	清 单 项 目
整体面层及找平层	水泥砂浆楼地面、现浇水磨石楼地面、细石混凝土楼地面、菱苦土楼地面、自流坪楼地面、平面砂浆找平层
块料面层	石材楼地面、碎石材楼地面、块料楼地面
橡胶面层	橡胶板楼地面、橡胶板卷材楼地面、塑料板楼地面、塑料卷材楼地面
其他材料面层	地毯楼地面，竹、木（复合）地板、金属复合地板、防静电活动地板
踢脚线	水泥砂浆踢脚线、石材踢脚线、块料踢脚线、塑料板踢脚线、木质踢脚线、金属踢脚线、防静电踢脚线
楼梯面层	石材楼梯面层、块料楼梯面层、拼碎块料面层、水泥砂浆楼梯面层、现浇水磨石楼梯面层、地毯楼梯面层、木板楼梯面层、橡胶板楼梯面层、塑料板楼梯面层
台阶装饰	石材台阶面、块料台阶面、拼碎块料台阶面、水泥砂浆台阶面、现浇水磨石台阶面、剁假石台阶面
零星装饰项目	石材零星项目、拼碎石材零星项目、块料零星项目、水泥砂浆零星项目

二、楼地面装饰清单工程量的计算规则

1. 整体面层及找平层

整体面层及找平层工程量清单项目的设置、项目特征描述的内容、计量单位、工程量计算规则应按表 4-2 的规定执行。

表 4-2　整体面层及找平层（编码：011101）

项目编码	项目名称	项目特征	计量单位	工程量计算规则	工程内容
011101001	水泥砂浆楼地面	1. 找平层厚度、砂浆配合比 2. 素水泥浆遍数 3. 面层厚度、砂浆配合比 4. 面层做法要求	m²	按设计图示尺寸以面积计算。扣除凸出地面构筑物、设备基础、室内铁道、地沟等所占面积，不扣除间壁墙及≤0.3m²柱、垛、附墙烟囱及孔洞所占面积。门洞、空圈、暖气包槽、壁龛的开口部分不增加面积	1. 基层清理 2. 抹找平层 3. 抹面层 4. 材料运输
011101002	现浇水磨石楼地面	1. 找平层厚度、砂浆配合比 2. 面层厚度、水泥石子浆配合比 3. 嵌条材料种类、规格 4. 石子种类、规格、颜色 5. 颜料种类、颜色 6. 图案要求 7. 磨光、酸洗、打蜡要求			1. 基层清理 2. 抹找平层 3. 面层铺设 4. 嵌缝条安装 5. 磨光、酸洗打蜡 6. 材料运输
011101003	细石混凝土楼地面	1. 找平层厚度、砂浆配合比 2. 面层厚度、混凝土强度等级			1. 基层清理 2. 抹找平层 3. 面层铺设 4. 材料运输
011101004	菱苦土楼地面	1. 找平层厚度、砂浆配合比 2. 面层厚度 3. 打蜡要求			1. 基层清理 2. 抹找平层 3. 面层铺设 4. 打蜡 5. 材料运输
011101005	自流坪楼地面	1. 找平层砂浆配合比、厚度 2. 界面剂材料种类 3. 中层漆材料种类、厚度 4. 面漆材料种类、厚度 5. 面层材料种类		按设计图示尺寸以面积计算。扣除凸出地面构筑物、设备基础、室内铁道、地沟等所占面积，不扣除间壁墙及≤0.3m²柱、垛、附墙烟囱及孔洞所占面积。门洞、空圈、暖气包槽、壁龛的开口部分不增加面积	1. 基层处理 2. 抹找平层 3. 涂界面剂 4. 涂刷中层漆 5. 打磨、吸尘 6. 镘自流平面漆（浆） 7. 拌合自流平浆料 8. 铺面层
011101006	平面砂浆找平层	找平层砂浆配合比、厚度		按设计图示尺寸以面积计算	1. 基层处理 2. 抹找平层 3. 材料运输

注：1. 水泥砂浆面层处理是拉毛还是提浆压光应在面层做法要求中描述。

　　2. 平面砂浆找平层只适用于仅做找平层的平面抹灰。

　　3. 间壁墙指墙厚≤120mm 的墙。

　　4. 楼地面混凝土垫层另按《房屋建筑与装饰工程工程量计算规范》（GB 50854—2013）附录 E.1 "现浇混凝土基础"中 "垫层" 项目编码列项，除混凝土外的其他材料垫层按《房屋建筑与装饰工程工程量计算规范》（GB 50854—2013）附录 D.4 "垫层" 项目编码列项。

2. 块料面层

块料面层工程量清单项目的设置、项目特征描述的内容、计量单位、工程量计算规则应按表 4-3 的规定执行。

3. 橡塑面层

橡胶面层工程量清单项目的设置、项目特征描述的内容、计量单位、工程量计算规则应按表 4-4 的规定执行。

表 4-3　块料面层（编码：011102）

项目编码	项目名称	项目特征	计量单位	工程量计算规则	工程内容
011102001	石材楼地面	1. 找平层厚度、砂浆配合比 2. 结合层厚度、砂浆配合比 3. 面层材料品种、规格、颜色 4. 嵌缝材料种类 5. 防护层材料种类 6. 酸洗、打蜡要求	m²	按设计图示尺寸以面积计算。门洞、空圈、暖气包槽、壁龛的开口部分并入相应的工程量内	1. 基层清理 2. 抹找平层 3. 面层铺设、磨边 4. 嵌缝 5. 刷防护材料 6. 酸洗、打蜡 7. 材料运输
011102002	碎石材楼地面				
011102003	块料楼地面	1. 找平层厚度、砂浆配合比 2. 结合层厚度、砂浆配合比 3. 面层材料品种、规格、颜色 4. 嵌缝材料种类 5. 防护层材料种类 6. 酸洗、打蜡要求			

注：1. 在描述碎石材项目的面层材料特征时可不用描述规格、品牌、颜色。

2. 石材、块料与黏结材料的结合面刷防渗材料的种类在防护层材料种类中描述。

3. 本表工作内容中的"磨边"指施工现场磨边，本书"工作内容"一项中涉及的"磨边"含义同此条。

表 4-4　橡塑面层（编码：011103）

项目编码	项目名称	项目特征	计量单位	工程量计算规则	工程内容
011103001	橡胶板楼地面	1. 黏结层厚度、材料种类 2. 面层材料品种、规格、颜色 3. 压线条种类	m²	按设计图示尺寸以面积计算。门洞、空圈、暖气包槽、壁龛的开口部分并入相应的工程量内	1. 基层清理 2. 面层铺贴 3. 压缝条装钉 4. 材料运输
011103002	橡胶板卷材楼地面				
011103003	塑料板楼地面				
011103004	塑料卷材楼地面				

注：本表项目中如涉及找平层，另按表4-2中"找平层"的项目编码列项。

4. 其他材料面层

其他材料面层工程量清单项目的设置、项目特征描述的内容、计量单位、工程量计算规则应按表4-5的规定执行。

表 4-5　其他材料面层（编码：011104）

项目编码	项目名称	项目特征	计量单位	工程量计算规则	工程内容
011104001	地毯楼地面	1. 面层材料品种、规格、颜色 2. 防护材料种类 3. 黏结材料种类 4. 压线条种类	m²	按设计图示尺寸以面积计算。门洞、空圈、暖气包槽、壁龛的开口部分并入相应的工程量内	1. 基层清理 2. 铺贴面层 3. 刷防护材料 4. 装钉压条 5. 材料运输
011104002	竹、木（复合）地板	1. 龙骨材料种类、规格、铺设间距 2. 基层材料种类、规格 3. 面层材料品种、规格、颜色 4. 防护材料种类			1. 基层清理 2. 龙骨铺设 3. 基层铺设 4. 面层铺贴 5. 刷防护材料 6. 材料运输
011104003	金属复合地板				
011104004	防静电活动地板	1. 支架高度、材料种类 2. 面层材料品种、规格、颜色 3. 防护材料种类			1. 基层清理 2. 固定支架安装 3. 活动面层安装 4. 刷防护材料 5. 材料运输

5. 踢脚线

踢脚线工程量清单项目的设置、项目特征描述的内容、计量单位、工程量计算规则应按表 4-6 的规定执行。

表 4-6　踢脚线（编码：011105）

项目编码	项目名称	项目特征	计量单位	工程量计算规则	工程内容
011105001	水泥砂浆踢脚线	1. 踢脚线高度 2. 底层厚度、砂浆配合比 3. 面层厚度、砂浆配合比	1. m² 2. m	1. 按设计图示长度乘高度以面积计算 2. 按延长米计算	1. 基层清理 2. 底层和面层抹灰 3. 材料运输
011105002	石材踢脚线	1. 踢脚线高度 2. 粘贴层厚度、材料种类 3. 面层材料品种、规格、颜色 4. 防护材料种类			1. 基层清理 2. 底层抹灰 3. 面层铺贴、磨边 4. 擦缝 5. 磨光、酸洗、打蜡 6. 刷防护材料 7. 材料运输
011105003	块料踢脚线				
011105004	塑料板踢脚线	1. 踢脚线高度 2. 黏结层厚度、材料种类 3. 面层材料种类、规格、颜色			1. 基层清理 2. 基层铺贴 3. 面层铺贴 4. 材料运输
011105005	木质踢脚线	1. 踢脚线高度 2. 基层材料种类、规格 3. 面层材料品种、规格、颜色			
011105006	金属踢脚线				
011105007	防静电踢脚线				

注：石材、块料与黏结材料的结合面刷防渗材料的种类在防护层材料种类中描述。

6. 楼梯面层

楼梯面层工程量清单项目的设置、项目特征描述的内容、计量单位、工程量计算规则应按表 4-7 的规定执行。

表 4-7　楼梯面层（编码：011106）

项目编码	项目名称	项目特征	计量单位	工程量计算规则	工程内容
011106001	石材楼梯面层	1. 找平层厚度、砂浆配合比 2. 贴结层厚度、材料种类 3. 面层材料的品种、规格、颜色 4. 防滑条材料种类、规格 5. 勾缝材料种类 6. 防护层材料种类 7. 酸洗、打蜡要求		按设计图示尺寸以楼梯（包括踏步、休息平台及≤500mm 的楼梯井）水平投影面积计算。楼梯与楼地面相连时，算至梯口梁内侧边沿；无梯口梁者，算至最上一层踏步边沿加 300mm	1. 基层清理 2. 抹找平层 3. 面层铺贴、磨边 4. 贴嵌防滑条 5. 勾缝 6. 刷防护材料 7. 酸洗、打蜡 8. 材料运输
011106002	块料楼梯面层	1. 找平层厚度、砂浆配合比 2. 贴结层厚度、材料种类 3. 面层材料的品种、规格、颜色 4. 防滑条材料种类、规格 5. 勾缝材料种类 6. 防护层材料种类 7. 酸洗、打蜡要求	m²		1. 基层清理 2. 抹找平层 3. 面层铺贴、磨边 4. 贴嵌防滑条 5. 勾缝 6. 刷防护材料 7. 酸洗、打蜡 8. 材料运输
011106003	拼碎块料面层				
011106004	水泥砂浆楼梯面层	1. 找平层厚度、砂浆配合比 2. 面层厚度、砂浆配合比 3. 防滑条材料种类、规格			1. 基层清理 2. 抹找平层 3. 抹面层 4. 抹防滑条 5. 材料运输

续表

项目编码	项目名称	项目特征	计量单位	工程量计算规则	工程内容
011106005	现浇水磨石楼梯面层	1. 找平层厚度、砂浆配合比 2. 面层厚度、水泥石子浆配合比 3. 防滑条材料种类、规格 4. 石子种类、规格、颜色 5. 颜料种类、颜色 6. 磨光、酸洗、打蜡要求	m²	按设计图示尺寸以楼梯(包括踏步、休息平台及≤500mm的楼梯井)水平投影面积计算。楼梯与楼地面相连时,算至梯口梁内侧边沿;无梯口梁者,算至最上一层踏步边沿加300mm	1. 基层清理 2. 抹找平层 3. 抹面层 4. 贴嵌防滑条 5. 磨光、酸洗、打蜡 6. 材料运输
011106006	地毯楼梯面层	1. 基层种类 2. 面层材料的品种、规格、颜色 3. 防护材料种类 4. 黏结材料种类 5. 固定配件材料种类、规格			1. 基层清理 2. 铺贴面层 3. 固定配件安装 4. 刷防护材料 5. 材料运输
011106007	木板楼梯面层	1. 基层材料种类、规格 2. 面层材料的品种、规格、颜色 3. 黏结材料种类 4. 防护材料种类			1. 基层清理 2. 基层铺贴 3. 面层铺贴 4. 刷防护材料 5. 材料运输
011106008	橡胶板楼梯面层	1. 黏结层厚度、材料种类 2. 面层材料的品种、规格、颜色 3. 压线条种类			1. 基层清理 2. 面层铺贴 3. 压缝条装钉 4. 材料运输
011106009	塑料板楼梯面层				

注:1. 在描述碎石材项目的面层材料特征时可不用描述规格、品牌、颜色。

2. 石材、块料与粘接材料的结合面刷防渗材料的种类在防护层材料种类中描述。

7. 台阶装饰

台阶装饰工程量清单项目的设置、项目特征描述的内容、计量单位、工程量计算规则应按表4-8的规定执行。

表4-8　台阶装饰(编码:011107)

项目编码	项目名称	项目特征	计量单位	工程量计算规则	工程内容
011107001	石材台阶面	1. 找平层厚度、砂浆配合比 2. 黏结层材料种类 3. 面层材料品种、规格、颜色 4. 勾缝材料种类 5. 防滑条材料种类、规格 6. 防护材料种类	m²	按设计图示尺寸以台阶(包括最上层踏步边沿加300mm)水平投影面积	1. 基层清理 2. 抹找平层 3. 面层铺贴 4. 贴嵌防滑条 5. 勾缝 6. 刷防护材料 7. 材料运输
011107002	块料台阶面				
011107003	拼碎块料台阶面				
011107004	水泥砂浆台阶面	1. 找平层厚度、砂浆配合比 2. 面层厚度、砂浆配合比 3. 防滑条材料种类			1. 基层清理 2. 抹找平层 3. 抹面层 4. 抹防滑条 5. 材料运输
011107005	现浇水磨石台阶面	1. 找平层厚度、砂浆配合比 2. 面层厚度、水泥石子浆配合比 3. 防滑条材料种类、规格 4. 石子种类、规格、颜色 5. 颜料种类、颜色 6. 磨光、酸洗、打蜡要求	m²	按设计图示尺寸以台阶(包括最上层踏步边沿加300mm)水平投影面积	1. 清理基层 2. 抹找平层 3. 抹面层 4. 贴嵌防滑条 5. 打磨、酸洗、打蜡 6. 材料运输
011107006	剁假石台阶面	1. 找平层厚度、砂浆配合比 2. 面层厚度、砂浆配合比 3. 剁假石要求			1. 清理基层 2. 抹找平层 3. 抹面层 4. 剁假石 5. 材料运输

注:1. 在描述碎石材项目的面层材料特征时可不用描述规格、品牌、颜色。

2. 石材、块料与粘接材料的结合面刷防渗材料的种类在防护层材料种类中描述。

8. 零星装饰项目

工程量清单项目的设置、项目特征描述的内容、计量单位、工程量计算规则应按表 4-9 的规定执行。

表 4-9 台阶装饰（编码：011108）

项目编码	项目名称	项目特征	计量单位	工程量计算规则	工程内容
011108001	石材零星项目	1. 工程部位 2. 找平层厚度、砂浆配合比 3. 贴结合层厚度、材料种类 4. 面层材料品种、规格、颜色 5. 勾缝材料种类 6. 防护材料种类 7. 酸洗、打蜡要求	m²	按设计图示尺寸以面积计算	1. 清理基层 2. 抹找平层 3. 面层铺贴、磨边 4. 勾缝 5. 刷防护材料 6. 酸洗、打蜡 7. 材料运输
011108002	拼碎石材零星项目				
011108003	块料零星项目				
011108004	水泥砂浆零星项目	1. 工程部位 2. 找平层厚度、砂浆配合比 3. 面层厚度、砂浆厚度			1. 清理基层 2. 抹找平层 3. 抹面层 4. 材料运输

注：1. 楼梯、台阶牵边和侧面镶贴块料面层，≤0.5m² 的少量分散的楼地面镶贴块料面层，应按本表执行。

2. 石材、块料与粘接材料的结合面刷防渗材料的种类在防护层材料种类中描述。

相关知识

楼地面工程量清单项目的内容说明

1. 水泥砂浆地面找平层

水泥砂浆地面是应用比较多的一种传统地面，优点是施工简便，造价低，坚固耐久。水泥砂浆优先选用硅酸盐水泥、普通硅酸盐水泥，骨料为中砂或粗砂。常用配合比为 1：2 水泥砂浆、1：2.5 水泥砂浆和 1：3 水泥砂浆。水泥砂浆是装饰工程中常用的地面找平层材料。

2. 天然石材项目

用于楼地面的天然石材主要是指天然大理石和天然花岗石。

（1）天然大理石石材和花岗石石材（表 4-10）

表 4-10 天然大理石和花岗石石材

项 目	说 明
天然大理石石材	天然大理石是含有白云岩、石灰岩、石英岩等岩层，在地温地压作用下，使矿物结晶重新变质而形成的石材，最早以我国云南大理县所产石材最优而得名。它具有组织结构细密、质地坚实平整、抗压性强、色彩鲜艳、吸水率小等优点，但易受酸、碱、盐类物质腐蚀，化学稳定性较差，故不适宜室外装饰工程 　　天然大理石经过选料、锯切、磨平、抛光等工序，加工制成一定标准的块材后即成为天然大理石石材。大理石因其所含各种杂质不同，又有不同等级之分。纯白色大理石为最优，其质地晶莹纯净，洁白如玉，一般称为"汉白玉"。其他因含有碳而呈黑色，含氧化铁而呈玫瑰色或橘红色，含氧化铜、镍等而呈绿色等，因此有墨晶玉、朝霞红等各种不同称呼
天然花岗石石材	花岗岩是含有石英、长石、云母等主要矿物晶粒的火成岩，又称酸性结晶深层岩，俗称麻石。其优点是具有组织结构紧密、质地坚硬粗犷、抗压耐磨、吸水率小、抗冻耐风化、耐酸碱腐蚀等，故广泛用于室内外装饰工程 　　天然花岗岩经过选料、裁切、剁斧、打磨、磨平、抛光等工序，加工成符合一定规范标准要求后，即成为花岗岩石材。天然花岗岩一般有光面和麻面之分。花岗石也因其所含各种成分的不同，体现不同的色彩，如贵妃红、白石花、芝麻青、樱花红、芝麻黑等

（2）天然石材楼地面项目 天然石材楼地面项目分为楼地面、踢脚线、楼梯面、台阶、零星项目和石材处理等内容，详细内容见表 4-11。

表 4-11　天然石材楼地面项目

项　目	说　明
天然石材楼地面	石材楼地面是在地面垫层或楼板等基层面上，通过打扫冲洗干净后，将一定规格的石材按铺贴面积进行试排，确定石材拼缝纹路和锯切位置后，涂刷 10mm 厚的素水泥浆（损耗 1％），大理石抹 20mm（花岗岩抹 30mm）厚的 1∶3 水泥砂浆的黏结层（损耗 1％），铺砌石材包括切割修边（损耗 2％），待地面铺砌完成后，用棉纱头粘蘸白水泥擦缝，最后用锯木屑拖擦干净地面即可 　　当黏结层水泥砂浆配合比不同时，可调整砂浆单价；当黏结层砂浆厚度不同时，可按下面公式计算： 　　　　黏结层砂浆耗用量＝1m² ×砂浆厚度×（1＋砂浆损耗率） 　　石材楼地面又分为大规格石材（即周长 3200mm 以上）、小规格石材（即周长 3200mm 以内）、拼花石材、点缀石材、碎拼石材、零星项目等分项 　　①大小规格石材项目。石材楼地面项目必须明确石材规格，石材四边周长小于 3200mm 的，定额平均按 500mm×500mm 规格进行综合计算其所用工料；石材四边周长大于 3200mm 的，定额平均按 1000mm×1000mm 规格进行综合计算其所用工料。所以，楼地面所用石材应按定额相应项目执行。所用人工、材料和机械台班可以根据工程实际情况换算 　　在大规格石材和小规格石材中，又分为多色石材和单色石材。多色石材是指每块石材上有固定图案，相互之间可以进行有规律地拼图，故其用工量较单色石材稍多，单色石材是指每块石材之间的颜色没有相互拼色要求 　　大理石、花岗石石材楼地面的工程量，按室内实铺面积计算，即房间内墙净长乘以净宽的面积和门洞口所铺面积 　　②点缀石材项目。在大面积石材地面中，分散其间铺砌小于 0.015m² 面积（如小于 100mm×150mm 或小于 120mm×120mm 等）的其他颜色的小石材，作为点缀装饰而用的简单图案，称为点缀石材，按点缀石材的个数计算（定额中已考虑 1％的损耗），它在地面中所占面积可忽略不计，不予扣除 　　③拼花石材项目。拼花石材是指由若干块不同颜色或不同花纹的单块石材，组成一个带有整体拼花图案饰面的楼地面，这些花色图案多是预先设计配制好，然后在现场铺砌而成。多用于要求比较高的大厅、客厅等地面装饰，所以这种石材应是定型成品（定额中已考虑 1％的损耗），由厂家配套供应，施工现场进行拼装，它的铺砌用工远较一般石材要多 　　④碎拼石材项目。碎拼石材是利用石材的边角余料或破碎石片所铺砌的地面，这种碎片在铺砌时要求边角线用金刚石刀片切划整齐。碎拼地面的黏结层为 20mm 厚的 1∶3 水泥砂浆，用 1∶1.5 水泥砂浆勾缝，这种是用工多而用料廉价的地面
天然石材踢脚线	踢脚线又称踢脚板，它是保护内墙脚免被碰坏、踢撞、腐蚀、脏污等的保护层。一般高度是从地面向上 100～180mm（镶贴块料多为 150mm）。它的施工方法与楼地面基本一样 　　根据墙体立面形式的不同，踢脚线分为直、曲两种，即直立面墙用直形踢脚线，曲面墙用弧形踢脚线，按设计要求高度进行现场切割配制（定额中已考虑 2％的损耗），工程量按所需高度的面积计算 　　成品踢脚线是市场供应的定型石材产品（定额中已考虑 2％的损耗），它可以很大程度地减少现场切割配制用工量，因为是定型产品，故工程量按成品的长度计算 　　踢脚线黏结层材料分为胶黏剂和水泥砂浆。胶黏剂为大理石胶和 903 胶。大理石胶又称 ZB-103 胶（按 0.357kg/m²，损耗 5％），它无毒、耐碱、耐油，是一种与石材很好亲和性的胶液。903 胶又称超级瓷砖胶（按 0.381kg/m²，损耗 5％），它黏结性强、耐老化、耐腐蚀，与大理石胶配合使用能发挥更大作用。水泥砂浆黏结层为 12mm 厚的 1∶2 水泥砂浆（按 1％损耗）。成品踢脚线为 2.5mm 厚的 1∶1 水泥砂浆，若设计要求砂浆配合比不同时，砂浆单价可以调整
天然石材楼梯面层	楼地面面层的延续项目是石材楼梯面层，它可采用两种黏结方式：若用水泥砂浆黏结，基层为 20mm 厚的 1∶3 水泥砂浆（定额中已考虑 1％的损耗）；若用胶黏剂粘贴，所用大理石胶和 903 胶的用量与踢脚线一致，只是在编制定额时，为了预算方便，应将楼梯踏步立面的面积折算到平面面积中（即应按平面面积考虑 1.365 系数），以此简化计算楼梯工程量。楼梯工程量按楼梯水平投影面积计算，不扣除小于 500mm 梯井面积 　　楼梯项目分直形楼梯和弧形楼梯，均按水平投影面积计算 　　楼梯与走道、楼梯与平台连接时的分界线：无走道墙、有梯口梁的，以梯口梁为界，将梯口梁算到楼梯面积内；有走道墙的以墙边线分界；既无走道墙又无梯口梁的，以最上一层踏步棱向外 300mm 计算楼梯面积

续表

项　目	说　明
天然石材台阶面层	台阶石材饰面的粘贴也分水泥砂浆和胶黏剂。水泥砂浆黏结层厚度（20mm）与楼梯相同，胶黏剂粘贴层（大理石胶 0.357kg/m²，903 胶 0.381kg/m²）用量与踢脚线相同，但在编制定额时，已按平面面积考虑了 1.48 系数，以便于简化计算工程量（即将台阶踏步立面部分的面积算到平面面积内），统一按台阶的水平投影面积计算，不包括牵边。牵边平面和侧面装饰应另行按零星项目计算 当台阶与平台地面连接时，以台阶最上一层踏步棱向外 300mm 为分界线，分别计算台阶与平台的面积
天然石材零星项目面层	楼地面零星项目是指楼地面中装饰面积小于 1m² 的项目，如楼梯踏步的侧边、台阶的牵边、蹲台蹲脚、小便池、花池、池槽、独立柱的造型柱脚等 零星项目的饰面工程量按图示尺寸的实铺面积计算，石材用量定额已考虑 6% 的损耗。砂浆黏结层为 20mm 厚的 1：2.5 水泥砂浆（损耗 1%），胶黏剂用 903 胶，按 0.381kg/m³（损耗 5%）粘贴
天然石材处理项目	石材处理项目包括石材波打线（嵌边）、石材表面刷保护液、石材底面刷养护液等 ①石材波打线（嵌边）。波打线是指波及楼地面中窄条形石材镶贴的项目，一般俗称嵌边。石材用量定额已考虑 4% 的损耗，砂浆黏结层为 30mm 厚的 1：3 水泥砂浆。波打线与石材点缀是有区别的，波打线涉及的范围比较广，长度长，具有一定连续性连接，按嵌贴面积计算；点缀只是单个性的，一般不连续连接，按个数计算 ②石材表面刷保护液。为了保护光面石材的表面光洁度，避免石材表面因受到油渍、污迹、色汁等浸透而擦拭不掉，所以需要在其表面涂刷保护液，这主要是针对抛光面石材项目，按铺砌石材面积计算 ③石材底面刷养护液。天然石材都有一定的空隙，所以具有渗透的缺陷，对于厚度较薄或白色的石材，一般容易产生水泥砂浆中的灰浆汁渗透到石材表面，所以在铺贴前，需要在石材底面涂刷防渗水泥或聚酯防渗液以作保护，即定额中所述的养护液。由于石材所含杂质成分和加工面的光滑程度不同，其渗透程度也有所不同，一般深色和光滑面的抗渗性强，浅色和粗糙面的抗渗性弱，所以抗渗性强的养护液用得少些，抗渗性弱的养护液用得多些。涂刷养护液按石材深浅颜色和光滑程度，分别以铺贴面积计算

3. 水磨石项目

水磨石被广泛用于楼地面工程中的一般装修，它是在基层面打扫干净的基础上，先涂刷 1mm 厚的素水泥浆，用 3mm 玻璃条（也可用金属条）分隔成一定规格的若干方格，将白水泥或普通水泥、白色或彩色石子按 1：2.5 的比例用水拌和成石子浆（如果想做成彩色的可加色粉），浇筑到方格内振实抹平，待到七八成干时，用磨石机进行打磨，一般采用两浆三磨，即先粗磨后补刮水泥浆 1 遍（0.13kg/m²），二次打磨后再补浆 1 遍，合计用水泥为 0.13×2×1.02（损耗）＝0.265kg/m²，最后细磨而成。如果为镜面水磨石，应再打磨 1～2 遍。

对于水磨石的厚度，定额中普通水磨石按 15mm 厚，彩色镜面水磨石按 20mm 厚。水磨石楼地面项目，定额分为"带嵌条"和"带艺术型嵌条分色"两项。其中，带嵌条是为了与普通水磨石不带嵌条相区别，不带嵌条水磨石属于建筑工程的整体面层项目。带艺术型嵌条分色是指无论是艺术性嵌条，或者嵌条框内浇筑不同彩色石子浆，或者两者兼之同时操作，均可按这个项目执行。如果设计要求采用铜条者，可将玻璃条耗用量及其材料费减去，增加的金属条用量可平均按 2.3m/m² 计算，或者按嵌条实际长度，另行套用定额本节"分隔嵌条、防滑条"项目。

4. 人造大理石板项目

人造大理石板是以大理石碎料为主要材料，掺入适量石英砂、石粉等为骨料，用合成树脂、聚酯或水泥等为胶黏剂，加入适量颜料拌和后，经过浇注、加压、打磨、抛光、切割等加工程序而制成的板材。人造大理石板与天然大理石相比，结构更紧密、更耐酸碱、更耐磨损，但色彩纹理没有天然石材柔和。

人造大理石楼地面的石材用量，定额中已考虑 2% 的损耗。砂浆黏结层为 20mm 厚的 1∶3 水泥砂浆，大理石胶和 903 胶胶黏剂的使用与天然石材相同，但可以不涂刷养护液和保护液，在铺砌前放入水中浸透即可。

天然大理石和人造大理石的区别，可以很容易地从石材背面或侧面进行分辨。天然石材的材质很自然，纹理清晰一致；人造石材的材质属胶混型，质点细粒分布均匀，背面有明显浇注埂条。

5. 玻璃地砖项目

镭射玻璃又称激光玻璃，它是以钢化玻璃为基材，通过镭射激光处理，在玻璃背面构成了全息光栅或其他几何光栅，在不同角度的光线照射下，衍射出多样颜色光栅的特制玻璃。幻影玻璃是在镭射玻璃基础上经过特殊处理，使其光栅能够有所变幻的玻璃。这两种玻璃地砖都以钢化玻璃为基材，所以其强度可以与花岗岩相媲美。

玻璃地砖面层是用玻璃胶粘贴在平板基层面上或龙骨上，但要求基面必须平整。玻璃地砖规格按周长分为 2000mm 以内、2400mm 以内、3200mm 以内 3 个分项，定额中均已考虑 2% 的损耗。计算工程量时按实铺面积计算。

6. 陶瓷地砖项目

陶瓷地砖指彩釉砖、釉面砖。它是选用优质黏土，掺入一定比例的长石、石英、硅灰石等骨料，加水拌匀后用球磨机研磨成浆液，然后过筛滤渣，脱水干燥，入模成型为坯状，对坯料采用先素烧、施釉，再一次性入窑烧制而成。也可对坯料先施釉，再一次性入窑烧制而成。

陶瓷地砖因制作方便，生产规格品种很多。陶瓷地砖楼地面项目，定额按块料的四边周长，从 800mm 以内至 3200mm 以上，分为 7 个分项。其中，定额中对周长在 800mm 以内的已考虑 2% 的损耗，周长在 2400mm 以内的已考虑 2.5% 的损耗，周长在 2400mm 以上的已考虑 4% 的损耗。黏结层为 20mm 厚的 1∶3 水泥砂浆（损耗 2%）。

陶瓷地砖台阶已考虑 1.48 系数，楼梯已考虑 1.365 系数，零星项目等均已考虑 6% 的损耗，踢脚线已考虑 2% 的损耗。计算工程量时，台阶和楼梯按水平投影面积计算，踢脚线和零星项目按实贴面积计算。

7. 陶瓷锦砖项目

陶瓷锦砖俗称马赛克，它是用优质瓷土加适量着色水溶液捣制均匀，以半干入模压制为成型小方块，入窑高温焙烧而成，然后将小方块排列粘贴在 305.5mm×305.5mm 的方形牛皮纸上，此称为一联。施工时，将每联牛皮纸反贴在水泥砂浆黏结层上，待砂浆干硬后洗去牛皮纸，用白水泥勾缝即可。

陶瓷锦砖项目，定额中有楼地面水泥砂浆粘贴和水泥砂浆粘贴两个分项。其中，楼地面陶瓷锦砖已考虑 1.5% 的损耗。

当设计要求砂浆配合比与定额规定不同时，可以调整。

8. 缸砖项目

缸砖以前称为铺地砖，是 19 世纪初期用来作为铺砌厕所、厨房地面防潮的专用砖。它是用结构紧密的黏土胶泥，制作坯胎烧制而成，具有防滑、防潮的特点，是一种价廉实用的地砖。缸砖用于楼地面已考虑 1.5% 的损耗，用于其他楼梯已考虑 1.365 系数，用于台阶已考虑 1.48 系数，零星项目等均已考虑 6% 的损耗，用于踢脚线已考虑 5% 的损耗。计算工程量时，楼梯和台阶按水平投影面积计算，踢脚线和零星项目按实铺面积计算。

9. 水泥花砖、广场砖项目

水泥花砖、广场砖都是指带有一定几何形状的制品砖，详细内容见表 4-12。

表 4-12 水泥花砖、广场砖项目

项 目	说 明
水泥花砖	水泥花砖有彩色和无色之分。其中,彩色水泥花砖是以白水泥为主,按一定比例掺入颜料、石英砂等,用水搅拌均匀,然后入模、加压、养护而成;无色水泥花砖是以普通水泥为主,按一定比例掺入中粗砂,加水拌和均匀,入模、加压、养护而成 水泥花砖因制作简便、价格便宜、坚硬防滑及耐风吹雨打,所以被广泛用于室外地面台阶饰面,定额中已考虑 2% 的损耗。黏结层按 20mm 厚的 1∶3 水泥砂浆
广场砖	广场砖是以瓷土为主要材料,掺入硬质细骨料拌匀、入模压制成坯,然后高温焙烧而成。其防滑性能和抗折强度强于水泥花砖。多用于停车场和游乐广场等,铺砌时砖缝较大,一般为 15～20mm,用白水泥勾缝。黏结层按 30mm 厚 1∶3 水泥砂浆 广场砖项目分拼图案和不拼图案两个分项。其中,拼图案是指用砖拼成圆形等各种图案的地面。拼图案和不拼图案只有用砖多少的变化,其它不变

10. 分隔嵌条、防滑条、酸洗打蜡项目(表 4-13)

表 4-13 分隔嵌条、防滑条、酸洗打蜡项目

项 目	说 明
分隔嵌条	分隔嵌条是指用于水磨石和块料分隔的金属条,定额中只编制了铜嵌条。用于水磨石和块料分割的铜嵌条规格,定额长×高×厚=1200mm×15mm×2mm,定额中均已考虑 6% 的损耗。工程量计算按实嵌长度计算
防滑条	防滑条通常用于水磨石楼梯和台阶的踏步上,其表面均有顺长度方向的凸梗、凹槽,增加防滑能力。该项定额分为玻璃条型、铜嵌条型、铸铜条板型和青铜直角型、金刚砂、缸砖等,定额中均已考虑损耗
酸洗打蜡	在前面所述的各种石材块料中,都不包括酸洗打蜡的内容,酸洗打蜡应根据需要另外列项,单独按所需处理面积计算 酸洗打蜡是指石材块料铺砌完成后,为使颜色鲜艳,表面明亮光滑,将草酸洒到面层上,用棉纱头进行擦洗,除去油渍污迹后,再用清水冲洗干净,称为"酸洗";涂上蜡油,用棉纱头反复擦拭,使之光亮,称为"打蜡"。其中,楼地面草酸的用量按 0.01kg/m² 计算;蜡油按硬石蜡∶煤油∶松节油∶清油=1∶1.5∶0.2∶0.2 进行配制

11. 塑料、橡胶板项目

塑料板项目分为楼地面塑料板和踢脚线塑料板。它们按施工方法分为粘贴式和装配式。

(1)楼地面塑料板和橡胶板 见表 4-14。楼地面塑料板,根据其材质不同分为聚乙烯、聚氯乙烯、氯乙烯醋乙烯、聚氯-聚乙烯共聚等塑料板;按所注塑材质的不同分为半硬质板材(企口装配板)、软质板块(平口板)和软质塑料卷材。橡胶板是以合成橡胶为主的板材,通常用于需要绝缘和耐腐蚀的楼面。

表 4-14 楼地面塑料板和橡胶板

项 目	说 明
塑料平口板、橡胶板和塑料卷材	塑料平口板、橡胶板和塑料卷材采用塑料胶黏剂粘贴法进行施工,即先在基层上找基层缺口用石膏腻子补充,再刮平面腻子,用砂纸打磨平整,洁净后依板材规格按梅花点式涂胶进行粘贴 定额中,塑料平口板和橡胶板已考虑 2% 的损耗,塑料板材已考虑 10% 的损耗和搭接面积。塑料胶黏剂,定额中塑料平口板按 0.45kg/m² 计算,橡胶板按此增加 20% 楼地面工程量按实铺面积计算
塑料企口装配板	塑料企口装配板是在基层上安装预埋铁件,连接木龙骨,再将塑料板用木螺钉固定其上。定额中塑料企口地板已考虑 2% 的损耗。工程量按实铺面积计算

(2)塑料板踢脚线 塑料板踢脚线的施工分为平口板粘贴和企口板装配,施工方法与上述相同,只是粘贴法所用的腻子材料和胶黏剂等,均需按楼地面的用量增加 10%(即乘以

1.1系数)。工程量仍按实铺面积计算。

12. 地毯及附件项目

(1) 地毯 见表4-15。地毯按材质分为羊毛地毯和化纤地毯。羊毛地毯包括无纺织纯羊毛地毯和手工簇绒羊毛地毯。化纤地毯包括锦纶纤维地毯、腈纶纤维地毯、涤纶纤维地毯、丙纶纤维地毯和混纺纤维地毯等。它们都可用于楼地面和楼梯面的铺设。

表4-15 地毯

项 目	说 明
楼地面地毯	楼地面地毯的铺设方式分为不固定式和固定式两种 ①不固定式地毯。不固定式铺设是将地毯直接平铺,浮搁在基层面上。若有小块需拼整者,用烫带黏结。定额中不固定式地毯已考虑3%的损耗。楼地面地毯工程量按实铺面积计算 ②固定式地毯。固定式铺设是先将地毯按铺设面积的大小进行裁剪、拼接,用烫带粘贴成一整块,然后用胶黏剂将周边与基层面黏结,并用木卡条、钢钉将地毯固定在地面基层上,地毯四周外露边缘用铝收口条固定,门洞口边缘用铝压条固定 固定式地毯(定额中已考虑3%的损耗)分为不带垫和带垫两种。不带垫地毯是指地毯有正、反两面,反面胶贴有衬底,可直接铺在基层面上;带垫地毯是指在地毯下面先加铺一层地毯胶垫(可为塑料胶垫,也可为棉织毡垫,定额中已考虑10%的损耗)
楼梯面地毯	楼梯面地毯为固定式铺设,与楼地面地毯一样分不带垫和带垫两种,定额中已乘1.365系数。因此,其工程量按楼梯水平投影面积计算,扣除大于0.5mm梯井所占面积

(2) 地毯附件 地毯附件是指用于固定楼梯踏步上的地毯附件。因为楼梯踏步有阴阳两角,要使地毯固定,除底面铺设外,同时还需在正表面使用压板条或压辊条,将踏步阴角压住,并用螺钉固定。压板条和压辊条分铜质和不锈钢两种。地毯附件计算工程量,压板按长度计算;压辊以一道辊为一套,按套计算。

13. 木地板项目

木地板项目共分为木地板、竹地板、木踢脚线等内容。

(1) 木地板 见表4-16。木地板依其材质不同分为硬木不拼花地板、硬木拼花地板、硬木地板砖、长条复合地板、长条杉木和松木地板、软木地板等。

表4-16 木地板

项 目	说 明
硬木不拼花和拼花地板	硬木不拼花和拼花地板是指用硬木如榉木、栎木、核桃木、楠木等,制成300mm×50mm×20mm地板条成品,在施工现场进行拼装而成的地板。其中,拼花地板是将地板条拼装成正方格形、斜方格形和人字形等。不拼花地板则不作花饰要求,采用直条或横条拼接 板条侧面拼接的缝口分为凸凹槽的企口和无槽的平口。在硬木不拼花和拼花地板项目中,地面拼板均为成品,定额中均已考虑5%的损耗。拼板面层以下的结构分为铺在水泥地面上、铺在木楞上、铺在毛地板上 ①铺在水泥地面上。这种结构称为简易木地板,它是在清洁好的基层面上,将硬木地板按设计要求,用水胶粉和XY401胶直接粘贴到水泥面上。这一方法结构简单,价格较便宜,但地板容易受潮,使用寿命不太长久 ②铺在木楞上。这种结构称为龙骨单层地板。先将50mm×70mm的杉木锯材按硬木地板的规格铺成方格网,以预埋铁件固定在基层上,此称为木楞或木龙骨,再涂刷防腐臭油水,然后将地板按设计要求铺钉在木楞上。这种结构因地板与基层面留有一定空隙,不易受潮,使用寿命较长,脚感也较舒适 ③铺在毛地板上。这种结构称为龙骨双层地板,它是在铺好木楞龙骨、涂刷防腐臭油水的基础上,铺钉一层厚25mm的松木板,并涂刷氟化钠防腐剂,此层称为毛地板。铺一层油毡(或油纸)做防潮隔离层,最后拼铺硬木地板。这是一种高级地板,其耐久性和舒适度都强于以上两种地板 以上木地板工程量按实铺面积计算。当设计要求木地板所用木材规格与定额规定不同时,定额含量和单价均可以调整。木楞和毛地板的数量可按实际用量调整

续表

项　目	说　明
硬木地板砖	硬木地板砖是硬木不拼花地板的加厚产品,其厚度一般在 20mm 以上,它同硬木拼板一样也是成品,采用企口缝或平口缝拼接 硬木地板砖的结构分为铺在水泥地面上和铺在毛地板上(双层)两种。具体做法与硬木拼花地板相同,只是对"铺在毛地板上(双层)"做法中,免去了木楞龙骨,将毛地板直接铺在基层面上,用预埋铁件固定,然后铺钉硬木地板砖。因此,除了无需使用杉木锯外,其它均与硬木拼花地板相同 铺钉硬木地板砖的工程量按实铺面积计算,定额中已考虑 5% 的损耗
长条复合地板	复合地板是以木质废料经切割、粗磨、精磨、施防水剂、浇注加压、成型干燥等处理制成中密度纤维板后,再用耐磨塑料面板施胶压合而成。因该板常做成 1200mm×190mm×10mm 条板规格的成品,因此称为"长条复合地板"。复合地板侧面有拼缝锁口槽,涂刷胶液后相互咬合紧密,所以拼装后整体性很强。它可以直接铺在水泥地面上,也可以铺在木楞龙骨或毛地板上 复合地板的工程量按实铺面积计算,定额中已考虑 5% 的损耗
长条杉木地板、长条松木地板	长条杉木、松木地板和长条硬木地板均称为实木地板。它是用松、杉原木板材经锯裁、干燥、刨光等处理而制成的产品,因此称为实木地板 松木地板、长条杉木的成品规格通常为 600(或 900)mm×90mm×14mm,侧面拼缝可做成企口或平口。这两种地板均可采用铺钉在木龙骨上和铺钉在龙骨毛地板上的方法。其中,木龙骨为 50mm×70mm 杉木锯材,毛地为 25mm 厚松木锯材,具体做法与上述硬木拼花地板铺在木楞和毛地板上相同 松木地板、长条杉木地板的工程量按实铺面积计算,定额中已考虑 5% 的损耗
软木地板	软木是用栓树皮粉碎加工而成的。软木地板分为软木橡胶地板和树脂软木地板。其中,软木橡胶地板是由软木与橡胶胶合而成,它有一定的耐压硬度和较强的可变弹性;树脂软木地板是由合成树脂和软木胶合而成,它有较高的耐磨强度和较好的柔韧性 软木地板多用于适应弹性缓冲、防震、隔声等楼地面。这种地板多制成方块形,如 300mm×300mm×(5~15)mm,常铺在木楞龙骨毛地板上,所以一般为双层木地板 软木地板工程量按实铺面积计算,定额中已考虑 5% 的损耗

(2) 竹地板　竹地板是用竹片加工成平整的薄片为基材,用脲醛树脂胶为胶黏剂,经高压高温层层胶合而成,它具有防蛀、防潮等特点。竹地板一般直接用水胶粉和 XY401 胶粘贴在水泥基层面上。

(3) 木踢脚线　木踢脚线是保护内墙脚免被碰坏、踢撞、脏污、腐蚀等的保护层,直面墙用直形木踢脚线,曲面墙用弧形木踢脚线。其线板材料通常使用不易变形的材质制成,如橡木夹板、榉木板等。

木踢脚线的做法是,先在墙脚体内埋设涂刷了臭油水的杉木块,再按踢脚线高度铺钉 9mm 胶合板作为基层。如果用实木板作踢脚线,可以不铺基层板,然后将踢脚线板用胶黏剂粘贴到胶合板上。

地板工程量按实铺面积计算,成品木踢脚线按长度计算,定额中已考虑 5% 的损耗。

14. 防静电活动地板项目

防静电活动地板分为防静电活动地板、防静电地毯、踢脚线等内容。

(1) 防静电活动地板　防静电活动地板一般是厂家供应的配套成品。防静电活动地板是计算机房常用的地板,它由可调节支架、钢板横梁和防静电活动地板等组成,见图 4-1。因地板不使用螺钉或粘胶固定,以防止抗静电产生,所以称为防静电活动地板。防静电活动地板常用材质有木质地板和铝质地板。

防静电活动地板安装的工程量按实铺地板面积计算,定额中已考虑了相应的损耗。

(2) 防静电地毯　通常尼龙地毯抗静电性能最好,塑料地毯抗静电性能稍次,羊毛地毯抗静电性能较差,其它腈纶、涤纶、锦纶、丙纶和混纺等纤维地毯,抗静电性能最差。其工

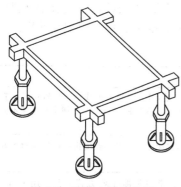

图 4-1　防静电活动地板

程量按实铺地毯面积计算，定额中已考虑了相应的损耗。

（3）踢脚线　此处踢脚线是指安装防静电活动地板周边墙脚的踢脚线，本项目只考虑踢脚板本身，用 903 胶粘贴在墙体基面上。所用踢脚板分为复合板、金属板和防静电板 3 种。其工程量按所铺长度乘以高度的面积计算，定额中已考虑 2％的损耗。

15．栏杆、栏板、扶手项目

（1）栏杆、栏板　见表 4-17。栏杆、栏板是指栏杆扶手以下的部分，包括栏杆柱和柱间花饰及栏板。在栏杆、栏板项目中均已综合考虑了与扶手之间的衔接工料。依其材质分为铝合金栏杆、不锈钢管栏杆、圆铜管栏杆带钢化玻璃栏板、大理石栏板、铁花栏杆、木栏杆等。

表 4-17　栏杆、栏板

项　目	说　明
铝合金栏杆	铝合金栏杆分为带玻璃栏板的铝合金栏杆和不带栏板的铝合金栏杆 ①带玻璃栏板的铝合金栏杆。铝合金栏杆带玻璃栏板，又以栏板的玻璃大小分半玻和全玻。其中，栏板玻璃高宽小于 600mm 的按半玻计算，玻璃高宽大于 600mm 的按全玻计算。栏板玻璃分为有机玻璃、茶色玻璃和钢化玻璃 3 种，均采用 10mm 厚玻璃 有机玻璃它具有机械强度高、重量轻、耐热抗寒等优点，但其质地较脆，表面硬度不高，容易擦毛 茶色玻璃是在普通玻璃制作过程中，加入具有吸热性能的着色剂加工而成的玻璃，它具有吸热、防眩等特点 钢化玻璃是在高温制作普通平板玻璃的过程中，采用急速冷却，并用离子交换等处理方法而制成的特殊玻璃。它具有机械强度高，适应急剧温度变化，抗冲性能好等特点 ②不带栏板的铝合金栏杆。是只用铝合金方管型材拼接而成的栏杆 以上铝合金栏杆适用于走廊、楼梯、平台、阳台等的栏杆，其工程量按延长米计算。楼梯斜向长度，可简化按斜长的水平投影长乘以 1.15 折算成延长米计算
不锈钢管栏杆	不锈钢管栏杆也分为带玻璃栏板和不带玻璃栏板两种 ①带玻璃栏板的不锈钢管栏杆：不锈钢管栏杆带玻璃栏板的玻璃，只用 10mm 厚的有机玻璃和 10mm 厚的钢化玻璃，也分为半玻和全玻 不锈钢管栏杆所用的管材分 37mm×37mm 不锈钢方管和直径 50mm 的不锈钢圆管。如果设计要求的管材规格与定额规定不同时，单价与定额含量均可换算 ②不带玻璃栏板的不锈钢管栏杆：不带玻璃栏板的不锈钢管栏杆简称不锈钢管栏杆，它是用 30mm×1.5mm 不锈钢圆管焊接而成，依楼梯走道形式分为直线形栏杆、圆弧形栏杆和螺旋形栏杆 不锈钢管栏杆根据其拼花形式分为竖条式和其它式。竖条式是指栏杆形式为垂直杆件的条形花饰，而对带弧形或变向形花饰的栏杆形式均列为其它式 带栏板和不带栏板的不锈钢管栏杆，适用于走廊、楼梯、平台、阳台等的栏杆，其工程量均按延长米计算，其中有斜向长度的，其斜长可简化按其水平投影长乘以 1.15 折算为延长米计算
圆铜管栏杆带钢化玻璃栏板	圆铜管栏杆带钢化玻璃栏板，是用 50mm×1.2mm 铜管为栏杆料、10mm 钢化玻璃为栏长料拼焊而成。栏杆分直线形和弧线形，栏板分半玻和全玻。它也适用于楼梯、走廊、阳台、平台等的栏杆，其工程量按延长米计算
大理石栏板	大理石栏板因其质比较重，通常多用作阳台、走廊、平台等建筑上的栏板。本项目只计算栏板本身部分，按栏板长度计算，不包括扶手
铁花栏杆	铁花栏杆是以某种钢材为主，焊接成带有花形的栏杆，分为型钢栏杆、钢筋栏杆和铸铁花栏杆。型钢栏杆是用 40mm×4mm、30mm×4mm 的扁铁、直径 18mm 的圆钢，焊接成带有花形的栏杆；钢筋栏杆是用直径 20mm、18mm 的圆钢等材料焊接成带有花形的栏杆；铸铁花栏杆是用 40mm×4mm、30mm×4mm 的扁铁为骨干材料，配以铸铁花而成的栏杆 铁花栏杆适用于走廊、楼梯、平台、阳台等处，其工程量按延长米计算
木栏杆	木栏杆分带花栏杆和不带花栏杆。其中，带花栏杆是指栏杆的木杆件带有弧线花形，不带花栏杆是指只用木杆件所组成的栏杆 木栏杆也适用于走廊、楼梯、平台、阳台等建筑，其工程量按延长米计算

（2）扶手、弯头　见表 4-18。扶手、弯头是整个栏杆最上面的结构，它是上述栏杆、栏板的配套项目。上面所述各种栏杆、栏板都可以和本部分相关扶手、弯头相配套使用。

表 4-18　扶手、弯头

项　目	说　明
不锈钢扶手、铜管扶手	用直径 60mm、75mm 的不锈钢管（或铜管）焊制而成的扶手，分直线形和弧线形。定额中已包括焊接所用的工料和损耗。其工程量按延长米计算。如果设计要求的钢（铜）管型材规格与定额不同时，单价与定额含量均可调整
铝合金扶手	它是用 100mm×44mm×1.8mm 铝合金扁管作为扶手，定额中已考虑了长度拼接所用的材料和损耗。其工程量按延长米计算
钢管扶手	钢管扶手分为圆管扶手和方管扶手。圆管扶手用直径 50mm 钢管焊接而成，方管扶手用 100mm×60mm 方钢管焊接而成。其工程量按延长米计算
大理石扶手	大理石扶手是用大理石板锯切、磨光而成。无论采用何种规格，工程量按延长米计算，单价与定额含量均可调整
硬木扶手	硬木扶手是用不易裂缝、不易变形的硬木刨光而成，其形式如图 4-2 所示。硬木扶手均不带托板，其托板工料应包括在相应的栏杆内。定额中只包括固定托板的木螺钉 硬木扶手分为直线形和弧线形，定额中的规格分为 150mm×60mm、100mm×60mm、60mm×60mm 三种。硬木扶手不分断面形状，其工程量按延长米计算
塑料扶手	塑料扶手一般由聚氯乙烯浇注而成，或者采用直径 60mm 的聚氯乙烯管制成，其工程量按延长米计算。无论采用何种塑料品种，单价与定额含量均可调整
螺旋形扶手	螺旋形扶手是为螺旋楼梯配套而制的扶手，分不锈钢扶手和硬木扶手。其工程量计算与螺旋栏杆相同
弯头	弯头是扶手转弯处的连接构件，依其材质分为不锈钢管、钢管、铜管、硬木和大理石等，它应与扶手的相应材质配套使用。其工程量按个数计算，垂直 90°转弯按一个计算，上下 180°转弯按两个计算
靠墙扶手	靠墙扶手是将扶手弯脚水平端埋入墙体内，上弯端悬于墙外，再将扶手固定在弯角上 靠墙扶手依其材质分为钢管、不锈钢、铝合金、硬木、塑料等，其工程量按延长米计算，定额中已包括埋塞扶手弯角的工料。当扶手规格不同时，单价与定额含量均可调整

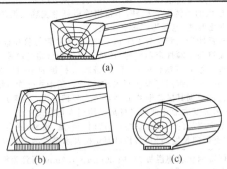

(a)

(b)　(c)

图 4-2　不易裂缝、不易变形的硬木

❧　例　题　❧

【例 4-1】　如图 4-3 所示为某工程底层平面图，已知地面为水磨石面层，踢脚线为150mm 高水磨石，试求地面的各项工程量。

【解】

（1）地面工程量

$(5-0.24)×(6.1-0.24)+(1.7-0.24)×(3.5-0.24)=32.65$（m²）

（2）踢脚线工程量

$(6.1-0.24+5-0.24)×2+(1.7-0.24+3.5-0.24)×2=30.68$（m²）

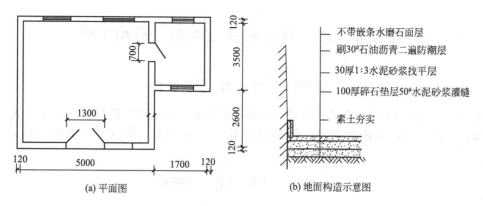

(a) 平面图　　　　　　　　　(b) 地面构造示意图

图 4-3　某工程底层平面图

清单工程量计算见表 4-19。

表 4-19　清单工程量计算表

序号	项目编码	项目名称	项目特征描述	工程量合计	计量单位
1	011102001001	石材楼地面	1. 找平层厚度、砂浆配合比:30mm 厚 1∶3 水泥砂浆找平 2. 面层材料品种:不带嵌条水磨石 3. 防护层材料种类:30# 石油沥青两遍防潮层	32.65	m²
2	011105002001	石材踢脚线	1. 踢脚线高度:150mm 2. 面层材料品种:不带嵌条水磨石 3. 防护层材料种类:30# 石油沥青两遍防潮层	30.68	m²

【例 4-2】　某花岗岩楼梯装饰面层示意图（有走道墙的楼梯）如图 4-4 所示，试计算花岗岩楼梯装饰面层及成品楼梯木踢脚线的工程量。

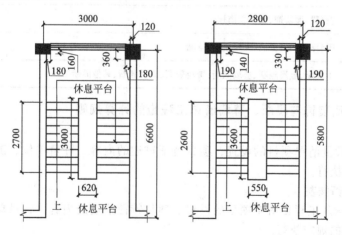

图 4-4　花岗岩楼梯装饰面层

【解】

（1）楼梯花岗岩面积

5.8×(2.8−0.12×2)−0.14×0.19−0.33×0.19−0.55×3.6＝12.78（m²）

（2）成品木踢脚线工程量

(5.8−2.6)×2＋2.6×1.15×2＋(2.8−0.12×2)＝14.94（m）

第2节 墙、柱面装饰与隔断、幕墙工程

要 点

共 10 个分部、35 个分项工程项目，包括墙面抹灰、柱（梁）面抹灰、零星抹灰、墙面块料面层、柱（梁）面镶贴块料、镶贴零星块料、墙饰面、柱（梁）饰面、幕墙工程、隔断。

解 释

一、墙、柱面装饰与隔断、幕墙工程量清单项目的划分

清单项目的划分，见表 4-20。

表 4-20 墙、柱面装饰与隔断、幕墙工程量清单项目的划分

项 目	项 目 分 项
墙面抹灰	墙面一般抹灰、墙面装饰抹灰、墙面勾缝、立面砂浆找平层
柱(梁)面抹灰	柱、梁面一般抹灰，柱、梁面装饰抹灰，柱、梁面砂浆找平，柱、梁面勾缝
零星抹灰	零星项目一般抹灰、零星项目装饰抹灰、零星项目砂浆找平
墙面块料面层	石材墙面、拼碎石材墙面、块料墙面、干挂石材钢骨架
柱(梁)面镶贴块料	石材柱面、块料柱面、拼碎块柱面、石材梁面、块料梁面
镶贴零星块料	石材零星项目、块料零星项目、拼碎块零星项目
墙饰面	墙面装饰板、墙面装饰浮雕
柱(梁)饰面	柱(梁)面装饰、成品装饰柱
幕墙	带骨架幕墙、全玻(无框玻璃)幕墙
隔断	木隔断、金属隔断、玻璃隔断、塑料隔断、成品隔断、其他隔断

二、墙、柱面装饰与隔断、幕墙清单工程量的计算规则

1. 墙面抹灰

墙面抹灰工程量清单项目的设置、项目特征描述的内容、计量单位、工程量计算规则应按表 4-21 的规定执行。

2. 柱（梁）面抹灰

柱（梁）面抹灰工程量清单项目的设置、项目特征描述的内容、计量单位、工程量计算规则应按表 4-22 的规定执行。

3. 零星抹灰

零星抹灰工程量清单项目的设置、项目特征描述的内容、计量单位、工程量计算规则应按表 4-23 的规定执行。

4. 墙面块料面层

墙面块料面层工程量清单项目的设置、项目特征描述的内容、计量单位、工程量计算规则应按表 4-24 的规定执行。

表 4-21 墙面抹灰（编码：011201）

项目编码	项目名称	项目特征	计量单位	工程量计算规则	工程内容
011201001	墙面一般抹灰	1. 墙体类型 2. 底层厚度、砂浆配合比 3. 面层厚度、砂浆配合比	m²	按设计图示尺寸以面积计算。扣除墙裙、门窗洞口及单个>0.3m²的孔洞面积，不扣除踢脚线、挂镜线和墙与构件交接处的面积，门窗洞口和孔洞的侧壁及顶面不增加面积。附墙柱、梁、垛、烟囱侧壁并入相应的墙面面积内	1. 基层清理 2. 砂浆制作、运输 3. 底层抹灰 4. 抹面层 5. 抹装饰面 6. 勾分格缝
011201002	墙面装饰抹灰	4. 装饰面材料种类 5. 分格缝宽度、材料种类		1. 外墙抹灰面积按外墙垂直投影面积计算 2. 外墙裙抹灰面积按其长度乘以高度计算 3. 内墙抹灰面积按主墙间的净长乘以高度计算	
011201003	墙面勾缝	1. 墙体类型 2. 找平的砂浆厚度、配合比	m²	(1)无墙裙的，高度按室内楼地面至天棚底面计算 (2)有墙裙的，高度按墙裙顶至天棚底面计算	1. 基层清理 2. 砂浆制作、运输 3. 勾缝
011201004	立面砂浆找平层	1. 墙体类型 2. 勾缝材料种类		(3)有吊顶天棚抹灰，高度算至天棚底 4. 内墙裙抹灰面按内墙净长乘以高度计算	1. 基层清理 2. 砂浆制作、运输 3. 抹灰找平

注：1. 立面砂浆找平项目适用于仅做找平层的立面抹灰。

2. 墙面抹石灰砂浆、水泥砂浆、混合砂浆、聚合物水泥砂浆、麻刀石灰浆、石膏灰浆等按本表中墙面一般抹灰列项；墙面水刷石、斩假石、干粘石、假面砖等按本表中墙面装饰抹灰列项。

3. 飘窗凸出外墙面增加的抹灰并入外墙工程量内。

4. 有吊顶天棚的内墙面抹灰，抹至吊顶以上部分在综合单价中考虑。

表 4-22 柱（梁）面抹灰（编码：011202）

项目编码	项目名称	项目特征	计量单位	工程量计算规则	工程内容
011202001	柱、梁面一般抹灰	1. 柱体类型 2. 底层厚度、砂浆配合比 3. 面层厚度、砂浆配合比	m²	1. 柱面抹灰：按设计图示柱断面周长乘高度以面积计算 2. 梁面抹灰：按设计图示梁断面周长乘长度以面积计算	1. 基层清理 2. 砂浆制作、运输 3. 底层抹灰 4. 抹面层 5. 勾分格缝
011202002	柱、梁面装饰抹灰	4. 装饰面材料种类 5. 分格缝宽度、材料种类			
011202003	柱、梁面砂浆找平	1. 柱体类型 2. 找平的砂浆厚度、配合比			1. 基层清理 2. 砂浆制作、运输 3. 抹灰找平
011202004	柱、梁面勾缝	1. 勾缝类型 2. 勾缝材料种类		按设计图示柱断面周长乘高度以面积计算	1. 基层清理 2. 砂浆制作、运输 3. 勾缝

注：1. 砂浆找平项目适用于仅做找平层的柱（梁）面抹灰。

2. 柱（梁）面抹石灰砂浆、水泥砂浆、混合砂浆、聚合物水泥砂浆、麻刀石灰浆、石膏灰浆等按本表中"柱（梁）面一般抹灰"编码列项；柱（梁）面水刷石、斩假石、干粘石、假面砖等按本表中"柱（梁）面装饰抹灰"的项目编码列项。

表 4-23　零星抹灰（编码：011203）

项目编码	项目名称	项目特征	计量单位	工程量计算规则	工程内容
011203001	零星项目一般抹灰	1. 墙体类型 2. 底层厚度、砂浆配合比 3. 面层厚度、砂浆配合比	m²	按设计图示尺寸以面积计算	1. 基层清理 2. 砂浆制作、运输 3. 底层抹灰
011203002	零星项目装饰抹灰	4. 装饰面材料种类 5. 分格缝宽度、材料种类			4. 抹面层 5. 抹装饰面 6. 勾分格缝
011203003	零星项目砂浆找平	1. 基层类型 2. 找平的砂浆厚度、配合比			1. 基层清理 2. 砂浆制作、运输 3. 抹灰找平

注：1. 零星项目抹石灰砂浆、水泥砂浆、混合砂浆、聚合物水泥砂浆、麻刀石灰浆、石膏灰浆等按本表中"零星项目一般抹灰"的编码列项，水刷石、斩假石、干粘石、假面砖等按本表中零星项目装饰抹灰编码列项。

2. 墙、柱（梁）面≤0.5m²的少量分散的抹灰按本表中"零星抹灰"的项目编码列项。

表 4-24　墙面块料面层（编码：011204）

项目编码	项目名称	项目特征	计量单位	工程量计算规则	工程内容
011204001	石材墙面	1. 墙体类型 2. 安装方式	m²	按镶贴表面积计算	1. 基层清理 2. 砂浆制作、运输 3. 黏结层铺贴
011204002	拼碎石材墙面	3. 面层材料品种、规格、颜色 4. 缝宽、嵌缝材料种类 5. 防护材料种类 6. 磨光、酸洗、打蜡要求			4. 面层安装 5. 嵌缝 6. 刷防护材料 7. 磨光、酸洗、打蜡
011204003	块料墙面				
011204004	干挂石材钢骨架	1. 骨架种类、规格 2. 防锈漆品种遍数	t	按设计图示以质量计算	1. 骨架制作、运输、安装 2. 刷漆

注：1. 在描述碎块项目的面层材料特征时可不用描述规格、品牌、颜色。

2. 石材、块料与粘接材料的结合面刷防渗材料的种类在防护层材料种类中描述。

5. 柱（梁）面镶贴块料

柱（梁）面镶贴块料工程量清单项目的设置、项目特征描述的内容、计量单位、工程量计算规则应按表 4-25 的规定执行。

表 4-25　柱（梁）面镶贴块料（编码：011205）

项目编码	项目名称	项目特征	计量单位	工程量计算规则	工程内容
011205001	石材柱面	1. 柱截面类型、尺寸 2. 安装方式	m²	按镶贴表面积计算	1. 基层清理 2. 砂浆制作、运输 3. 黏结层铺贴 4. 面层安装 5. 嵌缝 6. 刷防护材料 7. 磨光、酸洗、打蜡
011205002	块料柱面	3. 面层材料品种、规格、颜色 4. 缝宽、嵌缝材料种类 5. 防护材料种类 6. 磨光、酸洗、打蜡要求			
011205003	拼碎块柱面				
011205004	石材梁面	1. 安装方式 2. 面层材料品种、规格、颜色 3. 缝宽、嵌缝材料种类 4. 防护材料种类 5. 磨光、酸洗、打蜡要求			
011205005	块料梁面				

注：1. 在描述碎块项目的面层材料特征时可不用描述规格、品牌、颜色。

2. 石材、块料与粘接材料的结合面刷防渗材料的种类在防护层材料种类中描述。

3. 柱梁面干挂石材的钢骨架按表 4-23 相应项目编码列项。

6. 镶贴零星块料

镶贴零星块料工程量清单项目的设置、项目特征描述的内容、计量单位、工程量计算规则应按表4-26的规定执行。

表4-26　镶贴零星块料（编码：011206）

项目编码	项目名称	项目特征	计量单位	工程量计算规则	工程内容
011206001	石材零星项目	1. 基层类型、部位 2. 安装方式 3. 面层材料品种、规格、颜色 4. 缝宽、嵌缝材料种类 5. 防护材料种类 6. 磨光、酸洗、打蜡要求	m²	按镶贴表面积计算	1. 基层清理 2. 砂浆制作、运输 3. 面层安装 4. 嵌缝 5. 刷防护材料 6. 磨光、酸洗、打蜡
011206002	块料零星项目				
011206003	拼碎块零星项目				

注：1. 在描述碎块项目的面层材料特征时可不用描述规格、品牌、颜色。

2. 石材、块料与粘接材料的结合面刷防渗材料的种类在防护层材料种类中描述。

3. 零星项目干挂石材的钢骨架按表4-23相应项目编码列项。

4. 墙柱面≤0.5m² 的少量分散的镶贴块料面层应按零星项目执行。

7. 墙饰面

墙饰面工程量清单项目的设置、项目特征描述的内容、计量单位、工程量计算规则应按表4-27的规定执行。

表4-27　墙饰面（编码：011207）

项目编码	项目名称	项目特征	计量单位	工程量计算规则	工程内容
011207001	墙面装饰板	1. 龙骨材料种类、规格、中距 2. 隔离层材料种类、规格 3. 基层材料种类、规格 4. 面层材料品种、规格、颜色 5. 压条材料种类、规格	m²	按设计图示墙净长乘净高以面积计算。扣除门窗洞口及单个＞0.3m² 的孔洞所占面积	1. 基层清理 2. 龙骨制作、运输、安装 3. 钉隔离层 4. 基层铺钉 5. 面层铺贴
011207002	墙面装饰浮雕	1. 基层类型 2. 浮雕材料种类 3. 浮雕样式		按设计图示尺寸以面积计算	1. 基层清理 2. 材料制作、运输 3. 安装成型

8. 柱（梁）饰面

柱（梁）饰面工程量清单项目的设置、项目特征描述的内容、计量单位、工程量计算规则应按表4-28的规定执行。

表4-28　柱（梁）饰面（编码：011208）

项目编码	项目名称	项目特征	计量单位	工程量计算规则	工程内容
011208001	柱（梁）面装饰	1. 龙骨材料种类、规格、中距 2. 隔离层材料种类 3. 基层材料种类、规格 4. 面层材料品种、规格、颜色 5. 压条材料种类、规格	m²	按设计图示饰面外围尺寸以面积计算。柱帽、柱墩并入相应柱饰面工程量内	1. 清理基层 2. 龙骨制作、运输、安装 3. 钉隔离层 4. 基层铺钉 5. 面层铺贴
011208002	成品装饰柱	1. 柱截面、高度尺寸 2. 柱材质	1. 根 2. m	1. 以根计算，按设计数量计算 2. 以米计算，按设计长度计算	柱运输、固定、安装

9. 幕墙工程

幕墙工程工程量清单项目的设置、项目特征描述的内容、计量单位、工程量计算规则应按表 4-29 的规定执行。

表 4-29 幕墙工程（编码：011209）

项目编码	项目名称	项目特征	计量单位	工程量计算规则	工程内容
011209001	带骨架幕墙	1. 骨架材料种类、规格、中距 2. 面层材料品种、规格、颜色 3. 面层固定方式 4. 隔离带、框边封闭材料品种、规格 5. 嵌缝、塞口材料种类	m²	按设计图示框外围尺寸以面积计算。与幕墙同种材质的窗所占面积不扣除	1. 骨架制作、运输、安装 2. 面层安装 3. 隔离带、框边封闭 4. 嵌缝、塞口 5. 清洗
011209002	全玻（无框玻璃）幕墙	1. 玻璃品种、规格、颜色 2. 黏结塞口材料种类 3. 固定方式		按设计图示尺寸以面积计算。带肋全玻幕墙按展开面积计算	1. 幕墙安装 2. 嵌缝、塞口 3. 清洗

注：幕墙钢骨架按表 4-23 干挂石材钢骨架编码列项。

10. 隔断

隔断工程量清单项目的设置、项目特征描述的内容、计量单位、工程量计算规则应按表 4-30 的规定执行。

表 4-30 隔断（编码：011210）

项目编码	项目名称	项目特征	计量单位	工程量计算规则	工程内容
011210001	木隔断	1. 骨架、边框材料种类、规格 2. 隔板材料品种、规格、颜色 3. 嵌缝、塞口材料品种 4. 压条材料种类	m²	按设计图示框外围尺寸以面积计算。不扣除单个≤0.3m²的孔洞所占面积；浴厕门的材质与隔断相同时，门的面积并入隔断面积内	1. 骨架及边框制作、运输、安装 2. 隔板制作、运输、安装 3. 嵌缝、塞口 4. 装钉压条
011210002	金属隔断	1. 骨架、边框材料种类、规格 2. 隔板材料品种、规格、颜色 3. 嵌缝、塞口材料品种			1. 骨架及边框制作、运输、安装 2. 隔板制作、运输、安装 3. 嵌缝、塞口
011210003	玻璃隔断	1. 边框材料种类、规格 2. 玻璃品种、规格、颜色 3. 嵌缝、塞口材料种类	m²	按设计图示框外围尺寸以面积计算。不扣除单个≤0.3m²的孔洞所占面积	1. 边框制作、运输、安装 2. 玻璃制作、运输、安装 3. 嵌缝、塞口
011210004	塑料隔断	1. 边框材料种类、规格 2. 隔板材料品种、规格、颜色 3. 嵌缝、塞口材料品种			1. 骨架及边框制作、运输、安装 2. 隔板制作、运输、安装 3. 嵌缝、塞口
011210005	成品隔断	1. 隔断材料品种、规格、颜色 2. 配件品种、规格。	1. m² 2. 间	1. 按设计图示框外围尺寸以面积计算 2. 按设计间的数量以间计	1. 隔断运输、安装 2. 嵌缝、塞口
011210006	其他隔断	1. 骨架、边框材料种类、规格 2. 隔板材料品种、规格、颜色 3. 嵌缝、塞口材料品种	m²	按设计图示框外围尺寸以面积计算。不扣除单个≤0.3m²的孔洞所占面积	1. 骨架及边框安装 2. 隔板安装 3. 嵌缝、塞口

～ 相关知识 ～

墙、柱面装饰与隔断、幕墙工程量清单项目的内容说明

1. 装饰抹灰项目（表 4-31）

装饰抹灰是模仿石料材质效果的一种水泥砂浆抹灰。依其操作工艺不同，分为干粘石、水刷石、斩假石、甩毛灰、拉条灰、装饰抹灰分格嵌缝等。

表 4-31　装饰抹灰项目的内容说明

项　目	说　明
干粘石	将干石子粘到水泥砂浆面上，一般指干粘白石子、干粘玻璃碴。如果设计要求与定额规定不同时，仍按水刷石所述处理
水刷石	在水泥石子浆抹灰的基础上，用毛刷蘸水刷去表面水泥浆露出石子的一种施工工艺。水泥石子浆中的石子为豆石，被称为水刷豆石；当为白石子者称为"水刷白石子"；当为玻璃碴者称为"水刷玻璃碴" 如果设计砂浆、石子浆的配合比与定额规定不同时，可作换算调整；当厚度不同时，可按实际用量计算耗用量
斩假石	当水泥砂浆干硬后，用剁斧斩剁成假麻石面
甩毛灰、拉条灰	(1)甩毛灰，是指在水泥砂浆表面用扫帚蘸灰浆甩洒成毛面 (2)拉条灰，是指在水泥砂浆面上用木模子拉出条形凹槽
装饰抹灰分格嵌缝	此处嵌缝是指在上述装饰抹灰中，安装玻璃嵌缝分格条时所需的工料。玻璃条用量按每平方米抹灰面积用 $0.02m^2$ 玻璃计算（定额中已考虑 18% 的玻璃裁切损耗和 5% 的安装损耗） 分格是指在上述装饰抹灰的表面使用工具划出凹槽格条 上面所述内容多用于外墙柱面的装饰，其工程量按墙柱面垂直投影面积计算，扣除大于 $0.3m^2$ 的孔洞面积，洞口侧壁抹灰已考虑在定额中，不得另行计算

2. 镶贴块料面层项目

镶贴块料面层项目内容包括大理石、石材包圆柱面、花岗岩、钢骨架上干挂石板、挂贴石材零星项目、陶瓷锦砖、凹凸假麻石、瓷板文化石、面砖等。

（1）大理石镶贴项目　大理石和花岗岩都属于同一施工类型的装饰石材，其施工工艺分为挂贴大理石或花岗岩、拼碎大理石或花岗岩、粘贴大理石或花岗岩、干挂大理石或花岗岩等，具体内容见表 4-32 所示。

（2）花岗岩镶贴项目　花岗岩镶贴项目内容与大理石镶贴项目内容完全一样，具体参照以上所述。

（3）大理石、花岗岩包圆柱饰面项目　此项目是指在圆柱或方柱的基础上，用大理石、花岗岩的弧形石材作为饰面材料，包成圆形柱面。

表 4-32　大理石镶贴项目的详细内容

项　目	说　明
挂贴大理石	挂贴石材是指将石材先用铁件挂在墙柱基面上，然后用水泥砂浆粘贴而成 挂贴石材的施工工艺：先在基层面上埋入铁件（砖面打洞埋入铁钩，混凝土面钻孔埋入膨胀螺栓），并涂刷素水泥浆，按石材尺寸布置固定钢筋网格，将石材四角打凿挂绑孔眼，用铜丝将石材固定到钢筋网格上，在调正调平后，在背面灌注 1∶2.5 水泥砂浆，最后用白水泥擦缝，打蜡洁光而成 挂贴石材的基层面分为砖柱面、砖墙面、混凝土柱面、零星项目等 挂贴项目中所用石材，砖墙面和混凝土墙面定额中已考虑 2% 的损耗，即耗用量为 $1.02m^2$，砖柱面、混凝土柱面和零星项目定额中已考虑 6% 的损耗，即耗用量为 $1.06m^2$ 挂贴石材所用砂浆为 35mm 厚的 1∶2.5 水泥砂浆，定额中已考虑 9% 的偏差压实系数和 3% 的损耗（即耗用量为 $0.035×1.09×1.03=0.0393m^2$） 挂贴大理石的墙柱及零星项目，其工程量均按实贴面积计算

续表

项　　目	说　　明
拼碎大理石	拼碎石材是指用大理石的碎片作为镶贴材料。拼碎石材项目中所用其它材料,均按施工实践调查取定,定额中的含量一般不得改变 拼碎大理石的工程量均按实贴面积计算
粘贴大理石	粘贴石材是指用水泥砂浆或干粉型胶黏剂作为粘结材料,将大理石粘贴到墙、柱、零星项目等面层上 粘贴石材施工工艺:处理基层面,砖墙面涂刷清水一道,混凝土墙面涂刷 YJ-302 剂一道,抹 1∶3 水泥砂浆打底,砖墙面抹 12mm 厚,混凝土墙面抹 10mm 厚,定额中已考虑 9% 的偏差压实系数和 3% 的损耗,待稍干再抹 6mm 厚的 1∶2.5 水泥砂浆粘结层,或干粉型胶黏剂,然后镶贴石材面层。用砂浆粘贴时,背面需刷 JY-Ⅲ 型胶黏剂,再用白水泥擦缝,最后打蜡洁光而成 干粉型胶黏剂是将粘结材料经脱水处理制成灰白色粉末(有的配有专制配套液体),采用防潮包装而成。使用时,只需按比例加入清水或配套液体调匀即可 定额项目中粘贴石材所用其他材料,均按施工实践调查取定(其中,零星项目多增加 1% 用量)。 粘贴石材工程量均按实贴面积计算
干挂大理石	干挂石材是指只挂不贴的石材饰面 干挂石材施工工艺(图 4-5):在基层面上按石材尺寸钻眼设置膨胀螺栓,使用不锈钢连接件与膨胀螺栓固定,将石材上下面连接处剔凿凹槽,凹槽内上胶与不锈钢连接件固牢。如果石材面为密缝者,将石材面整平后打蜡洁面即可;如果石材面为勾缝者,整平后用密封胶勾缝,再打蜡洁面 干挂大理石的工程量均按实贴面积计算

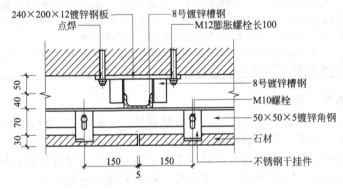

图 4-5　干挂石材施工工艺剖面

　　石材包圆柱饰面的施工工艺与挂贴石材施工工艺基本相同。它是在基层柱面上,按石材尺寸钻眼打孔,安装铁件,再安装钢筋网与其连接在基层面上,然后涂刷 2mm 厚素水泥浆,将弧形石材剔凿挂绑孔眼,用铜丝绑扎到钢筋网上,然后整平,灌注 1∶2.5 水泥砂浆,圆柱灌浆平均厚度 27.5mm,方柱灌浆平均厚度 32mm,其中,定额中已考虑 2.5% 的损耗。经养护干燥后,用白水泥擦缝,打蜡洁光而成。

　　大理石、花岗岩包圆柱饰面的工程量按外包面积计算。

　　(4)钢骨架上干挂石板　钢骨架干挂石板项目分为钢骨架制作安装、干挂石板两个分项。钢骨架是干挂石板的受力构件,根据所用材质不同可分为钢骨架和不锈钢骨架。干挂石板是指干挂大理石板或干挂花岗岩板。

　　钢骨架上干挂石板的施工工艺:采用不同型钢(角钢和扁钢),按石板规格焊接成骨架,并且固定在墙柱基层面上,用不锈钢干挂件和结构胶将石板固定到钢骨架上,然后用泡沫塑料密封条和密封胶嵌缝,最终打蜡洁光而成。

　　钢骨架上干挂石板项目的工程量应分别计算,钢骨架按不同型钢长度乘以型材单位重量,以 t 计算。干挂石板以实际挂贴面积计算。如果设计所用型钢用量与定额规定不同时,可以调整型钢增减量。

(5) 挂贴大理石、花岗岩的其他零星项目 这里的其它零星项目是指圆柱腰线、柱墩、阴角线、柱帽等线条形零星项目。这些项目所用的石材一般都是专门制造的成品石材，它们与前面挂贴石材中的零星项目应该有所区别。其它零星项目的工程量按线条长度计算，而前面挂贴石材中的零星项目工程量按展开面积计算。

定额中的挂贴大理石、花岗岩其它零星项目，所列各种材料耗用量，可按实际用量调整。

(6) 凹凸假麻石项目 凹凸假麻石又叫"仿古砖"，它是陶瓷面砖的一种，表面凸凹不平，具有天然石的粗糙感，模仿古旧色彩或图纹。

凹凸假麻石的施工工艺：在基层面上涂刷 1mm 厚的素水泥浆，抹 12mm 厚的 1：3 水泥砂浆打底，待稍干再抹 6mm 厚的 1：2 水泥砂浆或干粉型胶黏剂，然后铺贴凹凸假麻石，白水泥擦缝即可。定额中的砂浆用量均已考虑 9% 的偏差压实系数和 3% 的损耗，零星项目砂浆用量增加 11%。其工程量按实贴面积计算。

(7) 陶瓷锦砖和玻璃锦砖项目 陶瓷锦砖即马赛克，玻璃锦砖即用玻璃制作的锦砖。

陶瓷锦砖的施工工艺：在基层面上涂刷 1mm 厚的 108 胶素水泥浆，抹 12mm 厚的 1：3 水泥砂浆打底，待稍干再抹 3mm 厚的 1：1：2 混合砂浆（加 3% 损耗）或干粉型胶黏剂，然后铺贴陶瓷锦砖，白水泥擦缝，清水净面即可。砂浆用量均已考虑 9% 的偏差压实系数和 3% 的损耗，零星项目增加 11%。

玻璃锦砖的打底砂浆为 14mm 厚的 1：3 水泥砂浆，定额中已考虑 9% 的偏差压实系数和 3% 的损耗，零星项目增加 11%。粘结层砂浆为 8mm 厚的 1：0.2：2 混合砂浆，定额中已考虑 3% 的损耗，零星项目增加 11%。工程量按实贴面积计算。

(8) 瓷板、文化石项目 瓷板是指厚度较薄（6mm 以下）的陶瓷面砖，一般多用于室内的墙柱面装饰。周长 700mm 为大块型，周长 500mm 以内为小块型。

施工工艺与上述陶瓷锦砖相同。只是小块型瓷板打底砂浆为 10mm 厚的 1：3 水泥砂浆，粘结层砂浆为 8mm 厚的 1：1 水泥砂浆；大块型瓷板打底砂浆为 15mm 厚的 1：3 水泥砂浆，粘结层砂浆为 6mm 厚的 1：1 水泥砂浆。1：3 水泥砂浆已考虑 9% 的偏差压实系数和 3% 的损耗，零星项目增加 11%。1：1 水泥砂浆已考虑 3% 的损耗，零星项目增加 11%。

文化石是指采用人工方法制作的带有文化品位的石材，如选择具有某种形象的大卵石，或选择一定形状的小卵石，用水泥砂浆或胶黏剂进行黏合，或选择带有某种花色纹路的天然石材等进行加工而成的块料。文化石的施工工艺除免去涂刷 108 胶素水泥浆外，其它与大块型瓷板的施工工艺相同。另外，需用 1：1 水泥砂浆勾缝。

瓷板、文化石的工程量按实铺面积计算。

(9) 面砖项目 面砖即墙面砖的简称，是比瓷板较厚（大于 6mm 厚）的陶瓷砖，也有称为釉面砖或彩釉砖。本项目按其规格大小分为窄条小块型勾缝面砖、密缝粘贴型面砖和挂贴型面砖三种，详细内容见表 4-33。

表 4-33 面砖项目具体内容

项 目	说 明
窄条小块型勾缝面砖	这种面砖定额中都用具体尺寸表示,如 95mm×95mm、150mm×75mm、194mm×94mm、200mm× 60mm 等,并按 5mm、10mm 以内、20mm 以内 3 种灰缝宽度列出相应面砖的耗用量。如果设计要求与定额规定不同时可以按下式计算: $$面砖耗用量(m^2)=\frac{1m^2×(1+砖损耗率)}{(砖长+灰缝宽)×(砖宽+灰缝宽)}×(砖长×砖宽)$$

续表

项　目	说　明
密缝粘贴型面砖	窄条型面砖属粘贴型,但它要用 1∶1 水泥砂浆勾缝,而密缝粘贴型面砖无水泥砂浆勾缝。粘贴型面砖,定额按其周长进行分项,如规格为 200mm×200mm 的面砖,其周长为 200mm×4＝800mm。对凡是小于 800mm 周长的面砖,其损耗按 3.5%;对大于 800mm 周长的面砖,其损耗按 4%。因为不考虑灰缝,所以面砖定额耗用量直接按面积表示,如 1.035m²、1.04m² 等。无论设计要求规格如何,面砖耗用量无需换算 窄条小块型勾缝面砖和密缝粘贴型面砖,都需要在基层面上抹 15mm 厚的 1∶3 水泥砂浆(包括 9% 的偏差压实系数和 3% 的损耗)打底灰和找平层,待稍干后抹 5mm 厚的 1∶2 水泥砂浆(包括 3% 的损耗)粘结层;采用干粉型胶黏剂时,只抹找平层 12mm 厚的 1∶3 水泥砂浆(包括 9% 的偏差压实系数和 3% 的损耗),然后涂刷干粉型胶黏剂,最后铺贴面砖,用白水泥擦缝、洁面而成 如果设计要求找平层、粘贴层砂浆厚度不同时,可以换算
挂贴型面砖	挂贴型面砖分为挂贴和干挂,一般用于周长大于 3200mm 以上的面砖 ①挂贴型面砖。挂贴型面砖是指在已清洁的基层面上,先涂刷 1mm 厚的素水泥浆,用钢钉挂钉好钢丝网,在面砖上钻孔,用铜丝将面砖挂在钢丝网上,然后灌注 50mm 厚的 1∶2.5 水泥砂浆(包括 9% 的偏差压实系数和 3% 的损耗),最后清缝、洁面、打蜡而成 在挂贴型面砖定额中,面砖耗用量按铺贴面积计算(定额中已考虑 4% 的损耗)。砂浆种类和厚度,若设计要求与定额不同时可调整 ②干挂型面砖。干挂型面砖是指不用砂浆粘贴的面砖,它又分为在型钢龙骨上干挂和用膨胀螺栓干挂 型钢龙骨上干挂是指在基层面上埋设不锈钢挂件,将预先焊接好的型钢框架与基层固定,然后将面砖钻孔,用干挂膨胀管和结构胶挂贴在型钢骨架上,最后用密封胶密封,打蜡洁面而成。本项定额只指挂贴面砖本身,不包括型钢龙骨的工料,型钢龙骨的制作应另按"龙骨基层"项目计算 膨胀螺栓干挂是指在基层面上,按面砖规格尺寸布设膨胀螺栓,并直接将面砖钻孔安装固定,最后打蜡洁面而成

3. 墙、柱面装饰项目

　　墙、柱面装饰是指距离墙柱基层面,间隔一定架空距离或者重新设置龙骨基层所进行的表面装饰的项目。这种装饰主要是为了保持墙、柱面原有基本特征,重新缔造一个新的界面,为以后进行再次修改或为今后重新装饰提供方便。该项目所包括的内容分为龙骨基层、隔断、夹板卷材基层、面层、柱龙骨基层及饰面等。

　　(1) 龙骨基层项目　墙、柱面龙骨基层依其材质分为木龙骨、轻钢龙骨、铝合金龙骨、型钢龙骨和石膏龙骨等,具体内容见表 4-34。

表 4-34　龙骨基层项目内容

项　目	说　明
木龙骨基层	墙、柱面木龙骨一般为双向龙骨,见图 4-6,根据龙骨断面大小分为 7.5cm² 以内、13cm² 以内、20cm² 以内、30cm² 以内、45cm² 以内五档。龙骨间距分为 30cm、40cm、45cm、50cm、55cm、60cm、80cm 等 双向木龙骨的断面规格,定额规定为:①7.5cm² 以内的规格按 2.5cm×3cm 计算;②13cm² 以内的规格按 3cm×4cm 计算;③20cm² 以内的规格按 4cm×4.5cm 计算;④30cm² 以内的规格按 5cm×5.5cm 计算;⑤45cm² 以内的规格按 6cm×6.5cm 计算 如果设计木龙骨为单向时,应将定额工料乘以 0.55。如果龙骨规格与定额规定不同时,可将定额中的杉木锯材耗用量乘以增减比例系数,其它不变。增减比例系数＝设计龙骨断面面积÷定额规定龙骨断面面积 木龙骨基层的工程量按实铺面积计算
轻钢龙骨	轻钢龙骨是用镀锌钢带轧制成一定截面形状(如 C 形、T 形、U 形)的薄壁型材,墙柱面中一般采用 C 形龙骨,因为它刚度大、自重轻、耐火抗震,因此应用广泛 定额中,本项目已按一定面积计算出横竖向龙骨所需要的长度。如果设计要求轻钢龙骨的规格与定额不同时,可以调整龙骨单价,其它一律不变 轻钢龙骨工程量按所铺设面积计算

续表

项　目	说　明
铝合金龙骨	铝合金龙骨是较轻钢龙骨更轻的龙骨,它除具有轻钢龙骨的优点外,抗腐蚀性能也较强。由于铝合金龙骨自重更轻,所以可通过壁庹增加来承受更大重量,因此,本定额项目按单向龙骨长度计算。如果设计要求的龙骨规格与定额不同时,可以调整龙骨单价,其它一律不变 　铝合金龙骨工程量按所铺面积计算
型钢龙骨	墙、柱面项目中的型钢龙骨一般采用不同型号的角钢,由于型钢的壁厚较上述龙骨大,因此,可承受更大的荷重,定额按单向龙骨的重量计算。它多用作石材饰面和瓷质面砖的龙骨基层 　　　　型钢龙骨重量＝∑(龙骨长度×型钢单位重量) 　如果设计所需龙骨重量与定额规定不同时,可按重量比例系数调整型钢耗用量,其它不变

（2）基层项目　基层用于龙骨基层和面层之间,是作为隔离层、找平层或垫底加固的一种基层,根据常用的材料分为胶合板基层、细木工板基层、石膏板基层等。其中,细木工板是两面为薄胶合板、中间夹边角余料碎木板胶合而成的平板。

定额中,夹板、卷材基层均已考虑5%的损耗和其它装订材料。如果设计要求品种不同时,可以调整。

基层的工程量按所铺钉面积计算。

（3）面层项目　此面层是指墙、柱面龙骨上或卷材基层上所装饰的面层,根据常用材料分为镜面玻璃、镭射玻璃、不锈钢面板、人造革、丝绒、塑料板、胶合板、硬木条吸声墙面、硬木条墙面、石膏板墙面、电化铝板墙面、铝合金装饰板墙面、铝合金复合板墙面、镀锌铁皮墙面、纤维板、刨花板、杉木薄板、木丝板、塑料扣板、石棉板、柚木皮、岩棉吸声板、FC板、超细玻璃棉板等,具体内容见表4-35所示。

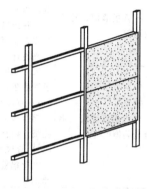
图4-6　木龙骨示意图

表4-35　面层项目具体内容

项　目	说　明
镜面玻璃、激光玻璃面层	镜面玻璃是在普通玻璃的基础上,经过研磨抛光、镀银涂漆等工艺处理而形成。用于墙柱面按6mm厚计算,定额中已考虑18%的制作损耗和3%的安装损耗 　墙、柱面所用激光玻璃面层较楼地面激光玻璃砖薄,一般厚度为3～5mm(而激光玻璃地砖厚8mm以上)。激光玻璃一般为市售成品,所以只考虑3%的安装损耗 　镜面玻璃和激光玻璃面层分为粘贴在砂浆面上和粘贴在胶合板上的两种。粘贴在胶合板上是采用玻璃胶粘贴,用小钢钉加固,上下边框各钉一道不锈钢压条;粘贴在砂浆面上是采用XY-518胶粘贴,并沿玻璃边缘用双面强力弹性胶带加固,四周边框用铝收口条压边 　如果设计要求的玻璃品种规格与定额不同时,可以按实际进行调整 　玻璃面层的工程量按外框面积计算
不锈钢面板、不锈钢卡口槽	不锈钢面板又叫镜面不锈钢板,它是用不锈钢薄板(一般为0.3～1mm厚),经裁剪抛光而成,表面平滑光亮,光反射率高达90%以上。可直接用玻璃胶粘贴在基层面上 　不锈钢卡口槽用于不锈钢面板长度不足时,需要进行对口连接的紧固件,见图4-7,使用时将钢板对口弯折插入即可。卡口槽按长度计算 　不锈钢面板的工程量按实铺面积计算
贴人造革、丝绒	人造革和丝绒面都是软装饰面料。贴人造革时,需先在基层面上铺钉一层泡沫塑料(定额中已考虑5%的损耗),再铺钉人造革(定额中已考虑10%的损耗),然后用铝合金压条进行收边 　丝绒面料通常采用万能胶粘贴,对口缝连接处采用贴缝纸带,丝绒损耗按12%计算 　粘贴人造革和丝绒面的工程量按实贴面积计算

项　目	说　明
塑料板墙面、胶合板墙面	塑料板墙面装饰包括踢脚线,定额中是按木螺丝装订塑料板(定额中已考虑5%的损耗)饰面,包括压口盖板和阴阳角卡口板。塑料踢脚线包括上口盖板 定额中胶合板面按3mm厚板(已考虑10%的损耗)制定,包括板背面涂刷聚醋酸乙烯乳液,采用射钉装订 当设计要求塑料板和胶合板的品种与定额不同时,可以据实调整
硬木条吸声墙面、硬木板条墙面	硬木条吸声墙面是在基层面上铺衬50mm厚超细玻璃棉(损耗按5%),并罩以钢板门,然后按间距65mm铺钉50mm宽、20mm厚的硬木条(损耗按5%)而成。玻璃棉的单位重量为20.05kg/m²,其定额耗用量为: 　　　玻璃棉用量=1m²×0.05×20.05×1.05=1.0526(kg) 当设计要求的硬木条规格与定额不同时,材积可以换算,其它不变
石膏板墙面、竹片内墙面	石膏板是以熟石膏为主要材料加工而成的板材,分为石膏纤维板、空心石膏板、无纸石膏板等。可直接用螺钉安装在基层面上(损耗按5%),用嵌缝膏嵌缝 竹片内墙面是将直径20mm的竹子对剖,用镀锌铁丝编织成板(损耗按5%),然后用螺钉安装在基层面上 当设计要求的板材规格与定额不同时,可以据实调整
电化铝板墙面、铝合金装饰板墙面	电化铝板是将铝合金板经阳极氧化、电解着色或抛光处理而制成的板材,有银色、金色、古铜色等颜色。具有光亮、光滑、耐腐蚀等特点。电化铝板墙面是用铝制铆钉电化铝板(损耗按6%)直接安装在基层面上,转弯拐角处用角铝连接 铝合金装饰板是为满足某些特定要求,经机械加工而制成的板材,如铝合金波纹板、铝合金冲孔板、铝合金扣板、铝合金花纹板等。铝合金装饰板墙面是用镀锌螺钉将铝合金装饰板(损耗按6%)直接安装在基层面上,边缘用铝收口压条压边 电化铝板墙面和铝合金装饰板墙面,不论设计要求为何种规格型号,单价均可以调整,其它一律不变
铝合金复合板墙面、镀锌铁皮墙面	铝合金复合板又叫铝塑板,是由氢氧化铝和聚乙烯树脂等混炼而成的板材。市场上销售的镁铝曲板是铝合金复合板的一种。铝合金复合板一般用玻璃胶粘贴在基层面上,然后用密封胶嵌缝 镀锌铁皮墙面是用铁钉将26号镀锌铁皮直接钉在基层面上,接头缝用焊锡连接
纤维板、刨花板、木丝板、杉木薄板、柚木皮	纤维板分为硬质纤维板(由木质纤维加工成)、软质纤维板(由竹质或草本植物纤维加工成)、玻璃纤维板等,纤维板可直接用铁钉铺钉在基层面上 刨花板实际上也是一种粗糙的硬质纤维板,它是将刨花经过干燥、拌胶、热压等加工处理而成,其强度远不如木质纤维板。木丝板又叫万利板,是用水泥、水玻璃和木丝等混合加工而成。材质强度在上述3种板之间 刨花板、纤维板、木丝板(其损耗均按10%)一般多用做衬垫板 杉木薄板是指其厚度小于18mm的杉木板,定额是按15mm(厚)×1550mm(长)计算的(损耗按5%),可直接用铁钉铺钉在基层面上 柚木皮是指我国南方热带水果柚子的树木皮,因为其树干粗大,树皮较厚,整体性较强,所以南方的山村房屋常用作墙面材料,也常用作装饰饰面(损耗按10%)
石棉板、岩棉吸声板、超细玻璃棉板、FC板	石棉板是将火成岩中带有硅酸镁或硅酸盐的岩石,经过高温熔化、抽丝加工成的人造纤维,然后掺入一定的胶结材料和填充材料等加工而成的板材。由于所掺入的材料不同,分为石棉水泥板、石棉保温板、橡胶石棉板等,是一种常用的保温、隔热、隔声材料 岩棉吸声板的主要原料是岩石中的玄武岩,经高温熔解、抽丝加工成的人造纤维,然后掺入一定的胶结材料和填充材料等加工而成的板材。岩棉吸声板分为岩棉软板、岩棉板、岩棉保温带等,是一种最常用的保温、吸声、隔冷材料 石棉板和岩棉吸声板可用铁钉或螺钉直接铺钉在基层面上,用作隔声、隔热、保温层(损耗按5%) 超细玻璃棉板是将玻璃材料经高温熔解成玻璃液,流经多孔板成液丝,再经橡胶胶辊拉制成纤维,而后经高温高速燃气喷吹,制成直径小于4μm的超细棉的板材。它不仅隔热、吸声,并且具有质轻和耐高温等特点。超细玻璃棉板厚度一般为30~60mm,定额按50mm厚计算(损耗按10%) FC板是用轻质纤维与高强水泥,经过加压处理而成,因此又叫做FC纤维水泥加压板。一般为宽幅板材,常用规格为3000(2400)mm×1200mm×(4~40)mm。它具有强度高、防潮、防冻、防火等特点。FC板可直接用自攻螺钉装钉在基层面上(损耗按10%)

（4）隔断项目　隔断是指分隔房屋空间的轻质间壁墙。有的将分隔到顶的墙叫隔墙，分隔不到顶的墙叫隔断，此处两者兼之。

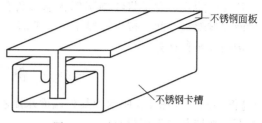

图4-7　不锈钢面板、卡槽示意

隔断由骨架和面板组成，隔断项目按其材料分为全玻璃隔断、木骨架玻璃隔断、铝合金玻璃隔断、不锈钢柱嵌防弹玻璃隔断、花式木隔断、铝合金条板隔断、玻璃砖隔断、塑钢隔断、浴厕隔断等，具体内容见表4-36。

表 4-36　隔断项目的具体内容

项　目	说　明
全玻璃隔断	全玻璃隔断是用角钢做骨架，然后嵌贴普通玻璃或钢化玻璃而成
木骨架玻璃隔断	木骨架玻璃隔断分为全玻和半玻。其中，全玻是采用断面规格为45mm×60mm、间距800mm×500mm的双向木龙骨；半玻是采用断面规格为45mm×32mm，是在相同间距的双向木龙骨上单面镶嵌5mm平板玻璃
铝合金玻璃隔断	铝合金玻璃隔断是用铝合金型材做框架，然后镶嵌5mm厚平板玻璃制成
不锈钢柱嵌防弹玻璃隔断	不锈钢柱嵌防弹玻璃，是采用φ76×2不锈钢管做立柱，用10mm×20mm×1mm不锈钢槽钢做边框，嵌19mm厚防弹玻璃制成
花式木隔断	花式木隔断分为直栅漏空型和井格式两种。其中，直栅漏空型是将木板直立成等距离空隙的栏栅，板与板之间可加设带几何形状的木块做连接件，用铁钉固定即可；井格式是用木板做成方格或博古架形式的透空隔断
铝合金条板隔断	铝合金条板隔断是采用铝合金型材做骨架，用铝合金槽铝做边轨，将宽100mm的铝合金板插入槽内，用螺钉加固而成
玻璃砖隔断	玻璃砖隔断分为分格嵌缝式和全砖式。其中，分格嵌缝式采用槽钢（65mm×40mm×4.8mm）做立柱，按每间隔800mm布置。用扁钢（65mm×5mm）做横撑和边框，将玻璃砖（190mm×190mm×80mm）用1：2白水泥石子浆夹砌在槽钢的槽口内，在砖缝中用直径3mm的冷拔钢丝进行拉结，最后用白水泥擦缝即可 全砖式只是将槽钢柱的间距加大，去掉扁钢横撑，其它做法相同

4. 幕墙项目

幕墙是指将外墙墙面做成大面积挂幕式的装饰项目，按材料分为玻璃幕墙、铝板幕墙、全玻璃幕墙等。

（1）玻璃幕墙　玻璃幕墙是指用铝合金型材做骨架，将热反射玻璃安装其上而成的幕墙。根据安装方式分为半隐框式、全隐框式、明框式3种。

半隐框式是将每块玻璃四个边中的两个相邻边的型材外露，另两个邻边隐蔽的幕墙。全隐框式是将玻璃安装在铝合金型材框架之外，使框架隐蔽的幕墙。明框式是将玻璃嵌在铝合金型材所组成的井格框之内，使框架外露的幕墙。

玻璃幕墙的工程量按外框面积计算。

（2）铝板幕墙　铝板幕墙是指在铝合金骨架外安装铝质平板的幕墙。根据板材材质的不同，又分为铝单板幕墙和铝塑板幕墙。

铝板幕墙工程量按外框面积计算。

铝塑板幕墙是指将铝合金复合板安装在铝合金框架上的幕墙。铝单板幕墙是指将铝合金平板或波纹板安装在铝合金框架上的幕墙。

（3）全玻璃幕墙　全玻璃幕墙是用特制不锈钢挂件和胶黏剂将玻璃粘贴悬挂在外墙上的幕墙。根据粘、挂方式的不同又分为点式和挂式。

点式是指先将特制不锈钢挂件（如四爪挂件、两爪挂件）固定在墙上，然后挂件脚爪将每块玻璃的四角挂住，从而形成点式玻璃幕墙。其工程量按外框面积计算。

挂式即肋式，它是将特制不锈钢悬挂件的一端固定在外墙上，另一端悬出挂住幕墙玻璃，而在玻璃板之间，按设计要求粘贴玻璃肋条，如同玻璃框架一样。其工程量（包括玻璃肋）按展开面积计算。

例 题

【例 4-3】 如图 4-8 所示为某外墙面水刷石立面图，柱垛侧面宽 140mm，试计算外墙面水刷石装饰抹灰的工程量。

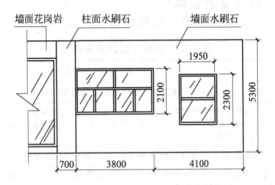

图 4-8　外墙面水刷石立面图

【解】 水刷石抹灰工程量

$$5.3 \times (3.8 + 4.1) - 3.8 \times 2.1 - 1.95 \times 2.3 + (0.7 + 0.14 \times 2) \times 5.3$$
$$= 34.60 \ (m^2)$$

清单工程量计算见表 4-37。

表 4-37　清单工程量计算表

项目编码	项目名称	项目特征描述	工程量合计	计量单位
011201002001	墙面装饰抹灰	1. 墙体类型：外墙 2. 装饰面材料种类：水刷石	34.60	m²

【例 4-4】 某工程见图 4-9 所示，外墙面抹水泥砂浆，底层为 1：3 水泥砂浆打底 14mm 厚，面层为 1：2 水泥砂浆抹面 6mm 厚；外墙裙水刷石，1：3 水泥砂浆打底 12mm 厚，素水泥浆两遍，1：2.5 水泥白石子 10mm 厚，挑檐水刷白石，计算外墙面抹灰和外墙裙及挑檐装饰抹灰工程量。

M：1000mm×1800mm 共 2 个

C：1100mm×1300mm 共 5 个

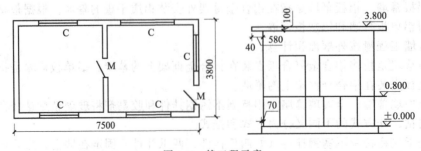

图 4-9　某工程示意

【解】

（1）外墙面水泥砂浆工程量

$(7.5+3.5) \times 2 \times (3.8-0.1-0.8) - 1 \times (1.8-0.8) - 1.1 \times 1.3 \times 5 = 55.65$（m²）

（2）外墙裙水刷石工程量

$[(7.5+3.5) \times 2 - 1] \times 0.8 = 16.8$（m²）

（3）挑檐水刷石工程量

$[(7.5+3.5) \times 2 + 0.7 \times 8] \times (0.1+0.04) = 3.86$（m²）

清单工程量计算见表 4-38。

表 4-38　清单工程量计算表

序号	项目编码	项目名称	项目特征描述	工程量合计	计量单位
1	011201001001	墙面一般抹灰	1. 墙体类型：外墙 2. 底层厚度、砂浆配合比：12mm、1：3水泥砂浆 3. 面层厚度、砂浆配合比：6mm、1：2水泥砂浆 4. 装饰面材料种类：抹水泥砂浆	55.65	m²
2	011201002001	墙面装饰抹灰	1. 墙体类型：外墙裙 2. 底层厚度、砂浆配合比：14mm、1：3水泥砂浆 3. 面层厚度、砂浆配合比：10mm、1：2.5水泥白石子 4. 装饰面材料种类：水泥白石子	16.8	m²
3	011203002001	零星项目装饰抹灰	基层类型、部位：挑檐水刷白石	3.86	m²

【例 4-5】　某卫生间的一侧墙面如图 4-10 所示，墙面贴 2.2m 高的白色瓷砖，窗侧壁贴瓷砖宽 120mm，试计算贴瓷砖的工程量。

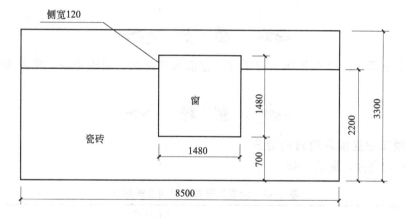

图 4-10　某卫生间墙面示意

【解】　块料墙面工程量

$8.5 \times 2.2 - 1.48 \times (2.2-0.7) + [(2.2-0.7) \times 2 + 1.48] \times 0.12 = 17.02$（m²）

清单工程量计算见表 4-39。

表 4-39　清单工程量计算表

项目编码	项目名称	项目特征描述	工程量合计	计量单位
011204003001	块料墙面	1. 墙体类型：卫生间墙面 2. 面层材料品种、规格、颜色：白色瓷砖、宽120mm	17.02	m²

【例 4-6】 如图 4-11 所示为某单位大门砖柱示意图，共有大门砖柱 8 根，面层水泥砂浆贴玻璃马赛克，试计算其工程量。

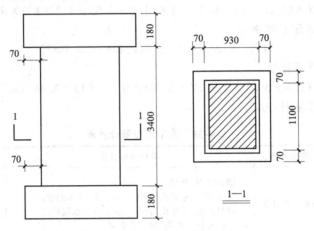

图 4-11　某大门砖柱块料面层尺寸

【解】

（1）柱面工程量

$$(0.93+1.1)\times 2\times 3.4\times 8=110.43（m^2）$$

（2）压顶及柱脚工程量

$$[(1.07+1.24)\times 2\times 0.18+(1.0+1.17)\times 2\times 0.07]\times 2\times 8=18.17（m^2）$$

第 3 节　天 棚 工 程

共设 4 个子部分、10 个分项工程项目，包括天棚抹灰、天棚吊顶、采光天棚、天棚其他装饰。

一、天棚工程量清单项目的划分

清单项目的划分，见表 4-40。

表 4-40　天棚工程量清单项目的划分

项　目	项目分项
天棚抹灰	—
天棚吊顶	吊顶天棚、格栅吊顶、吊筒吊顶、藤条造型悬挂吊顶、织物软雕吊顶、装饰网架吊顶
采光天棚	—
天棚其他装饰	灯带（槽）、送风口、回风口

二、天棚清单工程量的计算规则

1. 天棚抹灰

天棚抹灰工程量清单项目的设置、项目特征描述的内容、计量单位、工程量计算规则应按表 4-41 的规定执行。

表 4-41 天棚抹灰（编码：011301）

项目编码	项目名称	项目特征	计量单位	工程量计算规则	工程内容
011301001	天棚抹灰	1. 基层类型 2. 抹灰厚度、材料种类 3. 砂浆配合比	m²	按设计图示尺寸以水平投影面积计算。不扣除间壁墙、垛、柱、附墙烟囱、检查口和管道所占的面积，带梁天棚、梁两侧抹灰面积并入天棚面积内，板式楼梯底面抹灰按斜面积计算，锯齿形楼梯底板抹灰按展开面积计算	1. 基层清理 2. 底层抹灰 3. 抹面层

2. 天棚吊顶

天棚吊顶工程量清单项目的设置、项目特征描述的内容、计量单位、工程量计算规则应按表 4-42 的规定执行。

表 4-42 天棚吊顶（编码：011302）

项目编码	项目名称	项目特征	计量单位	工程量计算规则	工程内容
011302001	吊顶天棚	1. 吊顶形式、吊杆规格、高度 2. 龙骨材料种类、规格、中距 3. 基层材料种类、规格 4. 面层材料品种、规格 5. 压条材料种类、规格 6. 嵌缝材料种类 7. 防护材料种类	m²	按设计图示尺寸以水平投影面积计算。天棚面中的灯槽及跌级、锯齿形、吊挂式、藻井式天棚面积不展开计算。不扣除间壁墙、检查口、附墙烟囱、柱垛和管道所占面积，扣除单个 > 0.3m² 的孔洞、独立柱及与天棚相连的窗帘盒所占的面积	1. 基层清理、吊杆安装 2. 龙骨安装 3. 基层板铺贴 4. 面层铺贴 5. 嵌缝 6. 刷防护材料
011302002	格栅吊顶	1. 龙骨材料种类、规格、中距 2. 基层材料种类、规格 3. 面层材料品种、规格 4. 防护材料种类		按设计图示尺寸以水平投影面积计算	1. 基层清理 2. 安装龙骨 3. 基层板铺贴 4. 面层铺贴 5. 刷防护材料
011302003	吊筒吊顶	1. 吊筒形状、规格 2. 吊筒材料种类 3. 防护材料种类			1. 基层清理 2. 吊筒制作安装 3. 刷防护材料
011302004	藤条造型悬挂吊顶	1. 骨架材料种类、规格 2. 面层材料品种、规格	m²	按设计图示尺寸以水平投影面积计算	1. 基层清理 2. 龙骨安装 3. 铺贴面层
011302005	织物软雕吊顶				
011302006	装饰网架吊顶	网架材料品种、规格			1. 基层清理 2. 网架制作安装

3. 采光天棚工程

采光天棚工程工程量清单项目的设置、项目特征描述的内容、计量单位、工程量计算规则应按表 4-43 的规定执行。

表 4-43 采光天棚工程（编码：011303）

项目编码	项目名称	项目特征	计量单位	工程量计算规则	工作内容
011303001	采光天棚	1. 骨架类型 2. 固定类型、固定材料品种、规格 3. 面层材料品种、规格 4. 嵌缝、塞口材料种类	m²	按框外围展开面积计算	1. 清理基层 2. 面层制作、安装 3. 嵌缝、塞口 4. 清洗

注：采光天棚骨架不包括在本节中，应单独按《房屋建筑与装饰工程工程量计算规范》（GB 50854—2013）附录F "金属结构工程" 相关项目编码列项。

4. 天棚其他装饰

天棚其他装饰工程量清单项目的设置、项目特征描述的内容、计量单位、工程量计算规则应按表 4-44 的规定执行。

表 4-44　天棚其他装饰（编码：011304）

项目编码	项目名称	项目特征	计量单位	工程量计算规则	工作内容
011304001	灯带（槽）	1. 灯带形式、尺寸 2. 格栅片材料品种、规格 3. 安装固定方式	m²	按设计图示尺寸以框外围面积计算	安装、固定
011304002	送风口、回风口	1. 风口材料品种、规格 2. 安装固定方式 3. 防护材料种类	个	按设计图示数量计算	1. 安装、固定 2. 刷防护材料

🙠 相关知识 🙠

天棚工程量清单项目的内容说明

1. 平面、跌级天棚项目

平面、跌级天棚是指在房间原有顶面的基础上，下吊一层平面（称平面天棚）或多层平面（称跌级天棚）的天棚吊顶。平面、跌级天棚根据其构造内容分为天棚龙骨、天棚基层、天棚面层、天棚灯槽等。

（1）天棚龙骨　天棚龙骨根据其材质不同分为木龙骨（对剖圆木楞、方木楞）、轻钢龙骨、铝合金龙骨等，具体内容见表 4-45。

表 4-45　天棚龙骨

项　　目	说　　明
对剖圆木楞	木龙骨又叫"木楞"，根据主龙骨的用材分为方木龙骨和对剖圆木龙骨。只有主龙骨而没有次龙骨的称为"单层楞"，在主龙骨下布置有次龙骨的称为"双层楞"。根据施工方法，可以将主龙骨搁置在砖墙上，也可以用吊筋吊在横梁或楼板下 　对剖圆木楞是将杉原木（定额按 φ100）对剖成半圆截面作为主龙骨（单层楞），用 50mm×50mm 方木作为次龙骨（即双层楞）的天棚龙骨。其中，双层楞龙骨间距按面板规格分为 300mm×300mm～600mm×600mm 以上
方木楞	方木楞是指龙骨为矩形截面的方木材。其中，主（大）龙骨截面为 50mm×70mm，间距为 500mm。次龙骨与上述相同 　以上所述木龙骨均指平面天棚龙骨，其工程量按主墙间的净空面积计算。当设计要求的龙骨规格与定额规定不同时，杉原木材积可以按比例系数进行调整： 　　增减比例系数＝设计龙骨断面面积÷定额规定龙骨断面面积
轻钢龙骨	轻钢龙骨所用型材一般为 U 形，分为装配式 U 形轻钢天棚龙骨和弧形轻钢天棚龙骨。轻钢龙骨根据承受荷重分为不上人型和上人型。装配式 U 形轻钢天棚龙骨除是否上人外，还分平面式和跌级式。弧形轻钢天棚龙骨则为缓拱形，一般不做跌级 　轻钢龙骨的构造是在大龙骨下扣挂中、小龙骨，中、小龙骨用横撑固定其间距，大、中、小龙骨及横撑之间配有专制连接件连接成整体，大龙骨由埋在梁板中的吊筋（一般为 φ6～φ10 钢筋）进行吊挂。整套龙骨由生产厂家成套供应，所以只需按规格以天棚面积为计量单位进行安装计算即可 　轻钢不上人型龙骨是指禁止人员在天棚顶上活动，设计荷重约 500N，所用大龙骨规格为 U45 以下，定额中吊筋用量明显少于上人型。龙骨间的距离按面板大小分为 300mm×300mm、450mm×450mm、600mm×600mm 及 600mm×600mm 以上 　轻钢上人型龙骨是指在天棚顶上可以承受人员进行维修操作活动，设计荷重为 1000～1500N，所用大龙骨规格为 U50 以上，定额中吊筋用量明显多于不上人型 　轻钢龙骨的工程量不分平面式、跌级式或弧形天棚龙骨，均按主墙间的净空面积计算

续表

项　目	说　明
铝合金龙骨	铝合金龙骨根据其龙骨形式,分为装配式T形铝合金天棚龙骨、铝合金方板天棚龙骨、铝合金轻型方板天棚龙骨、铝合金条板天棚龙骨、铝合金格片天棚龙骨等 　①装配式T形铝合金天棚龙骨。与装配式U形轻钢天棚龙骨一样,分为不上人型和上人型、平面式和跌级式,但铝合金天棚龙骨的结构与轻钢天棚龙骨有所不同,轻钢天棚龙骨中的大、中、小龙骨均为U形,而铝合金天棚龙骨中的大龙骨为U形,中、小龙骨则为T形,靠墙边还增加有L形边龙骨。大龙骨用吊筋吊挂在梁板下,大、中、小龙骨相互之间用专制连接件进行连接。装配式T形铝合金天棚龙骨也是成套产品,按不同规格以面积为计量单位。其工程量不分平面式、跌级式,均按主墙间的净空面积计算 　②铝合金方板天棚龙骨。铝合金方板天棚龙骨也分为不上人型和上人型。根据安装面板方式,又分为嵌入式天棚龙骨和浮搁式天棚龙骨 　嵌入式天棚龙骨是指将面板嵌入到龙骨上。这种天棚龙骨的大龙骨仍是U形(定额采用U45),用吊筋吊在梁板下。大龙骨下用连接件吊挂T形中龙骨(定额采用T30),该T形龙骨形似弹簧夹,见图4-12,安装时将铝合金方板侧边插入即可。铝合金方板按规格分为500mm×500mm、600mm×600mm、600mm×600mm以上 　浮搁式天棚龙骨的安装方法与装配式天棚龙骨相似,它是在U形大龙骨下,按面板规格吊挂倒T形,定额中的中、小龙骨采用中龙骨为T30,小龙骨为T22,墙边钉装L形边龙骨(定额采用L22),然后直接将方板搁置在T形、L形龙骨翼板上 　如果设计要求的龙骨规格与定额规定不同时,单价可以调整,其它不变。铝合金方板天棚龙骨的工程量不分浮搁式和嵌入式,均按主墙间的净空面积计算
铝合金轻型方板天棚龙骨	如家庭装修卫生间或厨房间常用的龙骨,通常不采用大龙骨,只使用中龙骨(定额采用T45)、小龙骨(定额采用T22)和边龙骨(定额采用L22)。安装的面板通常为轻型板,如铝合金吸音板、塑料板等,所以这是一种安装简单的天棚龙骨,一般只需用8号镀锌钢丝吊挂中龙骨即可
铝合金条板天棚龙骨	专门配套铝合金条板所使用的龙骨,这种龙骨是用薄型铝合金板,经冷轧、电化处理而成,龙骨两侧边轧有若干卡槽,可将铝合金条板直接卡到卡口上 　铝合金条板分为轻型和中型。轻型条板只有卡脚,一般称为敞开型条板;中型条板在一边卡脚带一平板,用来遮挡相邻两条板间的空隙,称为封闭型条板。轻、中型两种条板的龙骨完全一样,只是吊筋粗细不同 　铝合金条板天棚龙骨的工程量均按主墙间的净空面积计算
铝合金格片式天棚龙骨	铝合金格片式天棚龙骨也是用薄型铝合金板,经冷轧、电化处理而成,龙骨两侧边轧有若干卡口,可将铝合金条板直接卡到卡口上。这种天棚因为其面板是垂直吊挂式叶片,能形成若干横格形,故称为格片式天棚。横格大小按条板距离分为100mm、150mm 　铝合金格片式天棚龙骨的工程量均按主墙间的净空面积计算

　　(2)天棚基层　天棚基层主要指用于装配式轻钢龙骨、木龙骨、装配式铝合金龙骨等天棚中。当使用薄型面板时,所做的基层应根据设计要求而定。天棚基层材质分为胶合板和石膏板。其工程量均按主墙间的净空面积计算。

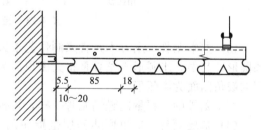

图4-12　嵌入式天棚龙骨示意

　　(3)天棚面层　天棚面层所使用材质很多,根据材质的不同而采用螺钉、胶黏剂等安装在龙骨或龙骨基层上。天棚面层不分何种材质均按主墙间的净空面积计算工程量。

　　(4)天棚灯槽　天棚灯槽是指在平面、跌级天棚中,为了安置照明灯具而设立的倒凹槽形灯罩,是天棚的一个组成部分。灯槽由周边侧立板和顶板组成,在顶板上面钉有1~2根附加龙骨与天棚龙骨连接。根据附加龙骨的装订方式,又分为附加式灯槽和悬挑式灯槽。

　　天棚灯槽无论宽度如何,均按灯槽长度计算工程量。天棚灯槽只是平面、跌级天棚的配合项目,而艺术造型天棚已包括在此项内容中,不应另行计算。

　　悬挑式灯槽是指灯槽装订在跌级面龙骨的悬挑端。附加式灯槽是指直接装订在依附平面天棚所留出的槽孔内。

2. 艺术造型天棚项目

艺术造型天棚是指将天棚面层做成曲折形、多面体等形式的天棚，它同平面跌级天棚一样，根据其构造也分为轻钢龙骨、方木龙骨、基层、面层等内容。

（1）轻钢龙骨　轻钢龙骨根据其结构形式分为吊挂式天棚、藻井天棚、阶梯形天棚、锯齿形天棚等，具体内容见表 4-46。

表 4-46　轻钢龙骨的具体内容

项　目	说　明
吊挂式天棚	吊挂式天棚是指不依附墙体，只依靠吊筋吊挂的小面积天棚，它一般与大面积天棚配合使用，并且是分割成为一单独体，借以形成两种不同层次、不同结构、不同形状的多形式天棚，见图 4-13
藻井天棚	藻井天棚是我国古代宫殿建筑中所用最高形制的一种天棚。它分为上、中、下 3 层，最上层为圆弧形顶，中层为八边形几何体，最下层为四边形几何体，上小下大，形如伞盖。在现代装饰中，凡是将天棚做成不同层次的组合体并带有立体感的天棚都称为藻井天棚 藻井天棚根据其顶板形式，分为平面形（即平面顶）和拱形（即圆弧顶）。以顶为基础，根据其侧面形式又分为圆弧形和矩形 藻井天棚的工程量无论何种形式，均按主墙间的净空面积计算
阶梯形天棚	阶梯形天棚是指每一阶梯棱角为一独立面，进行层层组合而成的天棚（图 4-13）。它与跌级天棚的不同之处是棱角面的处理方法不同 阶梯形天棚根据其侧面板形状分为弧线形和直线形。其工程量均按主墙间的净空面积计算
锯齿形天棚	锯齿形天棚是指天棚面层为若干三角形界面所组成的天棚（图 4-13）。根据其侧面板形状分为弧线形和直线形。其工程量均按主墙间的净空面积计算

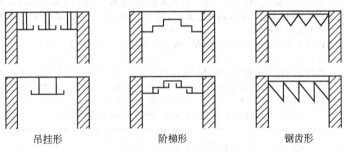

吊挂形　　　　　　　　阶梯形　　　　　　　　锯齿形

图 4-13　轻钢龙骨的分类

（2）方木龙骨　用方木龙骨来制作艺术天棚一般比较费工费时，所以一般只做成半圆形和圆形。其中，半圆形木龙骨是指天棚顶面为圆弧形；圆形木龙骨是指跌级天棚或阶梯形天棚的棱角侧面为圆弧形。

方木龙骨的工程量同轻钢龙骨一样，均按主墙间的净空面积计算。

（3）基层项目　这里所述基层是指在艺术造型天棚中，对较薄面层所另行增加的垫底层，它直接安装在龙骨下，然后在此基础上钉贴天棚面板。

艺术造型天棚的基层根据天棚龙骨的不同形式，所使用的工料数量有所不同，但其基层所用材质，定额均按石膏板和胶合板进行编制，如果设计要求的材质与定额不同时，材料与定额含量均可按实调整。其工程量与相应龙骨相同。

（4）面层项目　该面层是指艺术造型天棚中的面板。它同基层板一样，应按相应天棚龙骨进行配套。如果面层为厚面板，可以不钉贴在基层板上，而直接固定在龙骨下；如果面层为薄面材，应钉贴在基层板上。在实际工作中均按设计要求而定。

面层项目定额按其材质分为 3 种类型，即胶合板、石膏板、金属板。凡胶合型或硬质性的面板，均按胶合板项目套用；凡柔软性或轻型材质的面板，均按石膏板项目套用；凡金属性板材，均按金属板项目套用。材料单价可以调整，定额含量不变。

3. 其它天棚（龙骨和面层）项目

其它天棚是指具有一定特性的天棚及吊顶，它包括烤漆龙骨天棚、铝合金格栅天棚、玻璃采光天棚、木格栅天棚、网架及其它天棚等。

（1）烤漆龙骨天棚　是指将轻钢 T 形龙骨加以烤漆，再配以矿棉吸音板所组成的天棚。它既改善了龙骨的防锈功能，又保持了龙骨的承载能力，是替代铝合金龙骨的较好产品。

烤漆龙骨天棚分为暗架式吊顶和明架式吊顶。其中，暗架式吊顶是指主龙骨为 U 形或 C 形，次龙骨为 H 形，相互上下吊挂，矿棉吸音板与 H 形龙骨进行连接，主龙骨被隐藏的天棚。明架式吊顶是指主、次龙骨均为 T 形，相互搭接，龙骨的翼板外露，天棚面板搁置在翼板上的一种形式。

烤漆龙骨天棚是龙骨、面板等成配套型的天棚，其工程量均按主墙间的净空面积计算。

（2）铝合金格栅天棚　是指用铝合金薄片，经轧制、电化等工艺制成一定形状的单体，然后将若干单体组装而成的格网式天棚。依其结构形式分为方块形格栅天棚、铝格栅天棚、直条形格栅天棚、花片格栅天棚、空腹格栅天棚、吸声格栅天棚、铝合金筒形天棚等，具体内容见表 4-47。

表 4-47　铝合金格栅天棚具体内容

项　　目	说　　明
方块形格栅天棚	将铝合金板制作成方块单体，然后用连接件将其连接成格网形状的天棚，定额中的规格（块长×块宽×块高）为 90mm×90mm×60mm、125mm×125mm×60mm、158mm×158mm×60mm。其工程量均按主墙间的净空面积计算
铝格栅天棚	由横、直铝合金条板组成的格网状天棚，根据网格的大小成套配制。定额中的规格（网格长×网格宽×铝板厚）为 100mm×100mm×4.5mm、125mm×125mm×4.5mm、150mm×150mm×4.5mm。其工程量均按主墙间的净空面积计算
直条形铝合金格栅天棚	直条形铝合金格栅是方块形铝合金格栅的变形，即将方块改成长方块，用连接件连接即成。其规格（块长×块宽×块高）为 630mm×90mm×60mm、630mm×126mm×60mm、1260mm×90mm×60mm、1260mm×126mm×60mm。其工程量均按主墙间的净空面积计算
铝合金花片格栅天棚	花片格栅天棚也是由铝合金单体组成的天棚，但每个单体做成花形块状，用连接件相互连接。花块规格（块长×块宽×块高）为 25mm×25mm×25mm、40mm×40mm×40mm、158mm×158mm×60mm。其工程量均按主墙间的净空面积计算
铝合金空腹格栅天棚	上文所述的方块形、花块形和直条形等格栅，均是带有底板的单块体，为了使格栅上面的灯光能透射下来，造成一定光反射效果，则在上述单体基础上去掉底板而形成空腹单体，由此组成的格栅称为空腹格栅。它可分为多边形铝合金空腹格栅、方形铝合金空腹格栅、条形铝合金空腹格栅等。其工程量均按主墙间的净空面积计算
铝合金吸声格栅天棚	铝合金吸声格栅是由格栅中的每个单体或单体之间的连接件采用吸声材料制成，使整个天棚具有吸声功能。最常用的有方形、条形或三角形铝合金吸声格栅等，其形式与上述格栅相同。其工程量均按主墙间的净空面积计算
铝合金筒形天棚	上文所述格栅单体的高度一般都比较矮，最多为 60mm，而筒形天棚所用的单体都比较高（一般都大于 250mm）。按其单体形式分为方筒形和圆筒形。其工程量均按主墙间的净空面积计算

（3）玻璃采光天棚　玻璃采光天棚是指使用铝合金或型钢做成所需要的骨架，在骨架上安装采光玻璃形成的天棚，这种天棚通常多为室外建筑天棚。根据天棚所采用的玻璃种类分为钢化玻璃采光天棚、夹丝玻璃采光天棚、中空玻璃采光天棚、夹层玻璃采光天棚等。

室外玻璃采光天棚的形式比较多，较常见的有球形、长筒形、抛物面形等。其工程量均按主墙间的净空面积计算。

（4）木格栅天棚　该项目包括木格栅天棚和胶合板格栅天棚。木格栅天棚是指用方木条相互交叉，做成井字方格的天棚。胶合板格栅天棚是指用扁铁做成外框，再用 12mm 厚胶合板做成井字格的天棚。井字格的内框规格（井长×井宽×井厚）为 100mm×100mm×55mm、150mm×150mm×80mm、200mm×200mm×100mm、250mm×250mm×120mm。其工程量均按主墙间的净空面积计算。

（5）网架及其它天棚 网架是指由型钢制作的杆件和金属结点构件，相互连接成网状的整体构架。网架是组成采光屋顶的骨架，根据所用材料分为不锈钢管网架和钢网架。

其它天棚包括藤条造型悬挂吊顶、织物软吊顶、雨篷底面吊铝骨架板条天棚等。网架及其它天棚的工程量均按框外水平投影面积计算。

（6）送（回）风口安装 送（回）风口是指采用空调设备对房间进行送风和抽风时，在进出风口所安装的专用构件。其形类似于小型百叶窗，只让空气流通，阻止其它异物进出。本定额是用于安装送（回）风口（制成品）的项目。按材质分为木质和铝合金，其工程量按个计算。

例 题

【例 4-7】 如图 4-14 所示为某 KTV 包房吊顶图，计算其吊顶面层工程量。

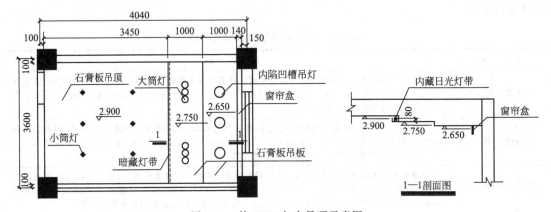

图 4-14 某 KTV 包房吊顶示意图

【解】
（1）天棚面层工程量
$$(4.04-0.1-0.15)\times(3.6-0.1\times2)=12.89 \ (m^2)$$
（2）窗帘盒面积
$$0.14\times3.4=0.48 \ (m^2)$$
（3）展开面积
$$[(2.75-2.65)+(2.9-2.75)+0.15+0.08]\times3.4=1.63 \ (m^2)$$
（4）天棚面层实际工程量
$$12.89-0.48+1.63=14.04 \ (m^2)$$

【例 4-8】 某工程有一套三室一厅商品房，其客厅为不上人型轻钢龙骨石膏板吊顶，如图 4-15 所示，龙骨间距为 450mm×450mm。

【解】
（1）天棚龙骨
$$6.48\times7.02=45.49 \ (m^2)$$
（2）墙纸
$$5.28\times5.82+(5.28+5.82)\times2\times0.4=39.61 \ (m^2)$$

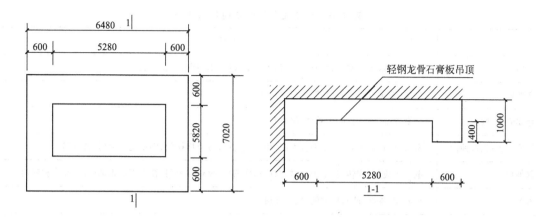

图 4-15 某工程不上人型轻钢龙骨石膏板吊顶平面及剖面图

（3）织锦缎

$$6.48 \times 7.02 - 5.28 \times 5.82 = 14.76 \ (\text{m}^2)$$

【例 4-9】 如图 4-16 所示，计算钢网架工程量。

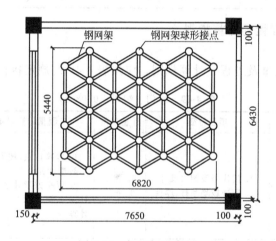

图 4-16 钢网架示意图

【解】

$$\text{网架工程量} = 5.44 \times 6.82 = 37.10 \ (\text{m}^2)$$

第 4 节 门 窗 工 程

要 点

共设 10 个分部、55 个分项工程项目。包括木门，金属门，金属卷帘闸门，厂库房大门、特种门，其它门、木窗，金属窗，门窗套，窗台板，窗帘、窗帘盒、轨。

解 释

一、门窗工程量清单项目的划分

清单项目的划分，见表 4-48。

表 4-48　门窗工程量清单项目的划分

项 目	项 目 分 项
木门	木质门、木质门带套、木质连窗门、木质防火门、木门框、门锁安装
金属门	金属（塑钢）门、彩板门、钢质防火门、防盗门
金属卷帘（闸）门	金属卷帘（闸）门、防火卷帘（闸）门
厂库房大门、特种门	木板大门、钢木大门、全钢板大门、防护铁丝门、金属格栅门、钢质花饰大门、特种门
其他门	电子感应门、旋转门、电子对讲门、电动伸缩门、全玻自由门、镜面不锈钢饰面门、复合材料门
木窗	木质窗、木飘（凸）窗、木橱窗、木纱窗
金属窗	金属（塑钢、断桥）窗、金属防火窗、金属百叶窗、金属纱窗、金属格栅窗、金属（塑钢、断桥）橱窗、金属（塑钢、断桥）飘（凸）窗、彩板窗、复合材料窗
门窗套	木门窗套、木筒子板、饰面夹板筒子板、金属门窗套、石材门窗套、门窗木贴脸、成品木门窗套
窗台板	木窗台板、铝塑窗台板、金属窗台板、石材窗台板
窗帘、窗帘盒、轨	窗帘，木窗帘盒，饰面夹板、塑料窗帘盒，铝合金窗帘盒，窗帘轨

二、门窗清单工程量的计算规则

1. 木门

工程量清单项目设置及工程量计算规则，应按表 4-49 的规定执行。

表 4-49　木门（编码：010801）

项目编码	项目名称	项目特征	计量单位	工程量计算规则	工作内容
010801001	木质门	1. 门代号及洞口尺寸 2. 镶嵌玻璃品种、厚度	1. 樘 2. m²	1. 以樘计量，按设计图示数量计算 2. 以平方米计量，按设计图示洞口尺寸以面积计算	1. 门安装 2. 玻璃安装 3. 五金安装
010801002	木质门带套				
010801003	木质连窗门				
010801004	木质防火门				
010801005	木门框	1. 门代号及洞口尺寸 2. 框截面尺寸 3. 防护材料种类	1. 樘 2. m	1. 以樘计量，按设计图示数量计算 2. 以米计量，按设计图示框的中心线以延长米计算	1. 木门框制作、安装 2. 运输 3. 刷防护材料
010801006	门锁安装	1. 锁品种 2. 锁规格	个（套）	按设计图示数量计算	安装

注：1. 木质门应区分镶板木门、企口木板门、实木装饰门、胶合板门、夹板装饰门、木纱门、全玻门（带木质扇框）、木质半玻门（带木质扇框）等项目，分别编码列项。

2. 木门五金应包括：折页、插销、门碰珠、弓背拉手、搭机、木螺丝、弹簧折页（自动门）、管子拉手（自由门、地弹门）、地弹簧（地弹门）、角铁、门轧头（地弹门、自由门）等。

3. 木质门带套计量按洞口尺寸以面积计算，不包括门套的面积，但门套应计算在综合单价中。

4. 以樘计量，项目特征必须描述洞口尺寸；以平方米计量，项目特征可不描述洞口尺寸。

5. 单独制作安装木门框按木门框项目编码列项。

2. 金属门

工程量清单项目设置及工程量计算规则，应按表 4-50 的规定执行。

表 4-50　金属门（编码：010802）

项目编码	项目名称	项目特征	计量单位	工程量计算规则	工作内容
010802001	金属（塑钢)门	1. 门代号及洞口尺寸 2. 门框或扇外围尺寸 3. 门框、扇材质 4. 玻璃品种、厚度	1. 樘 2. m²	1. 以樘计量,按设计图示数量计算 2. 以平方米计量,按设计图示洞口尺寸以面积计算	1. 门安装 2. 五金安装 3. 玻璃安装
010802002	彩板门	1. 门代号及洞口尺寸 2. 门框或扇外围尺寸			
010802003	钢质防火门	1. 门代号及洞口尺寸 2. 门框或扇外围尺寸 3. 门框、扇材质			1. 门安装 2. 五金安装
010802004	防盗门				

注：1. 金属门应区分金属平开门、金属推拉门、金属地弹门、全玻门（带金属扇框）、金属半玻门（带扇框）等项目，分别编码列项。

2. 铝合金门五金包括：地弹簧、门锁、拉手、门插、门铰、螺丝等。

3. 金属门五金包括：L型执手插锁（双舌）、执手锁（单舌）、门轨头、地锁、防盗门机、门眼（猫眼）、门碰珠、电子锁（磁卡锁）、闭门器、装饰拉手等。

4. 以樘计量，项目特征必须描述洞口尺寸，没有洞口尺寸必须描述门框或扇外围尺寸，以平方米计量，项目特征可不描述洞口尺寸及框、扇的外围尺寸。

5. 以平方米计量，无设计图示洞口尺寸，按门框、扇外围以面积计算。

3. 金属卷帘（闸）门

工程量清单项目设置及工程量计算规则，应按表 4-51 的规定执行。

表 4-51　金属卷帘（闸）门（编码：010803）

项目编码	项目名称	项目特征	计量单位	工程量计算规则	工作内容
010803001	金属卷帘（闸)门	1. 门代号及洞口尺寸 2. 门材质 3. 启动装置品种、规格	1. 樘 2. m²	1. 以樘计量,按设计图示数量计算 2. 以平方米计量,按设计图示洞口尺寸以面积计算	1. 门运输、安装 2. 启动装置、活动小门、五金安装
010803002	防火卷帘（闸)门				

注：以樘计量，项目特征必须描述洞口尺寸；以平方米计量，项目特征可不描述洞口尺寸。

4. 厂库房大门、特种门

工程量清单项目设置及工程量计算规则，应按表 4-52 的规定执行。

表 4-52　厂库房大门、特种门（编码：010804）

项目编码	项目名称	项目特征	计量单位	工程量计算规则	工作内容
010804001	木板大门	1. 门代号及洞口尺寸 2. 门框或扇外围尺寸 3. 门框、扇材质 4. 五金种类、规格 5. 防护材料种类	1. 樘 2. m²	1. 以樘计量,按设计图示数量计算 2. 以平方米计量,按设计图示洞口尺寸以面积计算	1. 门(骨架)制作、运输 2. 门、五金配件安装 3. 刷防护材料
010804002	钢木大门				
010804003	全钢板大门				
010804004	防护铁丝门				
010804005	金属格栅门	1. 门代号及洞口尺寸 2. 门框或扇外围尺寸 3. 门框、扇材质 4. 启动装置的品种、规格			1. 门安装 2. 启动装置、五金配件安装
010804006	钢质花饰大门	1. 门代号及洞口尺寸 2. 门框或扇外围尺寸 3. 门框、扇材质			1. 门安装 2. 五金配件安装
010804007	特种门				

注：1. 特种门应区分冷藏门、冷冻间门、保温门、变电室门、隔声门、防射线门、人防门、金库门等项目，分别编码列项。

2. 以樘计量，项目特征必须描述洞口尺寸，没有洞口尺寸必须描述门框或扇外围尺寸；以平方米计量，项目特征可不描述洞口尺寸及框、扇的外围尺寸。

3. 以平方米计量，无设计图示洞口尺寸，按门框、扇外围以面积计算。

5. 其它门

工程量清单项目设置及工程量计算规则，应按表 4-53 的规定执行。

表 4-53　其它门（编码：010805）

项目编码	项目名称	项目特征	计量单位	工程量计算规则	工作内容
010805001	电子感应门	1. 门代号及洞口尺寸 2. 门框或扇外围尺寸 3. 门框、扇材质	1. 樘 2. m²	1. 以樘计量，按设计图示数量计算 2. 以平方米计量，按设计图示洞口尺寸以面积计算	1. 门安装 2. 启动装置、五金、电子配件安装
010805002	旋转门	4. 玻璃品种、厚度 5. 启动装置的品种、规格 6. 电子配件品种、规格			
010805003	电子对讲门	1. 门代号及洞口尺寸 2. 门框或扇外围尺寸 3. 门材质			
010805004	电动伸缩门	4. 玻璃品种、厚度 5. 启动装置的品种、规格 6. 电子配件品种、规格			
010805005	全玻自由门	1. 门代号及洞口尺寸 2. 门框或扇外围尺寸 3. 框材质 4. 玻璃品种、厚度			1. 门安装 2. 五金安装
010805006	镜面不锈钢饰面门	1. 门代号及洞口尺寸 2. 门框或扇外围尺寸			
010805007	复合材料门	3. 框、扇材质 4. 玻璃品种、厚度			

注：1. 以樘计量，项目特征必须描述洞口尺寸，没有洞口尺寸必须描述门框或扇外围尺寸；以平方米计量，项目特征可不描述洞口尺寸及框、扇的外围尺寸。

2. 以平方米计量，无设计图示洞口尺寸，按门框、扇外围以面积计算。

6. 木窗

程量清单项目设置及工程量计算规则，应按表 4-54 的规定执行。

表 4-54　木窗（编码：010806）

项目编码	项目名称	项目特征	计量单位	工程量计算规则	工作内容
010806001	木质窗	1. 窗代号及洞口尺寸 2. 玻璃品种、厚度	1. 樘 2. m²	1. 以樘计量，按设计图示数量计算 2. 以平方米计量，按设计图示洞口尺寸以面积计算	1. 窗安装 2. 五金、玻璃安装
010806002	木飘（凸）窗			1. 以樘计量，按设计图示数量计算 2. 以平方米计量，按设计图示尺寸以框外围展开面积计算	1. 窗制作、运输、安装 2. 五金、玻璃安装 3. 刷防护材料
010806003	木橱窗	1. 窗代号 2. 框截面及外围展开面积 3. 玻璃品种、厚度 4. 防护材料种类			
010806004	木纱窗	1. 窗代号及框的外围尺寸 2. 窗纱材料品种、规格		1. 以樘计量，按设计图示数量计算 2. 以平方米计量，按框的外围尺寸以面积计算	1. 窗安装 2. 五金安装

注：1. 木质窗应区分木百叶窗、木组合窗、木天窗、木固定窗、木装饰空花窗等项目，分别编码列项。

2. 以樘计量，项目特征必须描述洞口尺寸，没有洞口尺寸必须描述窗框外围尺寸；以平方米计量，项目特征可不描述洞口尺寸及框的外围尺寸。

3. 以平方米计量，无设计图示洞口尺寸，按窗框外围以面积计算。

4. 木橱窗、木飘（凸）窗以樘计量，项目特征必须描述框截面及外围展开面积。

5. 木窗五金包括：折页、插销、风钩、木螺丝、滑楞滑轨（推拉窗）等。

7. 金属窗

工程量清单项目设置及工程量计算规则，应按表4-55的规定执行。

表 4-55 金属窗（编码：010807）

项目编码	项目名称	项目特征	计量单位	工程量计算规则	工作内容
010807001	金属（塑钢、断桥）窗	1. 窗代号及洞口尺寸 2. 框、扇材质 3. 玻璃品种、厚度	1. 樘 2. m²	1. 以樘计量，按设计图示数量计算 2. 以平方米计量，按设计图示洞口尺寸以面积计算	1. 窗安装 2. 五金、玻璃安装
010807002	金属防火窗				
010807003	金属百叶窗	1. 窗代号及洞口尺寸 2. 框、扇材质 3. 玻璃品种、厚度		1. 以樘计量，按设计图示数量计算 2. 以平方米计量，按设计图示洞口尺寸以面积计算	
010807004	金属纱窗	1. 窗代号及框的外围尺寸 2. 框材质 3. 窗纱材料品种、规格		1. 以樘计量，按设计图示数量计算 2. 以平方米计量，按框的外围尺寸以面积计算	
010807005	金属格栅窗	1. 窗代号及洞口尺寸 2. 框外围尺寸 3. 框、扇材质		1. 以樘计量，按设计图示数量计算 2. 以平方米计量，按设计图示洞口尺寸以面积计算	1. 窗安装 2. 五金安装
010807006	金属（塑钢、断桥）橱窗	1. 窗代号 2. 框外围展开面积 3. 框、扇材质 4. 玻璃品种、厚度 5. 防护材料种类	1. 樘 2. m²	1. 以樘计量，按设计图示数量计算 2. 以平方米计量，按设计图示尺寸以框外围展开面积计算	1. 窗制作、运输、安装 2. 五金、玻璃安装 3. 刷防护材料
010807007	金属（塑钢、断桥）飘（凸）窗	1. 窗代号 2. 框外围展开面积 3. 框、扇材质 4. 玻璃品种、厚度			1. 窗安装 2. 五金、玻璃安装
010807008	彩板窗	1. 窗代号及洞口尺寸 2. 框外围尺寸 3. 框、扇材质 4. 玻璃品种、厚度		1. 以樘计量，按设计图示数量计算 2. 以平方米计量，按设计图示洞口尺寸或框外围以面积计算	
010807009	复合材料窗				

注：1. 金属窗应区分金属组合窗、防盗窗等项目，分别编码列项。

2. 以樘计量，项目特征必须描述洞口尺寸，没有洞口尺寸必须描述窗框外围尺寸；以平方米计量，项目特征可不描述洞口尺寸及框的外围尺寸。

3. 以平方米计量，无设计图示洞口尺寸，按窗框外围以面积计算。

4. 金属橱窗、飘（凸）窗以樘计量，项目特征必须描述框外围展开面积。

5. 金属窗五金包括：折页、螺丝、执手、卡锁、风撑、滑轮、滑轨、拉把、拉手、角码、牛角制等。

8. 门窗套

工程量清单项目设置及工程量计算规则，应按表4-56的规定执行。

9. 窗台板

工程量清单项目设置及工程量计算规则，应按表4-57的规定执行。

表 4-56　门窗套（编码：010808）

项目编码	项目名称	项目特征	计量单位	工程量计算规则	工作内容
010808001	木门窗套	1. 窗代号及洞口尺寸 2. 门窗套展开宽度 3. 基层材料种类 4. 面层材料品种、规格 5. 线条品种、规格 6. 防护材料种类	1. 樘 2. m² 3. m	1. 以樘计量，按设计图示数量计算 2. 以平方米计量，按设计图示尺寸以展开面积计算 3. 以米计量，按设计图示中心以延长米计算	1. 清理基层 2. 立筋制作、安装 3. 基层板安装 4. 面层铺贴 5. 线条安装 6. 刷防护材料
010808002	木筒子板	1. 筒子板宽度 2. 基层材料种类 3. 面层材料品种、规格 4. 线条品种、规格 5. 防护材料种类			
010808003	饰面夹板筒子板				
010808004	金属门窗套	1. 窗代号及洞口尺寸 2. 门窗套展开宽度 3. 基层材料种类 4. 面层材料品种、规格 5. 防护材料种类			1. 清理基层 2. 立筋制作、安装 3. 基层板安装 4. 面层铺贴 5. 刷防护材料
010808005	石材门窗套	1. 窗代号及洞口尺寸 2. 门窗套展开宽度 3. 黏结层厚度、砂浆配合比 4. 面层材料品种、规格 5. 线条品种、规格			1. 清理基层 2. 立筋制作、安装 3. 基层抹灰 4. 面层铺贴 5. 线条安装
010808006	门窗木贴脸	1. 门窗代号及洞口尺寸 2. 贴脸板宽度 3. 防护材料种类	1. 樘 2. m	1. 以樘计量，按设计图示数量计算 2. 以米计量，按设计图示尺寸以延长米计算	安装
010808007	成品木门窗套	1. 门窗代号及洞口尺寸 2. 门窗套展开宽度 3. 门窗套材料品种、规格	1. 樘 2. m² 3. m	1. 以樘计量，按设计图示数量计算 2. 以平方米计量，按设计图示尺寸以展开面积计算 3. 以米计量，按设计图示中心以延长米计算	1. 清理基层 2. 立筋制作、安装 3. 板安装

注：1. 以樘计量，项目特征必须描述洞口尺寸、门窗套展开宽度。

2. 以平方米计量，项目特征可不描述洞口尺寸、门窗套展开宽度。

3. 以米计量，项目特征必须描述门窗套展开宽度、筒子板及贴脸宽度。

4. 木门窗套适用于单独门窗套的制作、安装。

表 4-57　窗台板（编码：010809）

项目编码	项目名称	项目特征	计量单位	工程量计算规则	工作内容
010809001	木窗台板	1. 基层材料种类 2. 窗台面板材质、规格、颜色 3. 防护材料种类	m²	按设计图示尺寸以展开面积计算	1. 基层清理 2. 基层制作、安装 3. 窗台板制作、安装 4. 刷防护材料
010809002	铝塑窗台板				
010809003	金属窗台板				
010809004	石材窗台板	1. 黏结层厚度、砂浆配合比 2. 窗台板材质、规格、颜色			1. 基层清理 2. 抹找平层 3. 窗台板制作、安装

10. 窗帘、窗帘盒、轨

工程量清单项目设置及工程量计算规则，应按表4-58的规定执行。

表4-58 窗帘、窗帘盒、轨（编码：010810）

项目编码	项目名称	项目特征	计量单位	工程量计算规则	工作内容
010810001	窗帘	1. 窗帘材质 2. 窗帘高度、宽度 3. 窗帘层数 4. 带幔要求	1. m 2. m²	1. 以米计量，按设计图示尺寸以成活后长度计算 2. 以平方米计量，按图示尺寸以成活后展开面积计算	1. 制作、运输 2. 安装
010810002	木窗帘盒	1. 窗帘盒材质、规格 2. 防护材料种类	m	按设计图示尺寸以长度计算	1. 制作、运输、安装 2. 刷防护材料
010810003	饰面夹板、塑料窗帘盒				
010810004	铝合金窗帘盒				
010810005	窗帘轨	1. 窗帘轨材质、规格 2. 轨的数量 3. 防护材料种类		按设计图示尺寸以长度计算	

注：1. 窗帘若是双层，项目特征必须描述每层材质。

2. 窗帘以米计量，项目特征必须描述窗帘高度和宽。

相关知识

门窗工程量清单项目的内容说明

（1）装饰木门窗项目　装饰木门窗是现代装饰工程中常用的具有功能性和装饰效果的元素。装饰木门的门扇有蒙板式和镶板式两种，镶板式门扇主要有木与玻璃结合式、全木式两类，蒙板式门扇主要有木板与木线条组合式、平板式。装饰木门工程量按照图示门洞口面积计算。装饰木窗通常有开启式和固定式两种，工程量按照图示窗洞口面积计算。

（2）铝合金门窗制作安装项目　铝合金门窗制作安装是指用铝合金门窗型材，在施工现场或施工附属工厂进行加工制作，并在现场安装的门窗。铝合金门包括铝合金地弹门、铝合金平开门。铝合金窗包括铝合金平开窗、铝合金推拉窗、铝合金固定窗。

所有铝合金门窗制作安装的工程量，均统一按门窗洞口面积计算。所有门窗制作安装定额均不包括五金配件，应另行按"五金配件表"计算。

① 铝合金地弹门（表4-59）　铝合金地弹门又称为自由门，它是指铝合金门的门扇用埋在地下的弹簧器进行控制，使里外均可开启，其简写代号为"DHLM"。铝合金地弹门根据门扇的数量分为单扇地弹门、双扇地弹门、四扇地弹门等。每种门又根据门扇以上是否带窗分为带上亮、无上亮两种，见图4-17。

表4-59 铝合金地弹门

铝合金地弹门	说　明
门的扇数及是否带亮	判别门的扇数应从立、平面图进行辨认，如在立面图中画有几个长竖格，而在平面图中画有相应根数斜开启线的就为几扇。如双扇地弹门，在立面图上画有两个长竖格，在其平面图中画有两根斜开启线，其中，虚线表示可以里外开启（即地弹门扇） 　　门上是否带亮应从两个方面判别：首先从立面图上看，画有窗格线者为带亮，无格线者为不带亮；从门窗尺寸辨别，凡门高尺寸超过2.1m以上者通常为带亮，门高尺寸在2.1m以下者为不带亮

续表

铝合金地弹门	说　明
铝合金门的结构与材料	铝合金门由门扇料和门框料两部分组成,铝合金门的框扇料均为方管形的铝合金材料,一般有统一规格,地弹门的型材规格分为 45、55、70、80、100 等 5 个系列。每个系列是以门框厚度尺寸而命名,如 80 系列是指铝合金门框型材的标准厚度为 80mm,具体规格尺寸差为±2mm 　　在定额中,铝合金地弹门是按 100 系列编制,即门框所用铝合金方管型材的尺寸(宽×管高×管壁厚)为 101.6mm×44.5mm×1.5mm。定额中的型材耗用量按 kg 计量(即用型材长×型材重量)。如果设计要求的型材规格与定额不同时,型材用量可以调整,其它工料不变

②　铝合金平开门　即铝合金门的门扇依靠安装在门框上的铰链进行控制,是只能一个方向启闭的门扇,其简写代号为"PLM"。它的图示表示法与地弹门一样,只是在平面中不画虚线即可。

铝合金平开门分为单扇平开门(包括带亮和不带亮)、双扇平开门(包括带亮和不带亮)。铝合金平开门使用方管型材,玻璃由铝合金压条固定在门扇框料上。

铝合金平开门的型材规格分为 40、45、50、55、60、70、80 等 7 个系列,具体尺寸差为±2mm。如铝合金平开门,在定额中的单扇门是按 38 系列编制,即铝合金方管型材宽度为 38mm,所以应列为 40 系列。如果设计要求的型材规格与定额规定不同时,型材用量可以调整。

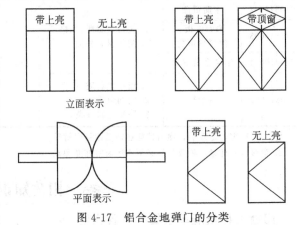

图 4-17　铝合金地弹门的分类

③　铝合金平开窗　铝合金平开窗与平开门相似,是依靠铰链或撑杆进行启闭窗扇的金属窗,简写代号为"PLC"。铝合金平开窗分为单扇平开窗和双扇平开窗,其中,又有带上亮、无上亮、带顶窗之分,带顶窗是指带有可以开启的亮窗(带上亮是固定玻璃),见图 4-17。

④　铝合金推拉窗　铝合金推拉窗是指窗扇能够在窗框内左右推拉的玻璃窗,简写代号为"TLC"。铝合金推拉窗分为双扇推拉窗、三扇推拉窗、四扇推拉窗,其中,又分带上亮和无上亮。

铝合金推拉窗所用型材种类较多,除窗框料仍为方管型材外,为配合窗扇的推拉活动,还附有内框材料。内框两边的边料称为边封,内框的上下边料称为上滑、下滑。窗扇的上下型材称为上方、下方,窗扇两边的型材称为光企、勾企。

整个铝合金推拉窗的型材规格仍以外框料的厚度命名,分为 40、55、60、80、90 等 5 个系列。在定额中,铝合金推拉窗是按 90 系列编制,如果设计要求不同时,可按实际调整计算。

(3)　铝合金门窗(成品)安装项目　铝合金门窗安装是由生产厂家以市场价格提供成型商品,然后由施工单位负责安装的铝合金门窗,它包括铝合金地弹门、铝合金平开门、铝合金推拉门、铝合金固定窗、铝合金推拉窗、铝合金防盗窗、铝合金平开窗、铝合金百叶窗等。定额中,该项目均包括门窗所需五金配件及其附件。

安装工作内容包括现场搬运、装配五金配件,门窗安装、周边塞缝等操作过程。其工程量按门窗洞口面积计算。

(4)　卷闸门安装项目　卷闸门也称为卷帘门,是铝合金材质的成型产品。安装时,卷闸门悬挂在门洞横梁以上，向上卷起为开，下拉到地面关闭。根据开关构造分为链条式、摇杆式、手动式、电动式等。卷闸门安装项目包括铝合金卷闸门安装、卷闸门电动装置安装、卷闸门上增加活动小门。安装内容包括安装导槽、端板及支撑、卷轴及门片、附件、门锁等操作过程。

工程量计算：铝合金卷闸门安装按卷闸门安装高度乘以卷闸门宽度，以面积（m²）计算。闸门电动装置安装按套数计算。卷闸门上增加活动小门按小门个数计算。

（5）塑钢门窗安装项目　塑钢窗是指将硬质聚氯乙烯仿照铝合金门窗型材形式，制成空腹塑料型材（简称塑钢型材），然后在空腹内插入钢芯，按门窗规格塑焊而成。塑钢门分为带亮、不带亮，塑钢窗分为带纱、不带纱（即单层）。

安装内容包括门窗安装、装配五金配件、周边塞缝等操作过程，其安装工程量按门窗洞口面积计算。

（6）彩板组角钢门窗安装项目　彩板组角钢门窗是指用小于1mm厚的涂层钢板，经辊压、轧制或冷弯后的型材所做成的门窗成品。它具有重量轻、强度高、密封好、耐腐蚀等特点，是型钢门窗的代替品。彩板组角钢门窗分为彩板组角钢门、彩板组角钢窗。

安装内容包括门窗安装、装配五金配件、周边塞缝等操作过程，其安装工程量按门窗面积计算。

（7）防火门、防火卷帘门安装项目　防火门分为钢质防火门、木质防火门。钢质防火门是指采用钢质框架、防火棉毡衬垫、防火玻璃等加工而成的成品。木质防火门是指采用经阻燃化学剂处理的木质框架、耐火纤维板等，外包镀锌钢板加工而成的成品门。防火门的安装包括凿洞、安装、周边塞缝等操作过程。

防火卷帘门均为钢质，分为普通型和复合型。普通型钢质防火门的帘板为1.5～2mm厚镀锌钢板，复合型钢质防火门的帘板为1.5mm厚镀锌钢板加防火衬垫材料复合而成，并在帘板、卷筒体、导轨上配有温感、烟感、光感等报警系统及小型水幕喷淋保护系统。防火卷帘门的安装包括安装导槽、端板及支撑、卷轴及门片、附件、门锁等操作过程。

(a) 平底形

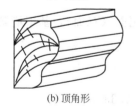

(b) 顶角形

图 4-18　实木镶板半玻璃门扇

防火门、防火卷帘门的安装工程量均按门的外框面积计算。

（8）防盗装饰门窗安装项目　防盗装饰门窗是指使用坚硬的材质、完善的锁闭技术、亮丽的外观装饰等加工而成的成品门窗，分为防盗门、不锈钢防盗窗、不锈钢格栅门。

安装内容包括凿洞、安装、周边塞缝等操作过程，其安装工程量按门窗外框面积计算。

（9）装饰门框、门扇制作安装项目　装饰门框、门扇制作安装是指在施工现场用实木锯材制作门框，用装饰面板制作门扇，并安装到位的全部工作。其中，门扇根据其装饰材料分为实木镶板门扇（凸凹形）、实木镶板半玻璃门扇（图 4-18）、实木全玻门（网格式）、装饰板门扇（分门扇骨架制作、门扇基层面制作、门扇面层制作、门扇安装）、门扇双面包不锈钢板、门扇加隔声层等。

工程量计算：实木门框的制作安装按长度计算；实木门扇的制作安装按门扇外围面积计算；装饰板门扇制作按门扇外围面积计算，安装按扇计算；门扇包不锈钢板和加隔声层按外围单面面积计算。

（10）电子感应自动门及转门项目　电子感应自动门是指采用电磁场或光电管感应来控制开关的门，它由玻璃门扇和电磁感应装置等组成。转门是指在门的对称中轴线上安装上下

装饰工程招投标与预决算

132

轴承，使门扇能自由旋转的玻璃门。电子感应自动门及转门的工程量均按每樘门计算，电磁感应装置按套计算。

（11）不锈钢板包门框、无框全玻门项目　不锈钢板包门框是指在原有门洞上重新安装门框龙骨，并在龙骨上钉装镜面不锈钢片的装饰工作。其工程量按展开面积计算。

无框全玻门是指只安装或更换玻璃门扇的施工项目，如上述电动伸缩门、转门等，当玻璃门扇破损而需另行更换玻璃门者即是，其工程量按门扇外围面积计算。

（12）不锈钢电动伸缩门项目　伸缩门又称折叠门、不锈钢电动伸缩门，是用不锈钢杆件，通过直杆与斜杆的螺杆连接组成可以拉开和缩折的栅栏，在栅栏底部加设滑轨和电动牵引，即成为伸缩门。

不锈钢电动伸缩门的工程量按每樘计算。在该项定额中，伸缩门是按 5m 长、钢轨按 10m 长计算的，如果设计要求的长度不同时，可按实际用量调整。安装工作中打凿混凝土的工料应另行计算。

（13）门窗套项目　门窗套是指对门窗洞口外围周边，用宽板进行覆盖与高级装饰。它可以采用木质门窗套、不锈钢门窗套或石材门窗套等。

木门窗套分为不带木筋和带木筋。不带木筋是指直接在墙上加木楔，钉胶合板基层，然后钉装饰面板和压条。带木筋是指先在墙上钉装木龙骨条，再钉胶合板基层，然后钉装饰面板和压条。不锈钢门窗套是先在墙上钉装细木工板做衬垫，然后再在其上粘贴镜面不锈钢片。石材门窗套是采用大理石板或花岗岩板，直接用水泥砂浆粘贴在墙上，或采用挂贴法在墙上埋铁件、钢筋网，然后挂贴石材板。定额中是采用挂贴法。

门窗套的工程量均按实贴面积计算。

（14）门窗贴脸项目　门窗贴脸是指对门窗洞口外围周边所进行的一般装饰。当门洞口周边不做门窗套时，可采用较窄的木质板条或塑料板条，将门窗框与墙之间的缝隙遮盖起来，遮盖的板条称为贴脸。板条一般为 60～80mm，也有 80～100mm、100～120mm。其工程量按实贴长度计算。

（15）窗台板项目　窗台板是指对窗洞下口进行装饰的平板，板宽一般挑出墙面外 50mm，分为硬木台板、饰面台板、大理石台板等。其工程量按台板面积计算。

（16）门窗筒子板项目　筒子板是指对门窗洞口内圈洞壁所进行的高级装饰。筒子板一般只采用木质板材，分为带木筋硬木板、不带木筋硬木板、木工板基层贴饰面板等。工程量按实贴面积计算。

（17）窗帘盒项目　窗帘盒是指用以遮挡窗帘杆的装饰木盒，按其材料分为细木工板、饰面板、硬木板等。其工程量按木盒长度计算。

例 题

【例 4-10】 某工程包门框采用木龙骨基层细木工板面层不锈钢包面（双面），基层刷防火涂料，门框侧面宽 0.10mm 尺寸如图 4-19 所示，试计算工程量。

【解】

门窗套工程量：

$$[0.1 \times 2 \times 2 + 0.85 \times 0.1] \times 2 + 0.24 \times (2.4 \times 2 + 0.85) = 2.33 (m^2)$$

清单工程量计算见表 4-60。

【例 4-11】 有一推拉式钢木大门如图 4-20 所示。如图已知洞口宽 4200mm，洞口高 3900mm，共有 16 樘。现根据已知条件，试计算该钢木大门的工程量。

图 4-19　木门框

表 4-60　清单工程量计算表

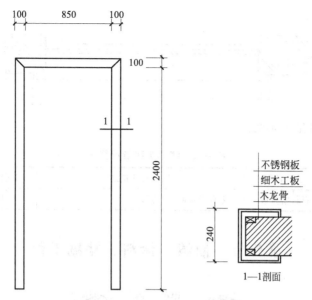

项目编码	项目名称	项目特征描述	工程量合计	计量单位
010808001001	木门窗套	1. 窗代号及洞口尺寸:850mm×2400mm 2. 基层材料种类:木龙骨基层 3. 面层材料品种、规格:不锈钢包面(双面) 4. 防护材料种类:防火涂料	2.33	m²

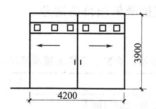

图 4-20 推拉门示意图

【解】

钢木大门工程量

$$S = 4.2 \times 3.9 \times 16 = 262.08 \ (\text{m}^2)$$

清单工程量计算见表 4-61。

表 4-61 清单工程量计算表

项目编码	项目名称	项目特征描述	工程量合计	计量单位
010804002001	钢木大门	门代号及洞口尺寸:洞口宽 4200mm,洞口高 3900mm	16 262.08	樘 m²

【例 4-12】 如图 4-21 所示为某办公室大理石窗台板,试计算大理石窗台板工程量。

【解】

大理石窗台板工程量:

图 4-21 大理石窗台板示意图

$$3.5 \times 0.285 + (3.5 + 0.12 \times 2) \times 0.06 = 1.22 (\text{m}^2)$$

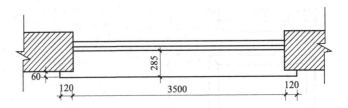

清单工程量计算见表 4-62。

表 4-62　清单工程量计算表

项目编码	项目名称	项目特征描述	工程量合计	计量单位
010809004001	石材窗台板	窗台板材质:大理石	1.22	m²

第 5 节　油漆、涂料、裱糊工程

要　点

　　共设 8 个部分、36 个分项工程项目,包括门油漆,窗油漆,木扶手及其他板条、线条油漆,木材面油漆,金属面油漆,抹灰面油漆,喷刷涂料,裱糊等。

解　释

一、油漆、涂料、裱糊工程量清单项目的划分

　　清单项目的划分,见表 4-63。

表 4-63　油漆、涂料、裱糊工程量清单项目的划分

项　目	项目分项
门油漆	木门油漆、金属门油漆
窗油漆	木窗油漆、金属窗油漆
扶手及其他板条、线条油漆	木扶手油漆、窗帘盒油漆、封檐板、顺水板油漆、挂衣板、黑板框油漆、挂镜线、窗帘棍、单独木线油漆
木材面油漆	木护墙、木墙裙油漆、窗台板、筒子板、盖板、门窗套、踢脚线油漆、清水板条天棚、檐口油漆、木方格吊顶天棚油漆、吸音板墙面、天棚面油漆、暖气罩油漆、其他木材面、木间壁、木隔断油漆、玻璃间壁露明墙筋油漆、木栅栏、木栏杆(带扶手)油漆、衣柜、壁柜油漆、梁柱饰面油漆、零星木装修油漆、木地板油漆、木地板烫硬蜡面
金属面油漆	—
抹灰面油漆	抹灰面油漆、抹灰线条油漆、满刮腻子
喷刷涂料	墙面喷刷涂料、天棚喷刷涂料、空花格、栏杆刷涂料、线条刷涂料、金属构件刷防火涂料、木材构件喷刷防火涂料
裱糊	墙纸裱糊、织锦缎裱糊

二、油漆、涂料、裱糊清单工程量的计算规则

1. 门油漆

　　工程量清单项目设置及工程量计算规则,应按表 4-64 的规定执行。

表 4-64　门油漆(编码:011401)

项目编码	项目名称	项目特征	计量单位	工程量计算规则	工作内容
011401001	木门油漆	1. 门类型 2. 门代号及洞口尺寸 3. 腻子种类 4. 刮腻子遍数 5. 防护材料种类 6. 油漆品种、刷漆遍数	1. 樘 2. m²	1. 以樘计量，按设计图示数量计算 2. 以平方米计量，按设计图示洞口尺寸以面积计算	1. 基层清理 2. 刮腻子 3. 刷防护材料、油漆
011401002	金属门油漆				1. 除锈、基层清理 2. 刮腻子 3. 刷防护材料、油漆

注：1. 木门油漆应区分木大门、单层木门、双层（一玻一纱）木门、双层（单裁口）木门、全玻自由门、半玻自由门、装饰门及有框门或无框门等项目，分别编码列项。

2. 金属门油漆应区分平开门、推拉门、钢制防火门等项目，分别编码列项。

3. 以平方米计量，项目特征可不必描述洞口尺寸。

2. 窗油漆

工程量清单项目设置及工程量计算规则，应按表4-65的规定执行。

表 4-65　窗油漆（编码：011402）

项目编码	项目名称	项目特征	计量单位	工程量计算规则	工作内容
011402001	木窗油漆	1. 窗类型 2. 窗代号及洞口尺寸 3. 腻子种类 4. 刮腻子遍数 5. 防护材料种类 6. 油漆品种、刷漆遍数	1. 樘 2. m²	1. 以樘计量，按设计图示数量计算 2. 以平方米计量，按设计图示洞口尺寸以面积计算	1. 基层清理 2. 刮腻子 3. 刷防护材料、油漆
011402002	金属窗油漆				1. 除锈、基层清理 2. 刮腻子 3. 刷防护材料、油漆

注：1. 木窗油漆应区分单层木门、双层（一玻一纱）木窗、双层框扇（单裁口）木窗、双层框三层（二玻一纱）木窗、单层组合窗、双层组合窗、木百叶窗、木推拉窗等项目，分别编码列项。

2. 金属窗油漆应区分平开窗、推拉窗、固定窗、组合窗、金属隔栅窗等项目，分别编码列项。

3. 以平方米计量，项目特征可不必描述洞口尺寸。

3. 扶手及其他板条、线条油漆

工程量清单项目设置及工程量计算规则，应按表4-66的规定执行。

表 4-66　木扶手及其他板条、线条油漆（编码：011403）

项目编码	项目名称	项目特征	计量单位	工程量计算规则	工作内容
011403001	木扶手油漆	1. 断面尺寸 2. 腻子种类 3. 刮腻子遍数 4. 防护材料种类 5. 油漆品种、刷漆遍数	m	按设计图示尺寸以长度计算	1. 基层清理 2. 刮腻子 3. 刷防护材料、油漆
011403002	窗帘盒油漆				
011403003	封檐板、顺水板油漆				
011403004	挂衣板、黑板框油漆				
011403005	挂镜线、窗帘棍、单独木线油漆				

注：木扶手应区分带托板与不带托板，分别编码列项，若是木栏杆带扶手，木扶手不应单独列项，应包含在木栏杆油漆中。

4. 木材面油漆

工程量清单项目设置及工程量计算规则，应按表4-67的规定执行。

5. 金属面油漆

工程量清单项目设置及工程量计算规则，应按表4-68的规定执行。

表 4-67　木材面油漆（编码：011404）

项目编码	项目名称	项目特征	计量单位	工程量计算规则	工作内容
011404001	木护墙、木墙裙油漆				
011404002	窗台板、筒子板、盖板、门窗套、踢脚线油漆			按设计图示尺寸以面积计算	
011404003	清水板条天棚、檐口油漆				
011404004	木方格吊顶天棚油漆				
011404005	吸音板墙面、天棚面油漆	1. 腻子种类 2. 刮腻子遍数 3. 防护材料种类 4. 油漆品种、刷漆遍数	m²		1. 基层清理 2. 刮腻子 3. 刷防护材料、油漆
011404006	暖气罩油漆				
011404007	其他木材面				
011404008	木间壁、木隔断油漆			按设计图示尺寸以单面外围面积计算	
011404009	玻璃间壁露明墙筋油漆				
011404010	木栅栏、木栏杆（带扶手）油漆				
011404011	衣柜、壁柜油漆			按设计图示尺寸以油漆部分展开面积计算	
011404012	梁柱饰面油漆				
011404013	零星木装修油漆				
011404014	木地板油漆			按设计图示尺寸以面积计算。空洞、空圈、暖气包槽、壁龛的开口部分并入相应的工程量内	
011404015	木地板烫硬蜡面	1. 硬蜡品种 2. 面层处理要求			1. 基层清理 2. 烫蜡

表 4-68　金属面油漆（编码：011405）

项目编码	项目名称	项目特征	计量单位	工程量计算规则	工作内容
011405001	金属面油漆	1. 构件名称 2. 腻子种类 3. 刮腻子要求 4. 防护材料种类 5. 油漆品种、刷漆遍数	1. t 2. m²	1. 以吨计量，按设计图示尺寸以质量计算 2. 以平方米计量，按设计展开面积计算	1. 基层清理 2. 刮腻子 3. 刷防护材料、油漆

6. 抹灰面油漆

工程量清单项目设置及工程量计算规则，应按表 4-69 的规定执行。

表 4-69　抹灰面油漆（编码：011406）

项目编码	项目名称	项目特征	计量单位	工程量计算规则	工作内容
011406001	抹灰面油漆	1. 基层类型 2. 腻子种类 3. 刮腻子遍数 4. 防护材料种类 5. 油漆品种、刷漆遍数 6. 部位	m²	按设计图示尺寸以面积计算	1. 基层清理 2. 刮腻子 3. 刷防护材料、油漆
011406002	抹灰线条油漆	1. 线条宽度、道数 2. 腻子种类 3. 刮腻子遍数 4. 防护材料种类 5. 油漆品种、刷漆遍数	m	按设计图示尺寸以长度计算	

续表

项目编码	项目名称	项目特征	计量单位	工程量计算规则	工作内容
011406003	满刮腻子	1. 基层类型 2. 腻子种类 3. 刮腻子遍数	m²	按设计图示尺寸以面积计算	1. 基层清理 2. 刮腻子

7. 喷刷涂料

工程量清单项目设置及工程量计算规则，应按表4-70的规定执行。

表 4-70　喷刷涂料（编码：011407）

项目编码	项目名称	项目特征	计量单位	工程量计算规则	工作内容
011407001	墙面喷刷涂料	1. 基层类型 2. 喷刷涂料部位 3. 腻子种类 4. 刮腻子要求 5. 涂料品种、喷刷遍数	m²	按设计图示尺寸以面积计算	1. 基层清理 2. 刮腻子 3. 刷、喷涂料
011407002	天棚喷刷涂料				
011407003	空花格、栏杆刷涂料	1. 腻子种类 2. 刮腻子遍数 3. 涂料品种、刷喷遍数		按设计图示尺寸以单面外围面积计算	
011407004	线条刷涂料	1. 基层清理 2. 线条宽度 3. 刮腻子遍数 4. 刷防护材料、油漆	m	按设计图示尺寸以长度计算	1. 基层清理 2. 刮腻子 3. 刷、喷涂料
011407005	金属构件刷防火涂料	1. 喷刷防火涂料构件名称 2. 防火等级要求 3. 涂料品种、喷刷遍数	1. m² 2. t	1. 以吨计量，按设计图示尺寸以质量计算 2. 以平方米计量，按设计展开面积计算	1. 基层清理 2. 刷防护材料、油漆
011407006	木材构件喷刷防火涂料		m²	以平方米计量，按设计图示尺寸以面积计算	1. 基层清理 2. 刷防火材料

注：喷刷墙面涂料部位要注明内墙或外墙。

8. 裱糊

工程量清单项目设置及工程量计算规则，应按表4-71的规定执行。

表 4-71　裱糊（编码：011408）

项目编码	项目名称	项目特征	计量单位	工程量计算规则	工程内容
011408001	墙纸裱糊	1. 基层类型 2. 裱糊部位 3. 腻子种类 4. 刮腻子遍数 5. 粘结材料种类 6. 防护材料种类 7. 面层材料品种、规格、颜色	m²	按设计图示尺寸以面积计算	1. 基层清理 2. 刮腻子 3. 面层铺粘 4. 刷防护材料
011408002	织锦缎裱糊				

❧❧❧　相关知识　❧❧❧

油漆、涂料及裱糊工程量清单项目的内容说明

1. 木材面油漆项目

（1）木材面油漆项目工程量系数表的识别　木材面油漆工程量系数表，是为所有木材面油漆项目的计算服务而设立的执行表。因为木材面的油漆项目很多，为了节省定额表的篇幅，在制定木材油漆定额时，只选用了"单层木门、单层木窗、木扶手（不带托板）、其它木材面"等四项的油漆。

（2）木材面油漆内容　木材面油漆通常由基油、腻子、底漆、面漆等4个层次组成。每个层次所用材料均根据高、中、低档油漆而有所不同，具体内容见表4-72。

表 4-72　木材面油漆内容

项　　目	说　　明
基油	基油是木材面油漆的最底层结构，一般称为"打底"、"刷底油"。它是防止木材面受潮、增强防腐能力、增加黏结性的处理层。根据不同油漆要求的档次分为刷底油、润油粉、润水粉等3种 ①刷底油。它是一般档次的油漆做法，底油是用15％清油、15％熟桐油、70％油漆溶剂油等均匀拌和而成。它是在将木材面的油污灰尘清理干净后，用漆刷蘸底油，在木材面涂刷两遍而成 ②润油粉。它是较高档油漆的做法，油粉是用12％清油、61％大白粉、8％熟桐油、20％油漆溶剂油等均匀调和而成。待木材面油污灰尘清理干净后，用麻丝团、棉纱团或棉布等蘸油粉于木材面上，反复揉擦（即称为"润"），使木材棕眼填平的操作工艺 ③润水粉。它也是高档油漆的做法，常用于硝基清漆类，水粉是用90％大白粉、7％色粉、3％骨胶等调和而成。操作方法与润油粉一样
腻子	腻子是木材面油漆的找平层及着力层，一般称为"刮灰"、"刮腻子"。它是填补木材面高低不平和缝隙、增加油漆层机械强度的结构层 刮腻子的操作通常为2～3遍。第一遍称为"嵌补腻子"，主要是嵌补木材面的洞眼、裂缝和缺损部位，待干燥后用砂纸打磨平整，再刮第二遍；第二遍称为"满批腻子"或"满刮腻子"，即对油漆面进行全面批刮，厚度均匀一致，它是增加机械强度和表面平整的关键。待干燥后用砂纸打磨平滑，对个别有缺损的地方再补刮1遍腻子，称为"找补腻子" 腻子的种类根据不同油漆类别而有所不同，定额项目中采用了两种腻子，即漆片腻子和石膏油漆腻子 ①漆片腻子。漆片腻子由50％石膏粉、40％酒精、10％漆片等拌和而成，主要用于硝基漆、聚氨酯漆等油漆工艺中 ②石膏油漆腻子。满批腻子按50％熟桐油、50％石膏粉拌和而成，找补腻子按32％熟桐油、67％石灰粉拌和而成。石膏油漆腻子主要用于调和漆、醇酸漆、酚醛漆等油漆工艺中
底漆与面漆	底漆是指油漆中面漆以下的头道至2道漆。如"底油1遍、刮腻子、调和漆2遍、面漆1遍"项目中的调和漆，即为2道底漆。又如"润油粉、刮腻子、聚氨酯漆3遍"项目中的聚氨酯漆，有2道为底漆，1道为面漆 面漆是油漆工艺中的最后一道工序，是决定木材面油漆外表的罩面漆 根据不同的用途和要求，底漆和面漆使用不同的油漆，较常用的有醇酸漆、调和漆、酚醛漆、油色、虫胶漆、聚氨酯漆、硝基漆、丙烯酸清漆、过氯乙烯漆、广（生）漆、亚光漆等 ①醇酸漆。醇酸漆是醇酸树脂漆的简称，分为醇酸清漆和醇酸磁漆两种。醇酸清漆是以醇酸树脂为主要原料，加入混合溶剂油而成，多用作2～4遍清漆中的底漆。醇酸磁漆是在醇酸清漆中加入着色颜料和催干剂调配而成，多用作面漆 ②调和漆。调和漆是油性调和漆的简称，它以干性植物油（如桐油、亚麻子油等）为主要基料，加入着色颜料（如无机化学颜料、有机化学颜料等）和体质颜料（如滑石粉、碳酸钙、硫酸钡等），经研磨均匀后，加入催干剂（如金属元素氧化物或盐类）和其它辅助材料，均匀调和而成，也称为色调和漆 在调和漆中，还有一种无光调和漆，它是在调和漆中加入溶剂油（如200号汽油、松节油等）和二甲苯的混合溶剂，经过稀释后的调和漆常用作底漆 ③酚醛漆。酚醛漆是酚醛树脂漆的简称，分为酚醛磁漆和酚醛清漆两种。酚醛磁漆是在酚醛清漆中加入着色颜料和催干剂调配而成，多用作面漆。酚醛清漆是以苯酚和甲醛的合成树脂为主要原料，加入混合溶剂油而成，多用作2～4遍清漆中的底漆 ④油色。油色是指施工现场自行配制，带有颜色的清漆油，它的特点是既能显示木材纹理，又能使木材面带有一定底色。通常多用作清漆面层的底漆，它是用10％清漆、10％清油、10％调和漆、70％油漆溶剂油等调配而成 ⑤虫胶漆。虫胶漆一般称为"洋干漆"，它是寄生在热带树木上的一种幼虫分泌出来的胶质物体，因此称其为虫胶，干燥后成为片状，可溶化为漆，故称为"漆片"。虫胶漆是将漆片溶于乙醇（酒精）中而成，它具有干燥快、附着力强、隔绝封闭性好等特点，加入着色颜料后，可用作清漆面层的着色底漆

项　目	说　明
底漆与面漆	⑥聚氨酯漆。聚氨酯漆的全称为"聚氨基甲酸酯漆",它是以多异氰酸酯和多羟基化合物,经化学反应而生成的高分子化合物。聚氨酯漆的光泽度与硝基漆相同,但价格低廉,所以常用作面漆。加入二甲苯稀释后失去光泽,可做底漆 ⑦硝基漆。硝基漆是以硝酸纤维酯为主要原料,加入合成树脂、增韧剂、溶剂、稀释剂等制成的清漆,加入着色颜料后则成磁漆。硝基漆是比较高级的油漆,它不仅光泽性好,而且能砂磨修复,抛光擦蜡,这是其它油漆所不能相比的 ⑧过氯乙烯漆。过氯乙烯漆是以过氯乙烯树脂为主要原料,根据不同需要加入其它树脂、增韧剂,溶于酮、酯、苯等混合液中调制而成 过氯乙烯漆是由磁漆、底漆、清漆三者为一组配套使用,它也能砂磨抛光,并具有不易燃烧、不易龟裂等特点 ⑨丙烯酸清漆。丙烯酸清漆是由甲基丙烯酸酯和丙烯酸酯共聚的乳液为基料,加入酮、酯、苯等混合液后调制而成,若再加入过氯乙烯和颜料后即成磁漆。它具有防盐雾、防湿热、防霉变等性能 ⑩广(生)漆。广(生)漆是指生漆和广漆,是一种天然漆。生漆又称为国漆、大漆,它是由天然植物(漆树)的液汁过滤而成。在生漆中加入一定比例的熟桐油后即成为广漆,它具有很强的耐高温、耐腐蚀、色彩鲜明等特点,是我国特有的历史悠久的油漆 ⑪手扫漆刷面、水清木器面漆、素色家具面漆。这些都是指采用不同油漆所进行的油漆工艺,即透明涂饰工艺、不透明涂饰工艺、混清水涂饰工艺等的油漆 手扫漆刷面是指根据所要求仿制的油漆花纹配制底色漆(即油色)和涂刷相适应面漆的不透明涂饰工艺 水清木器面漆是指通过配制既能遮盖木质表面的不足之处,又能显示木材面的原有纹理所需要的半透明底漆和相应面漆,以取得一致效果的透明涂饰工艺 素色家具面漆是指为保持家具原有木材纹理和色彩,将色调不一致或不明显的地方,通过配制底色(即水色)和涂刷光油面漆,取得一致效果的透明涂饰工艺 以上3种油漆工艺既可用于新木材面,也可用于旧木材面的油漆翻新。3种油漆工艺都采用了上面所述的相关油漆,通过稀释、配色和添加其它辅助剂而实施,其中,最常用的稀释溶剂是"天拿水"。"天拿水"是现场配制的高级稀释溶剂,它是以醋酸丁酯为主要材料,根据不同需求,按一定比例加入乙醇、甲苯等配制而成 前面所述油漆都是全光型油漆,在某些环境下,若光泽度太强,反光度太大,反而让人感到不舒服,因而亚光漆随之兴起。亚光漆是在全光漆中加入少量消光剂而成
木地板油漆项目	①满刮腻子地板漆3遍、底油地板漆3遍。两个项目中的"底油地板漆3遍"项目,只适用于市场销售商品中,原色实木地板的油漆项目,因这类地板尺寸正规,拼缝密实,安装好以后,只需涂刷底油和地板漆即可 ②润水粉烫硬蜡、木色烫硬蜡。烫硬蜡是指地板漆中的最后一道工序,适用于所有未打蜡的地板漆项目 润水粉只适用于在施工现场制作的木地板,需要在刮腻子前做基油处理的项目 木色是指不做润水粉的地板漆项目,可与上述"底油地板漆3遍"项目配套使用 ③润油粉烫硬蜡,润油粉一遍油色,漆片两遍,擦软蜡。这两个项目中除油粉外,只是打蜡的品种不同,一个是"烫硬蜡",另一个是"擦软蜡" 蜡的品种有3种,即地板蜡、硬石蜡、软蜡。 地板蜡是指将硬石蜡或软蜡加入适量溶剂(如苯、松节油、橄榄油等)配制而成的蜡 硬石蜡是指从石油中提炼出来的白色碳氢化合物的混合固体。用于地板打蜡时需要加热,故称烫硬蜡 软蜡一般是指由动物或植物所产生的油质经炼制而成的蜡 ④润油粉油色清漆2遍、底油油色清漆2遍。这两个项目只是所用基油(润油粉和底油)不同,都是指基层洁面上涂刷基油、刮腻子后刷油色、刷清漆。其中,所用清漆均指酚醛清漆。清漆地板面层一般不打蜡,如果需要打蜡,可套用"木色烫硬蜡"
刷防火涂料项目	木材面油漆中,常用的防火涂料有过氯乙烯防火漆、酚醛防火漆、水玻璃型防火漆等。防火涂料品种不同时,可以调整 刷防火涂料项目中的"防火涂料两遍木板面",是指龙骨涂刷而言,不包括面板的涂刷,但计算工程量时,无论是双向或单向,应同面板涂刷一样,按正立面投影面积计算。面板涂刷应执行"防火涂料两遍木板面"项目规定

2. 金属面油漆项目

金属面油漆项目,根据油漆品种分为过氯乙烯清漆、沥青漆、醇酸磁漆、银粉漆、防火漆等。其中,过氯乙烯清漆、醇酸磁漆、防火漆等前面已做介绍。现将未涉及的内容介绍如下:

(1) 金属面油漆项目的工程量计算 金属面油漆项目的工程量是按金属构件的重量(以 t 为单位)进行计算的,因为任何金属构件都是由不同型材(如槽钢、方钢、圆钢、角钢、钢板等)焊接或拼装而成的,其中,除连接螺栓、电焊不计外,其它均可按所用型材尺寸进行计算,计算公式为:

$$金属构件工程量 = \sum(型材长度 \times 单位重量 + 板材面积 \times 单位重量)$$

公式中,型材长度是指按设计图纸中的不同型材的构件设计长度;单位重量是指每米长的型材重量,钢板为每平方米的重量,可以在五金手册中查出;板材面积是指设计图纸中,所用各种形状钢板的最大长度乘以最大宽度的面积。

(2) 银粉漆 银粉漆是将 6% 银粉(即铝粉)、25% 清油和 67% 油漆溶剂油混合后,添加 2% 催干剂均匀调制而成。

(3) 沥青漆 沥青漆是以石油沥青为主要材料,适量添加油漆溶剂、清油等进行改良而成。市售品种有煤焦沥青漆、沥青清漆、铝粉沥青磁漆、沥青耐酸漆等。

3. 抹灰面油漆项目

抹灰面油漆是指在水泥砂浆面、混凝土面等表面上的油漆涂刷。

(1) 乳胶漆 乳胶漆是指以烯类树脂(如乙烯、丙烯等)为主要原料,加入乳化剂(常用烷基苯酚环氧乙炔缩合物)、酸碱度调节剂(如氢氧化钠、碳酸氢钠等)、消泡剂(如松香醇、辛醇等)、保护液(常用酪素)、增韧剂(如邻苯二甲酸二丁酯、磷酸三甲苯酯、磷酸三丁酯等)等进行聚合后,添加着色颜料(多为钛白粉)和体质颜料(常为滑石粉),加水研磨而成的水性涂料。

常用的乳胶漆有聚醋酸乙烯乳胶漆、丙烯酸乳胶漆、丁苯乳胶漆、油基乳胶漆等。当品种不同时,单价可以调整,但定额含量基本保持不变。

(2) 外墙仿真石漆 外墙仿真石漆是一种彩砂涂料,是用合成树脂乳液(如苯丙乳液、纯丙乳液、硅丙乳液、硅溶胶等混合物)为基料,加入石英石、大理石、花岗岩等细粒,再配以增稠剂、成膜助剂、防霉剂等搅拌而成的喷涂材料,采用空压机喷枪喷涂,能显示出石材的真实感。

(3) 水性水泥漆 水性水泥漆是以水泥(普通水泥、白水泥等)为基料,加入适量树脂(如聚乙烯醇酯、聚丁烯二酸二丁酯等)、颜料和水等配制而成的水泥涂料。它是一种高级刷浆涂料。

(4) 油漆画石纹、抹灰面做假木纹 油漆画石纹、抹灰面做假木纹都是模拟大理石纹和木纹的美术油漆,它们是在基面刮好腻子的基础上涂刷底漆(一般为无光调和漆,石纹用奶白色,木纹用米黄色),待干燥后用砂纸打磨光滑,再涂刷色调和漆,并立即用自制拉线工具(如锯齿胶皮、毛刷、多尖角硬纸团等),仿照大理石纹或木纹拉出纹路,干燥后涂刷清漆罩面即可(仿石纹可不罩面)。

4. 涂料、裱糊项目

(1) 喷塑(一塑三油) 喷塑是指用喷枪将专用塑性涂料按分层要求进行喷涂的施工工艺。喷塑涂料由底料、中层料、面料等三部分组成,各厂家生产品种不同,但多为丙烯酸酯类。

喷塑底料又称底油、底胶、底漆等,即底层稳固剂,用喷枪喷涂,也可刷涂,是对基层面起封闭作用的封底漆。

　　喷塑中层料又称骨料，为大小混合颗粒糊状的材料，用喷枪喷涂，根据饰面成型要求分为平面喷涂和花点喷涂。平面喷涂是指成型饰面为无凸凹点的平面喷涂。花点喷涂分为中压花，大压花，喷中点、幼点。喷涂在底料上的喷点大小可用喷枪嘴的直径进行控制，具体规定为：喷中压花时，喷点压平，点面积在 $1 \sim 1.2 cm^2$，可用直径 $6 \sim 7mm$ 的喷嘴；喷大压花时，喷点压平，点面积在 $1.2 cm^2$ 以上，可用直径 $8 \sim 10mm$ 的喷嘴；喷中点、幼点时，喷点面积在 $1 cm^2$ 以下，可用直径 $4 \sim 5mm$ 的喷嘴。当喷点喷好 $10 \sim 15min$ 后，用辊棍滚压，形成花纹。

　　喷塑面料又称面漆、面油，是加有耐晒颜料的罩面胶液，即面层高光面油。喷塑面料有油性和水性两种，可喷涂，也可刷涂。面料是在中层喷点干燥后（约 $12 \sim 24h$）开始喷涂，最好先喷一道水性面料，然后再喷油性面料。

　　一塑三油是指 1 道骨料、2 道油料（即 1 道底油、2 道面油）的油漆结构，它是一种低价位的浮雕型喷涂工艺。

　　(2) 喷（刷）刮涂料（表 4-73)

表 4-73　喷（刷）刮涂料分类

项　　　目	说　　　明
墙面钙塑涂料、抗碱封底涂料	钙塑涂料是以聚乙烯树脂为基料，加入着色颜料、填料、助剂和溶剂等制成的涂料，多用于合成板材天棚面和墙面的涂层 抗碱封底涂料是指以碱金属硅酸盐溶液为主要原料，加入固化剂、填充剂、着色剂等制成的水溶性涂料。它具有耐酸、耐碱、耐污染等特点，多用作涂刷底层的涂料，起封闭水泥面的碱盐外泛作用
外墙用 JH801 涂料、仿瓷涂料	JH801 涂料是以硅酸钾为主要成膜物质，加入体质颜料（如滑石粉、云母粉等）、着色颜料（如氧化铁黄、氧化铁红、氧化铬绿等）、固化剂（缩合磷酸铝）和适量助剂调和而成。它具有耐热、耐久、耐酸、碱等特性 仿瓷涂料又称瓷釉涂料，常用的品种有聚氨酯仿瓷涂料、硅丙树脂仿瓷涂料及水溶型聚乙烯醇仿瓷涂料等。它们均是以能生成瓷性的树脂材料为主要成膜物质，加入体质颜料、着色颜料和固化助剂等制成。它具有耐老化、耐污染、瓷釉有光泽等特点
外墙喷丙烯酸有光外墙用乳胶漆和无光外墙用乳胶漆	丙烯酸有光外墙用乳胶漆和无光外墙用乳胶漆，是以苯乙烯和丙烯酸丁酯类共聚的乳液为基料，加入助剂、颜料和水等拌和研磨而成的水性涂料，它具有光泽柔和、保光性好等特点，多用于外墙的涂刷。加入消光剂后就成为无光乳胶漆
彩砂喷涂、砂胶喷涂墙柱面喷真石漆	彩砂喷涂是指采用彩砂涂料用喷枪进行喷涂的施工工艺。先对基层进行洁面，然后涂刷一道封闭涂料（抹灰面可用水泥浆，混凝土面可用 108 胶水泥浆），将调制好的彩砂涂料用喷枪喷涂。通常喷涂两遍，第一遍将涂料调制稀些，待干燥后喷第二遍，第二遍应稠厚些。当喷斗内涂料喷完后，用喷出的气将涂层吹一遍，使之显示出花纹 彩砂涂料是以苯乙烯和丙烯酸丁酯共聚乳液为基料，加入着色骨料，再配以成膜助剂、增稠剂、防霉剂等搅拌而成的喷涂材料 砂胶喷涂是以合成树脂乳液（如聚乙烯醇水溶液及少量氯乙烯偏二氯乙烯）为成膜物质，加入矿物颜料、石英砂、增稠剂、助剂等搅拌而成的砂胶料。其施工工艺是用 $4 \sim 6mm$ 口径的喷枪进行喷涂
106 涂料、803 涂料	803 涂料和 106 涂料均是内墙抹灰面涂料 803 涂料又称为聚乙烯醇涂料，是以聚乙烯醇缩甲醛胶为基料，加入轻质碳酸钙、立德粉、钛白粉、着色颜料和助剂等，经拌和研磨而成 106 涂料是聚乙烯醇水玻璃涂料的简称，它是以聚乙烯醇水溶液为基料，加入中性水玻璃、轻质碳酸钙、立德粉、钛白粉、滑石粉，配以分散剂、乳化剂、消泡剂和颜料色浆等，经高速搅拌研磨而成
108 胶水泥彩色地面、777 涂料席纹地面、177 涂料乳液罩面	777 涂料、177 涂料、108 胶水泥均是地面涂料 777 涂料是以水溶性高分子聚合物胶为基料，加入特制填料和颜料组合而成的厚质涂料。涂刷时，在刮好腻子的平面画成方块，用漆刷拉出木纹，即成为席纹地面 177 涂料是乳白色水溶性共聚液，是由氯-偏共聚液加入各种掺合剂加工而成。它与 108 氯偏胶泥（用 108 胶 31%，白水泥 61%，氯偏 8% 拌和而成）做腻子配套使用 108 胶是聚乙烯醇缩甲醛胶的简称，它是由聚乙烯醇和甲醛在酸性介质中进行缩合反应而成的透明胶体。它与一定比例的白水泥、色粉均匀搅拌后铺刷在地面的腻子上，即成为 108 胶水泥彩色地面

续表

项　　目	说　　明
刷白水泥浆、石灰浆、石灰油浆、大白浆油、石灰大白浆、红土浆	这些都是喷刷抹灰面层或水泥面层的刷浆材料 白水泥浆是用 80％白水泥,15％108 胶,3％色粉等配制而成。"抹灰面刷两遍白水泥浆"项目中,光面按 0.4602kg/m² 计算;毛面按光面乘以系数 1.25,混凝土栏杆花饰乘以系数 2.1,阳台雨篷等小面积乘以系数 1.2 计算 石灰浆是用 97.7％石灰加 2.3％工业盐调和而成,喷刷 3 遍的用量按 0.1753kg/m² 计算 石灰油浆是用 73.5％石灰,23.2％清油,3.3％色粉等配制而成。"抹灰面刷两遍石灰油浆"项目中,光面按 0.1005kg/m² 计算;毛面按光面乘以系数 1.25,混凝土栏杆花饰乘以系数 3,阳台雨篷等小面积乘以系数 1.2 计算 大白浆油是用 97％大白粉加 3％色粉调和而成,刷 3 遍的用量按 0.19kg/m² 计算。腻子由95.6％大白粉加 4.4％羧甲基纤维素调和而成,其用量按 0.1916kg/m² 计算 石灰大白浆是用 11.18％石灰,85.72％大白粉,2.07％羧甲基纤维素,1.03％乳胶等拌和而成,喷刷 3 遍的用量按 0.271kg/m² 计算 红土浆是由 84.5％红土加,5.5％血料调制而成,其用量按 0.0853kg/m² 计算

（3）裱糊项目　裱糊是指在墙面、天棚面、柱面等进行裱贴墙纸或墙布的施工工艺。它是在基层洁面的基础上，先涂刷底油，再刮腻子，最后粘贴墙纸。

底油是按 70％酚醛清漆加 30％油漆溶剂油等调和而成，其用量按 0.1kg/m² 计算。定额耗用量为：酚醛清漆＝0.1×0.7＝0.07kg，油漆溶剂油＝0.1×0.3＝0.03kg，其它以此类推。

腻子是按 46.7％大白粉，50％聚醋酸乙烯乳液，3.3％羧甲基纤维素等调和而成，其用量按 0.5025kg/m² 计算。

裱贴材料分为金属纸、墙纸、织锦缎等。墙纸不对花按 10％损耗，墙纸对花和织锦缎的拼花损耗按再加 5.26％计算。

例　题

【例 4-13】　某建筑工程如图 4-22 所示，内墙抹灰面满刮腻子两遍，贴对花墙纸；挂镜线刷底油一遍，调和漆两遍；挂镜线以上及天棚刷仿瓷涂料两遍，计算工程量。

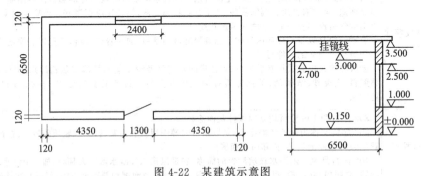

图 4-22　某建筑示意图

【解】

（1）墙面贴对花墙纸工程量

$(10.0-0.24+6.50-0.24) \times 2 \times (3.00-0.15)-1.30 \times (2.70-0.15)-2.40 \times 1.50+$
$[1.30+(2.70-0.15) \times 2+(2.40+1.50) \times 2] \times 0.12$
$=86.10 \ (m^2)$

（2）挂镜线油漆工程量

$(10.0-0.24+6.50-0.24) \times 2=32.04 \ (m)$

（3）仿瓷涂料工程量

$$[(10.0-0.24+6.50-0.24)\times2\times0.50+(10.0-0.24)\times(6.50-0.24)]\times2$$
$$=154.24 （m^2）$$

清单工程量计算见表 4-74。

表 4-74　清单工程量计算表

序号	项目编码	项目名称	项目特征描述	工程量合计	计量单位
1	011408001001	墙纸裱糊	1. 裱糊部位:内墙 2. 刮腻子遍数:两遍 3. 面层材料品种:对花墙纸	86.10	m²
2	011403005001	挂镜线、窗帘棍、单独木线油漆	油漆品种、刷漆遍数:挂镜线刷底油一遍,调和漆两遍	32.04	m
3	011407001001	墙面喷刷涂料	1. 喷刷涂料部位:挂镜线以上及天棚 2. 涂料品种、喷刷遍数:刷仿瓷涂料两遍	154.24	m²
4	011407002001	天棚喷刷涂			

【例 4-14】　某房间做榉木板面层窗台面，做法为：木龙骨、细木工板面榉木板，木龙骨、细木工板基层刷防火涂料，榉木板面层刷清漆，防火涂料两遍，清漆4遍磨退出亮，如图 4-23 所示。请计算其工程量并编制工程量清单。

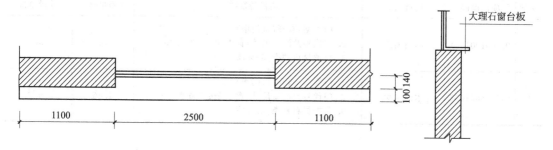

图 4-23　某房间面层窗台板

【解】

（1）榉木木窗台板：

$$1.1+1.1+2.5=4.7 （m）$$

（2）窗台板油漆：

$$0.14\times2.5+0.1\times4.7=0.82 （m^2）$$

清单工程量计算见表 4-75。

表 4-75　清单工程量计算表

序号	项目编码	项目名称	项目特征描述	工程量合计	计量单位
1	010809001001	木窗台板	1. 基层:木龙骨、细木工板 2. 面层:榉木板 3. 防护层:木龙骨、细木工板刷防火涂料两遍 4. 油漆:面层木龙骨刷清漆4遍	4.7	m
2	011404002001	窗台板油漆	1. 面层:清漆4遍 2. 基层:刷防火涂料	0.82	m²

【例 4-15】　如图 4-24 所示某办公楼会议室双开门节点图，门洞尺寸为宽 1.5m×高 2.3m，墙厚240mm，试根据计算规则，分别计算其门扇、门套的油漆工程量。

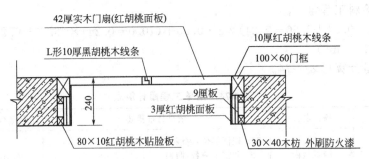

图 4-24　会议室双开门节点图

【解】

（1）门扇油漆工程量

$$1.5 \times 2.3 = 3.45 \ （m^2）$$

（2）门套油漆工程量

$$0.24 \times (1.5 + 2.3 \times 2) = 1.46 \ （m^2）$$

清单工程量计算见表 4-76。

表 4-76　清单工程量计算表

序号	项目编码	项目名称	项目特征描述	工程量合计	计量单位
1	011401001001	木门油漆	1. 门类型：双开门（门扇） 2. 门代号及洞口尺寸：宽 1.5m×高 2.3m 3. 防护材料种类：防火漆	3.45	m²
2	011401001002	木门油漆	1. 门类型：双开门（门套） 2. 门代号及洞口尺寸：宽 1.5m×高 2.3m 3. 防护材料种类：防火漆	1.46	m²

第 6 节　其它装饰工程

要　点

　　共设 8 个部分、62 个分项工程项目，包括柜类、货架，压条、装饰线，扶手、栏杆、栏板装饰，暖气罩，浴厕配件，雨篷、旗杆，招牌、灯箱，美术字，适用于零星装饰工程项目。

解　释

一、其它装饰工程工程量清单项目的划分

清单项目的划分，见表 4-77。

表 4-77　其它装饰工程工程量清单项目的划分

项　目	分　项　清　单
柜类、货架	柜台、酒柜、衣柜、存包柜、鞋柜、书柜、厨房壁柜、木壁柜、厨房低柜、厨房吊柜、矮柜、吧台背柜、酒吧吊柜、酒吧台、展台、收银台、试衣间、货架、书架、服务台
压条、装饰线	金属装饰线、木质装饰线、石材装饰线、石膏装饰线、镜面玻璃线、铝塑装饰线、塑料装饰线、GRC 装饰线条

项 目	分 项 清 单
扶手、栏杆、栏板装饰	金属扶手、栏杆、栏板,硬木扶手、栏杆、栏板,塑料扶手、栏杆、栏板,GRC栏杆、扶手,金属靠墙扶手,硬木靠墙扶手,塑料靠墙扶手,塑料靠墙扶手
暖气罩	饰面板暖气罩、塑料板暖气罩、金属暖气罩
浴厕配件	洗漱台、晒衣架、帘子杆、浴缸拉手、卫生间扶手、毛巾杆(架)、毛巾环、卫生纸盒、肥皂盒、镜面玻璃、镜箱
雨篷、旗杆	雨篷吊挂饰面、金属旗杆、玻璃雨篷
招牌、灯箱	平面、箱式招牌,竖式标箱,灯箱,信报箱
美术字	泡沫塑料字、有机玻璃字、木质字、金属字、吸塑字

二、其他装饰工程清单工程量的计算规则

1. 柜类、货架

柜类、货架工程量清单项目设置、项目特征描述的内容、计量单位、工程量计算规则应按表4-78的规定执行。

表4-78 柜类、货架(编号:011501)

项目编码	项目名称	项目特征	计量单位	工程量计算规则	工程内容
011501001	柜台				
011501002	酒柜	1. 台柜规格 2. 材料种类、规格 3. 五金种类、规格 4. 防护材料种类 5. 油漆品种、刷漆遍数	1. 个 2. m 3. m³	1. 以个计量,按设计图示数量计量 2. 以米计量,按设计图示尺寸以延长米计算 3. 以立方米计量,按设计图示尺寸以体积计算	1. 台柜制作、运输、安装(安放) 2. 刷防护材料、油漆 3. 五金件安装
011501003	衣柜				
011501004	存包柜				
011501005	鞋柜				
011501006	书柜				
011501007	厨房壁柜				
011501008	木壁柜				
011501009	厨房低柜				
011501010	厨房吊柜				
011501011	矮柜				
011501012	吧台背柜	1. 台柜规格 2. 材料种类、规格 3. 五金种类、规格 4. 防护材料种类 5. 油漆品种、刷漆遍数	1. 个 2. m 3. m³	1. 以个计量,按设计图示数量计量 2. 以米计量,按设计图示尺寸以延长米计算 3. 以立方米计量,按设计图示尺寸以体积计算	1. 台柜制作、运输、安装(安放) 2. 刷防护材料、油漆 3. 五金件安装
011501013	酒吧吊柜				
011501014	酒吧台				
011501015	展台				
011501016	收银台				
011501017	试衣间				
011501018	货架				
011501019	书架				
011501020	服务台				

2. 压条、装饰线

压条、装饰线工程量清单项目设置、项目特征描述的内容、计量单位、工程量计算规则应按表4-79的规定执行。

表 4-79 压条、装饰线（编号：011502）

项目编码	项目名称	项目特征	计量单位	工程量计算规则	工程内容
011502001	金属装饰线	1. 基层类型 2. 线条材料品种、规格、颜色 3. 防护材料种类	m	按设计图示尺寸以长度计算	1. 线条制作、安装 2. 刷防护材料
011502002	木质装饰线				
011502003	石材装饰线				
011502004	石膏装饰线				
011502005	镜面玻璃线	1. 基层类型 2. 线条材料品种、规格、颜色 3. 防护材料种类			
011502006	铝塑装饰线				
011502007	塑料装饰线				
011502008	GRC装饰线条	1. 基层类型 2. 线条规格 3. 线条安装部位 4. 填充材料种类	m	按设计图示尺寸以长度计算	线条制作安装

3. 扶手、栏杆、栏板装饰

扶手、栏杆、栏板装饰工程量清单项目的设置、项目特征描述的内容、计量单位、工程量计算规则应按表 4-80 的规定执行。

表 4-80 扶手、栏杆、栏板装饰（编号：011503）

项目编码	项目名称	项目特征	计量单位	工程量计算规则	工程内容
011503001	金属扶手、栏杆、栏板	1. 扶手材料种类、规格 2. 栏杆材料种类、规格 3. 栏板材料种类、规格、颜色 4. 固定配件种类 5. 防护材料种类	m	按设计图示以扶手中心线长度（包括弯头长度）计算	1. 制作 2. 运输 3. 安装 4. 刷防护材料
011503002	硬木扶手、栏杆、栏板				
011503003	塑料扶手、栏杆、栏板				
011503004	GRC栏杆、扶手	1. 栏杆的规格 2. 安装间距 3. 扶手类型、规格 4. 填充材料种类			
011503005	金属靠墙扶手	1. 扶手材料种类、规格 2. 固定配件种类 3. 防护材料种类			
011503006	硬木靠墙扶手				
011503007	塑料靠墙扶手				
011503008	塑料靠墙扶手	1. 栏杆玻璃的种类、规格、颜色 2. 固定方式 3. 固定配件种类			

4. 暖气罩

暖气罩工程量清单项目设置、项目特征描述的内容、计量单位、工程量计算规则、应按表 4-81 的规定执行。

表 4-81 暖气罩（编号：011504）

项目编码	项目名称	项目特征	计量单位	工程量计算规则	工程内容
011504001	饰面板暖气罩	1. 暖气罩材质 2. 防护材料种类	m^2	按设计图示尺寸以垂直投影面积(不展开)计算。	1. 暖气罩制作、运输、安装 2. 刷防护材料、油漆
011504002	塑料板暖气罩				
011504003	金属暖气罩				

5. 浴厕配件

浴厕配件工程量清单项目设置、项目特征描述的内容、计量单位、工程量计算规则应按表 4-82 的规定执行。

表 4-82　浴厕配件（编号：011505）

项目编码	项目名称	项目特征	计量单位	工程量计算规则	工程内容
011505001	洗漱台	1. 材料品种、规格、品牌、颜色 2. 支架、配件品种、规格、品牌	1. m² 2. 个	1. 按设计图示尺寸以台面外接矩形面积计算。不扣除孔洞、挖弯、削角所占面积，挡板、吊沿板面积并入台面面积内 2. 按设计图示数量计算	1. 台面及支架、运输、安装 2. 杆、环、盒、配件安装 3. 刷油漆
011505002	晒衣架	1. 材料品种、规格、品牌、颜色 2. 支架、配件品种、规格、品牌	个	按设计图示数量计算	1. 台面及支架、运输、安装 2. 杆、环、盒、配件安装 3. 刷油漆
011505003	帘子杆		个		
011505004	浴缸拉手		个		
011505005	卫生间扶手		个		
011505006	毛巾杆（架）		套		1. 台面及支架制作、运输、安装 2. 杆、环、盒、配件安装 3. 刷油漆
011505007	毛巾环		副		
011505008	卫生纸盒		个		
011505009	肥皂盒		个		
011505010	镜面玻璃	1. 镜面玻璃品种、规格 2. 框材质、断面尺寸 3. 基层材料种类 4. 防护材料种类	m²	按设计图示尺寸以边框外围面积计算	1. 基层安装 2. 玻璃及框制作、运输、安装
011505011	镜箱	1. 箱材质、规格 2. 玻璃品种、规格 3. 基层材料种类 4. 防护材料种类 5. 油漆品种、刷漆遍数	个	按设计图示数量计算	1. 基层安装 2. 箱体制作、运输、安装 3. 玻璃安装 4. 刷防护材料、油漆

6. 雨篷、旗杆

雨篷、旗杆工程量清单项目设置、项目特征描述的内容、计量单位、工程量计算规则应按表 4-83 的规定执行。

表 4-83　雨篷、旗杆（编号：011506）

项目编码	项目名称	项目特征	计量单位	工程量计算规则	工程内容
011506001	雨篷吊挂饰面	1. 基层类型 2. 龙骨材料种类、规格、中距 3. 面层材料品种、规格、品牌 4. 吊顶（天棚）材料品种、规格、品牌 5. 嵌缝材料种类 6. 防护材料种类	m²	按设计图示尺寸以水平投影面积计算	1. 底层抹灰 2. 龙骨基层安装 3. 面层安装 4. 刷防护材料、油漆

续表

项目编码	项目名称	项目特征	计量单位	工程量计算规则	工程内容
011506002	金属旗杆	1. 旗杆材料、种类、规格 2. 旗杆高度 3. 基础材料种类 4. 基座材料种类 5. 基座面层材料、种类、规格	根	按设计图示数量计算	1. 土石挖、填、运 2. 基础混凝土浇注 3. 旗杆制作、安装 4. 旗杆台座制作、饰面
011506003	玻璃雨篷	1. 玻璃雨篷固定方式 2. 龙骨材料种类、规格、中距 3. 玻璃材料品种、规格、品牌 4. 嵌缝材料种类 5. 防护材料种类	m²	按设计图示尺寸以水平投影面积计算	1. 龙骨基层安装 2. 面层安装 3. 刷防护材料、油漆

7. 招牌、灯箱

招牌、灯箱工程量清单项目设置、项目特征描述的内容、计量单位、应按表4-84的规定执行。

表4-84 招牌、灯箱（编号：011507）

项目编码	项目名称	项目特征	计量单位	工程量计算规则	工程内容
011507001	平面、箱式招牌	1. 箱体规格 2. 基层材料种类 3. 面层材料种类 4. 防护材料种类	m²	按设计图示尺寸以正立面边框外围面积计算。复杂形的凸凹造型部分不增加面积	1. 基层安装 2. 箱体及支架制作、运输、安装 3. 面层制作、安装 4. 刷防护材料、油漆
011507002	竖式标箱				
011507003	灯箱				
011507004	信报箱	1. 箱体规格 2. 基层材料种类 3. 面层材料种类 4. 保护材料种类 5. 户数	个	按设计图示数量计算	

8. 美术字

美术字工程量清单项目设置、项目特征描述的内容、计量单位，应按表4-85的规定执行。

表4-85 美术字（编号：011508）

项目编码	项目名称	项目特征	计量单位	工程量计算规则	工程内容
011508001	泡沫塑料字	1. 基层类型 2. 镌字材料品种、颜色 3. 字体规格 4. 固定方式 5. 油漆品种、刷漆遍数	个	按设计图示数量计算	1. 字制作、运输、安装 2. 刷油漆
011508002	有机玻璃字				
011508003	木质字				
011508004	金属字				
011508005	吸塑字				

相关知识

其他装饰工程工程量清单项目的内容说明

（1）招牌、灯箱基层项目　招牌、灯箱基层是指对招牌、灯箱、广告牌等的框架制作和安装。按其框架结构的形式分为平面招牌、箱式招牌、竖式招牌、灯箱等。

① 平面招牌　平面招牌是指正立面安装在门前墙面上的单片形式招牌的框架制作和安

装。定额中，其高度是按 0.7～2m 进行综合编制的。平面招牌按使用的材质分为木结构基层和钢结构基层，表面形式分为一般型和复杂型。

一般型是指正立面表面平整，没有凸凹或无造型的招牌。复杂型是指正立面有凸起或有造型形式的招牌。沿雨篷、檐口、阳台走向的竖式招牌，也按复杂型执行，但工程量按展开面积计算。一般型和复杂型招牌基层的工程量均按正立面的面积计算。

② 箱式招牌和竖式标箱　箱式招牌和竖式标箱是指固定在墙面上具有六面体形的横向和竖向招牌的骨架制作和安装。箱式招牌（厚度分 0.5m 以内和 0.5m 以上）和竖式标箱（厚度分 0.4m 以内和 0.4m 以上）因其体积较大，一般均为钢质结构。

箱式招牌和竖式标箱按结构形式分为矩形和异形。矩形是指表面平整的正六面体形式，异形是指表面凸凹或带有造型的立体形式。箱式招牌基层和竖式标箱基层的工程量均按外围体积计算。

（2）招牌、灯箱面层项目　招牌、灯箱面层是指安装在招牌、灯箱框架之上的面板制作和安装，不包括字体、灯光、油漆等工料。其面层定额列有有机玻璃、玻璃、玻璃钢、金属板、铝塑板、胶合板等 6 种板材。如设计采用其它板材时，可按相近性质的材料套用，单价可以调整，但定额含量不变。

招牌、灯箱面层的工程量按展开面积计算。

（3）美术字安装项目　美术字安装是指将成品字体安装到基体面上，不包括字体本身的制作和拼装。根据字体材料，定额将其分为泡沫塑料有机玻璃字、木质字、金属字 3 种。

① 金属字包括铝合金、铜材、不锈钢、金箔、银箔等材质。

② 木质字包括硬木质、软木质、合成材料等材质。

③ 泡沫塑料、有机玻璃字包括泡沫塑料、有机玻璃、硬塑料、镜面玻璃等材质。

字体规格按外围最大矩形尺寸面积，主要分为 $0.2m^2$ 以内、$0.5m^2$ 以内、$1m^2$ 以内、$1m^2$ 以上等 4 种。工程量按每个字计算。外文和汉语拼音字母均以中文意译的单词或单字进行计算。

粘贴字体的基面分为混凝土墙面、大理石面、砖墙面、其它墙面等 4 种。

（4）压条、装饰线条项目　压条、装饰线条是指用于各种装饰材料的交接面、分界面、层次面和封边封口等处所用的窄条线板。根据其材质分为金属条、木质装饰线条、石材装饰线、其他装饰线等。

所有线条的工程量均按其长度以 m 为单位计算。定额中的含量是按墙面上的直线条为准编制的。如果在天棚面上安装圆弧线条，将人工乘以系数 1.4；如果在墙面上安装圆弧线条者，将人工乘以系数 1.2；如果拼做艺术图案，将人工乘以系数 1.6。

① 金属条　金属条常用的有金属装饰条、不锈钢装饰线，具体内容见表 4-86。

表 4-86　金属条的分类

项　目	说　明
金属装饰条	金属装饰条包括角线、槽线、压条、铜嵌条(15mm×2mm)等 金属压条是指收口线、压边线、装饰板衔接处的压口线等，其形状多为直线形，线板厚 1～1.5mm，线板宽 9～30mm 金属角线是指阳角、阴角所用的压条，其形状为直角形，有等边和不等边之分，边长 19～50mm，壁厚 1.5～3mm 金属槽线是指镜面边框、装饰画边框、门窗玻璃压条等，其形状为槽口形，一般槽高 10～40mm，槽宽 12～50mm 铜嵌条是指水磨石的嵌条、镶贴块料的嵌缝条等，其形状多为直条形，厚 3～7mm，高 10～20mm
不锈钢装饰线	不锈钢装饰线是指用 6K 镜面不锈钢板所做的窄板条，定额中其宽度分为 30mm 以内、30mm 以上

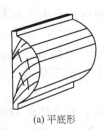

(a) 平底形

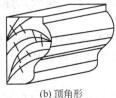

(b) 顶角形

图 4-25　木质装饰的
线面形式

② 木质装饰线条　木质装饰线条是指压边线、压角线、柱脚线、镜框线等的木质线条，线面形式多样而丰富，应用非常广泛。总的形式可归纳为平底形和顶角形，见图 4-25。定额中，平底线宽度分为 10mm 以内、20mm 以内、30mm 以内、40mm 以内、50mm 以内、80mm 以内、100mm 以内等，顶角线宽度分为 15mm 以内、25mm 以内、50mm 以内、80mm 以内、100mm 以内等。

③ 石材装饰线　石材装饰线是指花岗石、大理石、瓷釉砖等市售成品装饰线。根据安装方式的不同分为粘贴、干挂、挂贴、现场磨边等，具体内容见表 4-87。所有石材装饰线的工程量均按其长度计算。

④ 石材现场磨边　石材现场磨边是指为与基层面的装饰面材相配合，需要对石材进行切割、磨边、开孔等的加工工作。根据加工内容分为磨边（指磨成直角边）、45°斜边（即将边缘割切成斜边再磨平）、半圆边（即将边缘打磨成圆角）、台面开孔等。

⑤ 其他装饰线　其他装饰线是指硬塑料线条、铝合金线条、镜面玻璃条等材质。其中，硬塑料属柔质型材质，玻璃条属硬质型材质，铝合金属合成型材质。如设计所用装饰条材质与定额不同时，可分别按其套用。

（5）暖气罩项目　暖气罩是指遮挡室内暖气片或暖气管的装饰罩，依其安装方式分为平墙式、挂片式、明式 3 种。

平墙式是指墙上预先留有管道槽，将暖气罩片与墙平行安装，作为槽口的遮挡面；挂片式是将罩板做成立面板形式，用挂钩直接挂在暖气片或暖气管上；明式是指暖气罩安装在凸出墙面之外，成为一个立体式装饰箱。

表 4-87　石材装饰线根据安装方式不同分类

项　目	说　明
粘贴石材装饰线	用 1∶2.5 水泥砂浆，将石材装饰线条粘贴到基面上，用白水泥嵌缝 粘贴石材装饰线的规格按宽度分为 50mm 以内、80mm 以内、100mm 以内、150mm 以内、200mm 以内、200mm 以上等
干挂石材装饰线	主要是指大理石、花岗石成品装饰线，它是采用专用不锈钢连接件，按照干挂墙面石材的方法将石材装饰线连接到基面上。其规格按宽度分为 200mm 以内、200mm 以上
挂贴石材装饰线	用埋入基层上的膨胀螺栓挂住石材线，并用 1∶2.5 水泥砂浆灌缝粘贴，白水泥嵌缝。挂贴石材装饰线的规格按宽度分为 100mm 以内、150mm 以内、200mm 以内、300mm 以内等

暖气罩的材质有铝合金、钢板、木质板等，罩面形式可做成平板式、条板式、栏栅式，其工程量均按外框垂直投影面积计算。

（6）镜面玻璃项目　镜面玻璃是指安装在墙面或其它立面基层上的照面镜，又有带镜框和不带镜框之分。其中，带镜框是用铝合金槽线做框边，包住 6mm 镜面玻璃；不带镜框是用 6mm 镜面玻璃成品。带镜框和不带镜框均通过在基层面上涂刷防火涂料，装订胶合板垫层，然后钉装玻璃而成。镜面玻璃的规格分为 1m² 以内和 1m² 以上。

镜面玻璃按正面外框面积计算。

（7）卫生间零星装饰项目　卫生间零星装饰项目是指小型单体装饰用品项目，如卫生纸盒、毛巾环、晾衣绳、肥皂盒、大理石洗漱台、不锈钢杆等，均为市售成品，其工程量按个计算。

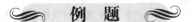

例 题

【例 4-16】　如图 4-26 所示，樱桃木暖气罩长为 1.3m，宽为 0.6m 共 14 个，设计为过氯乙烯漆五遍（刮腻子、底漆一遍、磁漆两遍、清漆两遍），试计算其工程量并编制工程量清单。

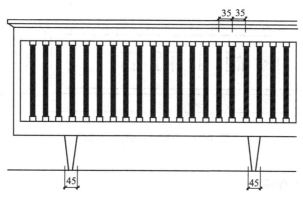

图 4-26　暖气罩示意图

【解】

暖气罩工程量：

$$1.3 \times 0.6 \times 14 = 10.92 \ (\text{m}^2)$$

清单工程量计算见表 4-88。

表 4-88　清单工程量计算表

项目编码	项目名称	项目特征描述	工程量合计	计量单位
020602001001	饰面板暖气罩	1. 暖气罩材质：樱桃木 2. 防护材料种类：过氯乙烯漆五遍（刮腻子、底漆一遍、磁漆两遍、清漆两遍）	10.92	m²

【例 4-17】　如图 4-27 所示为平墙式暖气罩示意图，五合板基层，榉木板面层，机制木花格散热口，共 28 个，计算工程量。

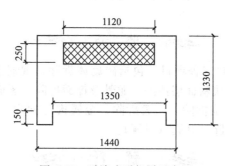

图 4-27　平墙式暖气罩示意图

【解】

饰面板暖气罩工程量＝(1.44×1.33－1.35×0.15－1.12×0.25)×28＝40.12（m²）

清单工程量计算见表 4-89。

表 4-89　清单工程量计算表

项目编号	项目名称	项目特征描述	工程量合计	计量单位
020602001001	饰面板暖气罩	暖气罩材质：五合板基层，榉木板面层	10.92	m²

【例 4-18】　某商店采用箱式招牌，尺寸如图 4-28 所示基层材料为细木工板，铝塑板面层，支架用角钢制作，需要刷三遍防锈漆。招牌上嵌 4 个 800mm×800mm 的有机玻璃大

字，计算工程量。

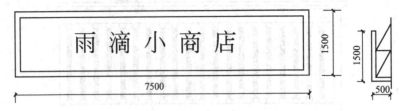

图 4-28　招牌正、侧面示意图

【解】

平面、箱式招牌工程量

$$7.5 \times 1.5 = 11.25 \ (\mathrm{m}^2)$$

有机玻璃字工程量

4 个

清单工程量计算见表 4-90。

表 4-90　清单工程量计算表

序号	项目编码	项目名称	项目特征描述	工程量合计	计量单位
1	011507001001	平面、箱式招牌	1. 箱体规格：7500mm×1500mm 2. 基层材料种类：细木工板 3. 面层材料种类：铝塑板面层 4. 防护材料种类：防锈漆	11.25	m²
2	011508002001	有机玻璃字	字体规格：800mm×800mm	4	个

第 7 节　拆 除 工 程

要　点

共 15 个分部、37 个分项工程项目，包括砖砌体拆除，混凝土及钢筋混凝土构件拆除，木构件拆除，抹灰层拆除，块料面层拆除，龙骨及饰面拆除，屋面拆除，铲除油漆涂料裱糊面，栏杆栏板、轻质隔断隔墙拆除，门窗拆除，金属构件拆除，管道及卫生洁具拆除，灯具、玻璃拆除，其他构件拆除，开孔（打洞）。

解　释

一、拆除工程量清单项目的划分

拆除工程量清单项目的划分，见表 4-91。

表 4-91　拆除清单项目的划分

项　目	项目分项
砖砌体拆除	—
混凝土及钢筋混凝土构件拆除	混凝土构件拆除、钢筋混凝土构件拆除
木构件拆除	—
抹灰层拆除	平面抹灰层拆除、立面抹灰层拆除、天棚抹灰面拆除

续表

项　目	项目分项
块料面层拆除	平面块料拆除、立面块料拆除
龙骨及饰面拆除	楼地面龙骨及饰面拆除、墙柱面龙骨及饰面拆除、天棚面龙骨及饰面拆除
屋面拆除	刚性层拆除、防水层拆除
铲除油漆涂料裱糊面	铲除油漆面、铲除涂料面、铲除裱糊面
栏杆栏板、轻质隔断隔墙拆除	栏杆、栏板拆除，隔断隔墙拆除
门窗拆除	木门窗拆除、金属门窗拆除
金属构件拆除	钢梁拆除，钢柱拆除，钢网架拆除，钢支撑、钢墙架拆除，其他金属构件拆除
管道及卫生洁具拆除	管道拆除、卫生洁具拆除
灯具、玻璃拆除	灯具拆除、玻璃拆除
其他构件拆除	暖气罩拆除、柜体拆除、窗台板拆除、筒子板拆除、窗帘盒拆除、窗帘轨拆除
开孔(打洞)	—

二、拆除清单工程量的计算规则

1. 砖砌体拆除

砖砌体拆除工程量清单项目的设置、项目特征描述的内容、计量单位及工程量计算规则应按表 4-92 的规定执行。

表 4-92　砖砌体拆除 (编号：011601)

项目编码	项目名称	项目特征	计量单位	工程量计算规则	工程内容
011601001	砖砌体拆除	1. 砌体名称 2. 砌体材质 3. 拆除高度 4. 拆除砌体的截面尺寸 5. 砌体表面的附着物种类	1. m³ 2. m	1. 以立方米计量，按拆除的体积计算 2. 以米计量，按拆除的延长米计算	1. 拆除 2. 控制扬尘 3. 清理 4. 建渣场内、外运输

注：1. 砌体名称指墙、柱、水池等。

2. 砌体表面的附着物种类指抹灰层、块料层、龙骨及装饰面层等。

3. 以米计量，如砖地沟、砖明沟等必须描述拆除部位的截面尺寸；以立方米计量，截面尺寸则不必描述。

2. 混凝土及钢筋混凝土构件拆除

混凝土及钢筋混凝土构件拆除工程量清单项目的设置、项目特征描述的内容、计量单位及工程量计算规则应按表 4-93 的规定执行。

表 4-93　混凝土及钢筋混凝土构件拆除 (编号：011602)

项目编码	项目名称	项目特征	计量单位	工程量计算规则	工程内容
011602001	混凝土构件拆除	1. 构件名称 2. 拆除构件的厚度或规格尺寸 3. 构件表面的附着物种类	1. m³ 2. m² 3. m	1. 以立方米计量，按拆除构件的混凝土体积计算 2. 以平方米计量，按拆除部位的面积计算 3. 以米计量，按拆除部位的延长米计算	1. 拆除 2. 控制扬尘 3. 清理 4. 建渣场内、外运输
011602002	钢筋混凝土构件拆除				

注：1. 以立方米作为计量单位时，可不描述构件的规格尺寸；以平方米作为计量单位时，则应描述构件的厚度；以米作为计量单位时，则必须描述构件的规格尺寸。

2. 砌体表面的附着物种类指抹灰层、块料层、龙骨及装饰面层等。

3. 木构件拆除

木构件拆除工程量清单项目的设置、项目特征描述的内容、计量单位及工程量计算规则应按表 4-94 的规定执行。

表 4-94　木构件拆除（编号：011603）

项目编码	项目名称	项目特征	计量单位	工程量计算规则	工程内容
011603001	木构件拆除	1. 构件名称 2. 拆除构件的厚度或规格尺寸 3. 构件表面的附着物种类	1. m³ 2. m² 3. m	1. 以立方米计量，按拆除构件的体积计算 2. 以平方米计量，按拆除面积计算 3. 以米计量，按拆除延长米计算	1. 拆除 2. 控制扬尘 3. 清理 4. 建渣场内、外运输

注：1. 拆除木构件应按木梁、木柱、木楼梯、木屋架、承重木楼板等分别在构件名称中描述。

2. 以立方米作为计量单位时，可不描述构件的规格尺寸；以平方米作为计量单位时，则应描述构件的厚度；以米作为计量单位时，则必须描述构件的规格尺寸。

3. 砌体表面的附着物种类指抹灰层、块料层、龙骨及装饰面层等。

4. 抹灰层拆除

抹灰层拆除工程量清单项目的设置、项目特征描述的内容、计量单位、工程量计算规则应按表 4-95 的规定执行。

表 4-95　抹灰层拆除（编号：011604）

项目编码	项目名称	项目特征	计量单位	工程量计算规则	工程内容
011604001	平面抹灰层拆除	1. 拆除部位 2. 抹灰层种类	m²	按拆除部位的面积计算	1. 拆除 2. 控制扬尘 3. 清理 4. 建渣场内、外运输
011604002	立面抹灰层拆除				
011604003	天棚抹灰面拆除				

注：1. 单独拆除抹灰层应按"抹灰层拆除"的项目编码列项。

2. 抹灰层种类可描述为一般抹灰或装饰抹灰。

5. 块料面层拆除

块料面层拆除工程量清单项目的设置、项目特征描述的内容、计量单位、工程量计算规则应按表 4-96 的规定执行。

表 4-96　块料面层拆除（编号：011605）

项目编码	项目名称	项目特征	计量单位	工程量计算规则	工程内容
011605001	平面块料拆除	1. 拆除的基层类型 2. 饰面材料种类	m²	按拆除面积计算	1. 拆除 2. 控制扬尘 3. 清理 4. 建渣场内、外运输
011605002	立面块料拆除				

注：1. 如仅拆除块料层，拆除的基层类型不用描述。

2. 拆除的基层类型的描述指砂浆层、防水层、干挂或挂贴所采用的钢骨架层等。

6. 龙骨及饰面拆除

龙骨及饰面拆除工程量清单项目的设置、项目特征描述的内容、计量单位、工程量计算规则应按表 4-97 的规定执行。

表 4-97　龙骨及饰面拆除（编号：011606）

项目编码	项目名称	项目特征	计量单位	工程量计算规则	工程内容
011606001	楼地面龙骨及饰面拆除	1. 拆除的基层类型 2. 龙骨及饰面种类	m²	按拆除面积计算	1. 拆除 2. 控制扬尘 3. 清理 4. 建渣场内、外运输
011606002	墙柱面龙骨及饰面拆除				
011606003	天棚面龙骨及饰面拆除				

注：1. 基层类型的描述指砂浆层、防水层等。

2. 如仅拆除龙骨及饰面，拆除的基层类型不用描述。

3. 如只拆除饰面，不用描述龙骨材料种类。

7. 屋面拆除

屋面拆除工程量清单项目的设置、项目特征描述的内容、计量单位、工程量计算规则应按表 4-98 的规定执行。

表 4-98　块屋面拆除（编号：011607）

项目编码	项目名称	项目特征	计量单位	工程量计算规则	工程内容
011607001	刚性层拆除	刚性层厚度	m²	按拆除部位的面积计算	1. 铲除 2. 控制扬尘 3. 清理 4. 建渣场内、外运输
011607002	防水层拆除	防水层种类			

8. 铲除油漆涂料裱糊面

铲除油漆涂料裱糊面工程量清单项目的设置、项目特征描述的内容、计量单位、工程量计算规则应按表 4-99 的规定执行。

表 4-99　铲除油漆涂料裱糊面（编号：011608）

项目编码	项目名称	项目特征	计量单位	工程量计算规则	工程内容
011608001	铲除油漆面	1. 铲除部位名称 2. 铲除部位的截面尺寸	1. m² 2. m	1. 以平方米计算，按铲除部位的面积计算 2. 以米计算，按按铲除部位的延长米计算	1. 铲除 2. 控制扬尘 3. 清理 4. 建渣场内、外运输
011608002	铲除涂料面				
011608003	铲除裱糊面				

注：1. 单独铲除油漆涂料裱糊面的工程按本表编码列项。

2. 铲除部位名称的描述指墙面、柱面、天棚、门窗等。

3. 按米计量，必须描述铲除部位的截面尺寸，以平方米计量时，则不用描述铲除部位的截面尺寸。

9. 栏杆栏板、轻质隔断隔墙拆除

栏杆栏板、轻质隔断隔墙拆除工程量清单项目的设置、项目特征描述的内容、计量单位、工程量计算规则应按表 4-100 的规定执行。

表 4-100　栏杆栏板、轻质隔断隔墙拆除（编号：011609）

项目编码	项目名称	项目特征	计量单位	工程量计算规则	工程内容
011609001	栏杆、栏板拆除	1. 栏杆（板）的高度 2. 栏杆、栏板种类	1. m² 2. m	1. 以平方米计量，按拆除部位的面积计算 2. 以米计量，按拆除的延长米计算	1. 拆除 2. 控制扬尘 3. 清理 4. 建渣场内、外运输
011609002	隔断隔墙拆除	1. 拆除隔墙的骨架种类 2. 拆除隔墙的饰面种类	m²	按拆除部位的面积计算	

注：以平方米计量，不用描述栏杆（板）的高度。

10. 门窗拆除

门窗拆除工程量清单项目的设置、项目特征描述的内容、计量单位及工程量计算规则应按表 4-101 的规定执行。

表 4-101　门窗拆除（编号：011610）

项目编码	项目名称	项目特征	计量单位	工程量计算规则	工程内容
011610001	木门窗拆除	1. 室内高度 2. 门窗洞口尺寸	1. m² 2. 樘	1. 以平方米计量，按拆除面积计算 2. 以樘计量，按拆除樘数计算	1. 拆除 2. 控制扬尘 3. 清理 4. 建渣场内、外运输
011610002	金属门窗拆除				

注：门窗拆除以平方米计量，不用描述门窗的洞口尺寸。室内高度指室内楼地面至门窗的上边框。

11. 金属构件拆除

金属构件拆除工程量清单项目的设置、项目特征描述的内容、计量单位、工程量计算规则应按表 4-102 的规定执行。

表 4-102　金属构件拆除（编号：011611）

项目编码	项目名称	项目特征	计量单位	工程量计算规则	工程内容
011611001	钢梁拆除		1. t 2. m	1. 以吨计量，按拆除构件的质量计算 2. 以米计量，按拆除延长米计算	
011611002	钢柱拆除				
011611003	钢网架拆除	1. 构件名称 2. 拆除构件的规格尺寸	t	按拆除构件的质量计算	1. 拆除 2. 控制扬尘 3. 清理 4. 建渣场内、外运输
011611004	钢支撑、钢墙架拆除		1. t 2. m	1. 以吨计量，按拆除构件的质量计算 2. 以米计量，按拆除延长米计算	
011611005	其他金属构件拆除				

12. 管道及卫生洁具拆除

管道及卫生洁具拆除工程量清单项目的设置、项目特征描述的内容、计量单位、工程量计算规则应按表 4-103 的规定执行。

表 4-103　管道及卫生洁具拆除（编号：011612）

项目编码	项目名称	项目特征	计量单位	工程量计算规则	工程内容
011612001	管道拆除	1. 管道种类、材质 2. 管道上的附着物种类	m	按拆除管道的延长米计算	1. 拆除 2. 控制扬尘 3. 清理 4. 建渣场内、外运输
011612002	卫生洁具拆除	卫生洁具种类	1. 套 2. 个	按拆除的数量计算	

13. 灯具、玻璃拆除

灯具、玻璃拆除工程量清单项目的设置、项目特征描述的内容、计量单位、工程量计算规则应按表 4-104 的规定执行。

表 4-104　灯具、玻璃拆除（编号：011613）

项目编码	项目名称	项目特征	计量单位	工程量计算规则	工程内容
011613001	灯具拆除	1. 拆除灯具高度 2. 灯具种类	套	按拆除的数量计算	1. 拆除 2. 控制扬尘 3. 清理 4. 建渣场内、外运输
011613002	玻璃拆除	1. 玻璃厚度 2. 拆除部位	m²	按拆除的面积计算	

注：拆除部位的描述指门窗玻璃、隔断玻璃、墙玻璃、家具玻璃等。

14. 其他构件拆除

其他构件拆除工程量清单项目的设置、项目特征描述的内容、计量单位、工程量计算规则应按表 4-105 的规定执行。

表 4-105　其他构件拆除（编号：011614）

项目编码	项目名称	项目特征	计量单位	工程量计算规则	工程内容
011614001	暖气罩拆除	暖气罩材质	1. 个 2. m²	1. 以个为单位计量，按拆除个数计算 2. 以米为单位计量，按拆除延长米计算	1. 拆除 2. 控制扬尘 3. 清理 4. 建渣场内、外运输
011614002	柜体拆除	1. 柜体材质 2. 柜体尺寸：长、宽、高			

续表

项目编码	项目名称	项目特征	计量单位	工程量计算规则	工程内容
011614003	窗台板拆除	窗台板平面尺寸	1. 块 2. m²	1. 以块计量,按拆除数量计算 2. 以米计量,按拆除的延长米计算	1. 拆除 2. 控制扬尘 3. 清理 4. 建渣场内、外运输
011614004	筒子板拆除	筒子板的平面尺寸			
011614005	窗帘盒拆除	窗帘盒的平面尺寸	m	按拆除的延长米计算	
011614006	窗帘轨拆除	窗帘轨的材质			

注：双轨窗帘轨拆除按双轨长度分别计算工程量。

15. 开孔（打洞）

开孔（打洞）工程量清单项目的设置、项目特征描述的内容、计量单位、工程量计算规则应按表 4-106 的规定执行。

表 4-106 开孔（打洞）（编号：011615）

项目编码	项目名称	项目特征	计量单位	工程量计算规则	工程内容
011615001	开孔（打洞）	1. 部位 2. 打洞部位材质 3. 洞尺寸	个	按数量计算	1. 拆除 2. 控制扬尘 3. 清理 4. 建渣场内、外运输

注：1. 部位可描述为墙面或楼板。

2. 打洞部位材质可描述为页岩砖或空心砖或钢筋混凝土等。

相关知识

拆除工程的安全技术

（1）人工拆除

① 人工拆除作业时，楼板上严禁人员聚集或堆放材料，作业人员应站在稳定的结构或脚手架上操作，被拆除的构件应有安全的放置场所。

② 人工拆除施工应从上至下、逐层拆除分段进行，不得垂直交叉作业。作业面的孔洞应封闭。

③ 人工拆除建筑墙体时，严禁采用掏掘或推倒的方法。

④ 拆除建筑物的栏杆、楼梯、楼板等构件，应与建筑结构整体拆除进度相配合，不得先行拆除。建筑物承重梁、柱，应在其所承载的全部构件拆除后，再进行拆除。

⑤ 拆除梁或悬挑构件时，应采取有效的下落控制措施，方可切断两端的支撑。

⑥ 拆除柱子时，应沿柱子底部剔凿出钢筋，使用手动倒链定向牵引，再采用气焊切割柱子三面钢筋，保留牵引方向正面的钢筋。

⑦ 拆除管道及容器时，必须在查清残留物的性质，并采取相应措施确保安全后，方可进行拆除施工。

（2）机械拆除

① 机械拆除建筑时，应从上至下，逐层分段进行：应先拆除非承重构件，再拆除承重构件。拆除框架结构建筑，必须按楼板、次梁、主梁、柱子的顺序进行施工。对只进行部分拆除的建筑，必须先将保留部分加固，再进行分离拆除。

② 施工中必须由专人负责监测被拆除建筑的结构状态，做好记录。当发现有不稳定状态的趋势时，必须停止作业，采取有效措施，消除隐患。

③ 拆除施工时，应按照施工组织设计选定的机械设备及吊装方案进行施工，严禁超载

作业或任意扩大适用范围。供机械设备使用的场地必须保证足够的承载力。作业中机械不得同时回转、行走。

④ 进行高处作业拆除时，较大尺寸的构件或沉重的材料，必须采用起重机及时吊下。拆卸下来的各种材料应及时清理，分类堆放在指定场所，严禁向下抛掷。

⑤ 采用双机抬吊作业时，每台起重机载荷不得超过允许载荷的80%，且应对第一吊进行试吊作业，施工中必须保持两台起重机同步作业。

⑥ 拆除吊装作业的起重机司机，必须严格执行操作规程。信号指挥人员必须按照现行国家标准《起重吊运指挥信号》（GB 5082—1985）的规定作业。

⑦ 拆除钢屋架时，必须采用绳索将其拴牢，待起重机吊稳后，方可进行气焊切割作业。吊运过程中，应采取辅助措施使被吊物处于稳定状态。

⑧ 拆除桥梁时应先拆除桥面的附属设施及挂件、护栏等。

（3）爆破拆除

① 爆破拆除工程应根据周围环境作业条件、拆除对象、建筑类别、爆破规模，按照现行国家标准《爆破安全规程》（GB 6722—2014）采取相应的安全技术措施。爆破拆除工程应做出安全评估并经当地有关部门审核批准后方可实施。

② 从事爆破拆除工程的施工单位，必须持有工程所在地法定部门核发的《爆破物品使用许可证》，承担相应等级的爆破拆除工程。爆破拆除设计人员应具备承担爆破拆除作业范围和相应级别的爆破工程技术人员作业证。从事爆破拆除施工的作业人员应持证上岗。

③ 爆破器材必须向工程所在地法定部门申请《爆炸物品购买许可证》，到指定的供应点购买，爆破器材严禁赠送、转让、转卖、转借。

④ 运输爆破器材时，必须向工程所在地法定部门申请领取《爆炸物品运输许可证》，派专职押运员押送，按照规定路线运输。

⑤ 爆破器材临时保管地点，必须经当地法定部门审批。严禁同室保管与爆破器材无关的物品。

⑥ 爆破器材的预拆除施工应确保建筑安全和稳定。预拆除施工可采用机械和人工方法拆除非承重的墙体或不影响结构稳定的构件。

⑦ 对烟囱、水塔类构筑物采用定向爆破拆除工程时，爆破拆除设计应控制建筑倒塌时的触地振动。必要时应在倒塌范围铺设缓冲材料或开挖防震沟。

⑧ 为保护邻近建筑物和设施的安全，爆破振动强度应符合现行国家标准《爆破安全规程》（GB 6722—2014）的有关规定。建筑基础爆破拆除时，应限制一次同时使用的药量。

⑨ 爆破拆除施工时，应对爆破部位进行覆盖和遮挡，覆盖材料和遮挡设施应牢固可靠。

⑩ 爆破拆除应采用电力起爆网路和非电导爆网路。电力起爆网路的电阻和起爆电源功率，应满足设计要求；非典导爆管起爆应采用复式交叉封闭网路。爆破拆除不得采用导爆索网路或导火索起爆方法。

⑪ 装药前，应对爆破器材进行性能检测。试验爆破和起爆网路模拟试验应在安全场所进行。

⑫ 爆破拆除工程的实施应在工程所在地有关部门领导下成立爆破指挥部，应按照施工组织设计确定的安全距离设置警戒。

（4）静力破碎

① 进行建筑基础或局部块体拆除时，宜采用静力破碎的方法。

② 采用具有腐蚀性的静力破碎剂作业时，灌浆人员必须戴防护手套和防护眼镜。孔内注入破碎剂后，作业人员应保持安全距离，严禁在注孔区域行走。

③ 静力破碎剂严禁与其他材料混放。

④ 在相邻的两孔之间，严禁钻孔与注入破碎剂同步进行施工。

⑤ 静力破碎时，发生异常情况，必须停止作业。查清原因并取相应措施确保安全后，方可继续施工。

（5）安全防护措施

① 拆除施工采用的脚手架、安全网，必须由专业人员按设计方案搭设，在人员验收合格后方可使用。水平作业时，操作人员应保持安全距离。

② 安全防护设施验收时，应按类别逐项检验，并有验收记录。

③ 作业人员必须配备相应的劳动保护用品，应正确使用。

④ 施工单位必须依据拆除工程安全施工组织设计或安全专项施工方案，在拆除施工现场划定危险区域，并设置警戒线和相关的安全标志，并派专人监管。

⑤ 施工单位必须落实防火安全责任制，建立义务消防组织，明确责任人，负责施工现场的日常防火安全管理工作。

第8节　措施项目

❧ 要　点 ❧

共7个分部、52个分项工程项目，包括脚手架工程，混凝土模板及支架（撑），垂直运输，超高施工增加，大型机械设备进出场及安拆，施工排水、降水，安全文明施工及其他措施项目。

❧ 解　释 ❧

一、措施项目工程量清单项目的划分

清单项目的划分，见表 4-107。

表 4-107　措施项目工程量清单项目的划分

项　目	项　目　分　项
脚手架工程	综合脚手架、外脚手架、里脚手架、悬空脚手架、挑脚手架、满堂脚手架、整体提升架、外装饰吊篮
混凝土模板及支架(撑)	基础、矩形柱、构造柱、异形柱、基础梁、矩形梁、异形梁、梁圈、过梁、弧形、拱形梁、直形墙、弧形墙、短肢剪力墙、电梯井壁、有梁板、无梁板、平板、拱板、薄壳板、空心板、其他板、栏板、天沟、檐沟、雨篷、悬挑板、阳台板、楼梯、其他现浇构件、电缆沟、地沟、台阶、扶手、散水、后浇带、化粪池、检查井
垂直运输	—
超高施工增加	—
大型机械设备进出场及安拆	—
施工排水、降水	成井、排水、降水
安全文明施工及其他措施项目	安全文明施工，夜间施工，非夜间施工照明，二次搬运，冻雨季施工，地上、地下设施、建筑物的临时保护设施，已完工程及设备保护

二、措施项目清单工程量的计算规则

1. 脚手架工程

脚手架工程工程量清单项目设置、项目特征描述的内容、计量单位及工程量计算规则，应按表 4-108 的规定执行。

表 4-108　脚手架工程（编码：011701）

项目编码	项目名称	项目特征	计量单位	工程量计算规则	工作内容
011701001	综合脚手架	1. 建筑结构形式 2. 檐口高度	m²	按建筑面积计算	1. 场内、场外材料搬运 2. 搭、拆脚手架、斜道、上料平台 3. 安全网的铺设 4. 选择附墙点与主体连接 5. 测试电动装置、安全锁等 6. 拆除脚手架后材料的堆放
011701002	外脚手架	1. 搭设方式 2. 搭设高度 3. 脚手架材质		按所服务对象的垂直投影面积计算	1. 场内、场外材料搬运 2. 搭、拆脚手架、斜道、上料平台 3. 安全网的铺设 4. 拆除脚手架后材料的堆放
011701003	里脚手架				
011701004	悬空脚手架	1. 搭设方式 2. 悬挑宽度 3. 脚手架材质		按搭设的水平投影面积计算	
011701005	挑脚手架		m	按搭设长度乘以搭设层数以延长米计算	
011701006	满堂脚手架	1. 搭设方式 2. 搭设高度 3. 脚手架材质	m²	按搭设的水平投影面积计算	
011701007	整体提升架	1. 搭设方式及启动装置 2. 搭设高度	m²	按所服务对象的垂直投影面积计算	1. 场内、场外材料搬运 2. 选择附墙点与主体连接 3. 搭、拆脚手架、斜道、上料平台 4. 安全网的铺设 5. 测试电动装置、安全锁等 6. 拆除脚手架后材料的堆放
011701008	外装饰吊篮	1. 升降方式及启动装置 2. 搭设高度及吊篮型号			1. 场内、场外材料搬运 2. 吊篮的安装 3. 测试电动装置、安全锁、平衡控制器等 4. 吊篮的拆卸

2. 混凝土模板及支架（撑）

混凝土模板及支架（撑）工程量清单项目设置、项目特征描述的内容、计量单位、工程量计算规则及工作内容，应按表 4-109 的规定执行。

表 4-109　混凝土模板及支架（撑）（编码：011702）

项目编码	项目名称	项目特征	计量单位	工程量计算规则	工作内容
011702001	基础	基础类型	m²	按模板与现浇混凝土构件的接触面积计算 1. 现浇钢筋混凝土墙、板单孔面积≤0.3m² 的孔洞不予扣除，洞侧壁模板亦不增加；单孔面积＞0.3m² 时应予扣除，洞侧壁模板面积并入墙、板工程量内计算 2. 现浇框架分别按梁、板、柱有关规定计算；附墙柱、暗梁、暗柱并入墙内工程量内计算 3. 柱、梁、墙、板相互连接的重叠部分，均不计算模板面积 4. 构造柱按图示外露部分计算模板面积	1. 模板制作 2. 模板安装、拆除、整理堆放及场内外运输 3. 清理模板黏结物及模内杂物、刷隔离剂等
011702002	矩形柱	—			
011702003	构造柱				
011702004	异形柱	柱截面形状			
011702005	基础梁	梁截面形状			
011702006	矩形梁	支撑高度			
011702007	异形梁	1. 梁截面形状 2. 支撑高度			
011702008	梁圈	—			
011702009	过梁				
011702010	弧形、拱形梁	1. 梁截面形状 2. 支撑高度			

续表

项目编码	项目名称	项目特征	计量单位	工程量计算规则	工作内容
011702011	直形墙	—	m²	按模板与现浇混凝土构件的接触面积计算 1. 现浇钢筋混凝土墙、板单孔面积≤0.3m² 的孔洞不予扣除，洞侧壁模板亦不增加；单孔面积＞0.3m² 时应予扣除，洞侧壁模板面积并入墙、板工程量内计算 2. 现浇框架分别按梁、板、柱有关规定计算；附墙柱、暗梁、暗柱并入墙内工程量内计算 3. 柱、梁、墙、板相互连接的重叠部分，均不计算模板面积 4. 构造柱按图示外露部分计算模板面积	1. 模板制作 2. 模板安装、拆除、整理堆放及场内外运输 3. 清理模板黏结物及模内杂物、刷隔离剂等
011702012	弧形墙				
011702013	短肢剪力墙、电梯井壁				
11702014	有梁板	支撑高度			
11702015	无梁板				
11702016	平板				
11702017	拱板				
11702018	薄壳板				
11702019	空心板				
11702020	其他板				
11702021	栏板	—			
11702022	天沟、檐沟	构建类型		按模板与现浇混凝土构件的接触面积计算	
11702023	雨篷、悬挑板、阳台板	1. 构件类型 2. 板厚度		按图示外挑部分尺寸的水平投影面积计算，挑出墙外的悬臂梁及板边不另计算	
11702024	楼梯	类型		按楼梯(包括休息平台、平台梁、斜梁和楼层板的连接梁)的水平投影面积计算，不扣除宽度≤500mm 的楼梯井所占面积，楼梯踏步、踏步板、平台梁等侧面模板不另计算，伸入墙内部分亦不增加	
11702025	其他现浇构件	构件类型		按模板与现浇混凝土构件的接触面积计算	
11702026	电缆沟、地沟	1. 沟类型 2. 沟截面		按模板与电缆沟、地沟接触的面积计算	
11702027	台阶	台阶踏步宽		按图示台阶水平投影面积计算，台阶端头两侧不另计算模板面积。架空式混凝土台阶，按现浇楼梯计算	
11702028	扶手	扶手断面尺寸		按模板与扶手的接触面积计算	
11702029	散水	—		按模板与散水的接触面积计算	1. 模板制作 2. 模板安装、拆除、整理堆放及场内外运输 3. 清理模板黏结物及模内杂物、刷隔离剂等
11702030	后浇带	后浇带部位		按模板与后浇带的接触面积计算	
11702031	化粪池	1. 化粪池部位 2. 化粪池规格		按模板与混凝土接触面积计算	
11702032	检查井	1. 检查井部位 2. 检查井规格			

3. 垂直运输

垂直运输工程量清单项目设置、项目特征描述的内容、计量单位、工程量计算规则应按表 4-110 的规定执行。

4. 超高施工增加

超高施工增加工程量清单项目设置、项目特征描述的内容、计量单位、工程量计算规则应按表 4-111 的规定执行。

表 4-110　垂直运输 （编码：011703）

项目编码	项目名称	项目特征	计量单位	工程量计算规则	工作内容
011703001	垂直运输	1. 建筑物建筑类型及结构形式 2. 地下室建筑面积 3. 建筑物檐口高度、层数	1. m² 2. 天	1. 按建筑面积计算 2. 按施工工期日历天数计算	1. 垂直运输机械的固定装置、基础制作、安装 2. 行走式垂直运输机械轨道的铺设、拆除、摊销

表 4-111　超高施工增加 （011704）

项目编码	项目名称	项目特征	计量单位	工程量计算规则	工作内容
011704001	超高施工增加	1. 建筑物建筑类型及结构形式 2. 建筑物檐口高度、层数 3. 单层建筑物檐口高度超过 20m，多层建筑物超过 6 层部分的建筑面积	m²	按建筑物超高部分的建筑面积计算	1. 建筑物超高引起的人工工效降低以及由于人工工效降低引起的机械降效 2. 高层施工用水加压水泵的安装、拆除及工作台班 3. 通信联络设备的使用及摊销

5. 大型机械设备进出场及安拆

大型机械设备进出场及安拆工程量清单项目设置、项目特征描述的内容、计量单位、工程量计算规则应按表 4-112 的规定执行。

表 4-112　大型机械设备进出场及安拆 （编码：011705）

项目编码	项目名称	项目特征	计量单位	工程量计算规则	工作内容
011705001	大型机械设备进出场及安拆	1. 机械设备名称 2. 机械设备规格型号	台次	按使用机械设备的数量计算	1. 安拆费包括施工机械、设备在现场进行安装拆卸所需人工、材料、机械和试运转费用以及机械辅助设施的折旧、搭设、拆除等费用 2. 进出场费包括施工机械、设备整体或分体自停放地点运至施工现场或由一施工地点运至另一施工地点所发生的运输、装卸、辅助材料等费用

6. 施工排水、降水

施工排水、降水工程量清单项目设置、项目特征描述的内容、计量单位及工程量计算规则应按表 4-113 的规定执行。

表 4-113　施工排水、降水 （编码：011706）

项目编码	项目名称	项目特征	计量单位	工程量计算规则	工作内容
011706001	成井	1. 成井方式 2. 地层情况 3. 成井直径 4. 井（滤）管类型、直径	m	按设计图示尺寸以钻孔深度计算	1. 准备钻孔机械、埋设护筒、钻机就位；泥浆制作、固壁；成孔、出渣、清孔等 2. 对接上、下井管（滤管），焊接，安放，下滤料，洗井，连接试抽等
011706002	排水、降水	1. 机械规格型号 2. 降排水管规格	昼夜	按排水、降水日历天数计算	1. 管道安装、拆除，场内搬运等 2. 抽水、值班、降水设备维修等

7. 安全文明施工及其他措施项目

安全文明施工及其他措施项目工程量清单项目设置、计量单位、工作内容及包含范围应按表 4-114 的规定执行。

表 4-114　安全文明施工及其他措施项目（编码：011707）

项目编码	项目名称	工作内容及包含范围
011707001	安全文明施工	1. 环境保护：现场施工机械设备降低噪声、防扰民措施；水泥和其他易飞扬细颗粒建筑材料密闭存放或采取覆盖措施等；工程防扬尘洒水；土石方、建渣外运车辆防护措施等；现场污染源的控制、生活垃圾清理外运、场地排水排污措施；其他环境保护措施 2. 文明施工："五牌一图"；现场围挡的墙面美化（包括内外粉刷、刷白、标语等）、压顶装饰；现场厕所便槽刷白、贴面砖，水泥砂浆地面或地砖，建筑物内临时便溺设施；其他施工现场临时设施的装饰装修、美化措施；现场生活卫生设施；符合卫生要求的饮水设备、淋浴、消毒等设施；生活用洁净燃料；防煤气中毒、防蚊虫叮咬等措施；施工现场操作场地的硬化；现场绿化、治安综合治理；现场配备医药保健器材、物品和急救人员培训；现场工人的防暑降温、电风扇、空调等设备及用电；其他文明施工措施 3. 安全施工：安全资料、特殊作业专项方案的编制，安全施工标志的购置及安全宣传；"三宝"（安全帽、安全带、安全网）、"四口"（楼梯口、电梯井口、通道口、预留洞口）、"五临边"（阳台围边、楼板围边、屋面围边、槽坑围边、卸料平台两侧），水平防护架、垂直防护架、外架封闭等防护；施工安全用电，包括配电箱三级配电、两级保护装置要求、外电防护措施；起重机、塔吊等起重设备（含井架、门架）及外用电梯的安全防护措施（含警示标志）及卸料平台的临边防护、层间安全门、防护棚等设施；建筑工地起重机械的检验检测；施工机具防护棚及其围栏的安全保护设施；施工安全防护通道；工人的安全防护用品、用具购置；消防设施与消防器材的配置；电气保护、安全照明设施；其他安全防护措施 4. 临时设施：施工现场采用彩色、定型钢板，砖、混凝土砌块等围挡的安砌、维修、拆除；施工现场临时建筑物、构筑物的搭设、维修、拆除，如临时宿舍、办公室、食堂、厨房、厕所、诊疗所、临时文化福利用房、临时仓库、加工场、搅拌台、临时简易水塔、水池等；施工现场临时设施的搭设、维修、拆除，如临时供水管道、临时供电管线、小型临时设施等；施工现场规定范围内临时简易道路铺设，临时排水沟、排水设施安砌、维修、拆除；其他临时设施搭设、维修、拆除
011707002	夜间施工	1. 夜间固定照明灯具和临时可移动照明灯具的设置、拆除 2. 夜间施工时，施工现场交通标志、安全标牌、警示灯等的设置、移动、拆除 3. 包括夜间照明设备及照明用电、施工人员夜班补助、夜间施工劳动效率降低等
011707003	非夜间施工照明	为保证工程施工正常进行，在地下室等特殊施工部位施工时所采用的照明设备的安拆、维护及照明用电等
011707004	二次搬运	由于施工场地条件限制而发生的材料、成品、半成品等一次运输不能到达堆放地点，必须进行的二次或多次搬运
011707005	冻雨季施工	1. 冬雨（风）季施工时增加的临时设施（防寒保温、防雨、防风设施）的搭设、拆除 2. 冬雨（风）季施工时，对砌体、混凝土等采用的特殊加温、保温和养护措施 3. 冬雨（风）季施工时，施工现场的防滑处理、对影响施工的雨雪的清除 4. 包括冬雨（风）季施工时增加的临时设施、施工人员的劳动保护用品、冬雨（风）季施工劳动效率降低等
011707006	地上、地下设施、建筑物的临时保护设施	在工程施工过程中，对已建成的地上、地下设施和建筑物进行的遮盖、封闭、隔离等必要保护措施
011707007	已完工程及设备保护	对已完工程及设备采取的覆盖、包裹、封闭、隔离等必要保护措施

❧ 相关知识 ❧

措施项目工程量清单项目的内容说明

1. 脚手架工程

（1）高度超过 3.6m 的内墙面装饰不能利用原砌筑脚手架时，可按里脚手架计算规则计算装饰脚手架。装饰脚手架按双排里脚手架乘以系数 0.3 计算。

内墙面装饰双排里脚手架工程量＝内墙净长度×设计净长度×0.3

内墙装饰脚手架按装饰的结构面垂直投影面积（不扣除门窗洞口面积）计算。高度在3.6m以内时按相应脚手架子目30％计取。

（2）室内天棚装饰面距设计室内地坪在3.6m以上时，可计算满堂脚手架。满堂脚手架按室内净面积计算，其高度在3.61～5.2m之间时，计算基本层。超过5.2m时，每增加1.2m按增加一层计算，不足0.6m的不计。

满堂脚手架工程量＝室内净长度×室内净宽度

计算室内净面积时，不扣除柱、垛所占面积。已计算满堂脚手架后，室内墙壁面装饰不再计算墙面装饰脚手架。

室内净高度超过3.6m时，方可计算满堂脚手架。室内净高超过5.2m时，方可计算增加层。

（3）外墙装饰不能利用主体脚手架施工时，可计算外墙装饰脚手架。外墙装饰脚手架按设计外墙装饰面积计算，套用相应定额项目。外墙油漆、涂刷者不计算外墙装饰脚手架。

外墙装饰脚手架工程量＝装饰面长度×装饰面高度

（4）按规定计算满堂脚手架后，室内墙面装饰工程不再计算脚手架。

2. 垂直运输机械及超高增加

（1）建筑物内装修工程垂直运输机械，适用于建筑物主体工程完成后，由装修施工单位自设垂直运输机械施工的情况。

建筑物内装修工程垂直运输机械按"建筑面积计算规则"计算出面积后，并按所装修建筑物的层数套用相应定额项目。

（2）建筑物外墙装修工程垂直运输机械，适用于由外墙装修施工单位自设垂直运输机械施工的情况。外墙装修是指各类幕墙、镶贴或干挂各类板材等内容。

建筑物外装修工程垂直运输机械，按建筑物外墙装饰的垂直投影面积（不扣除门窗洞口，凸出外墙部分及侧壁也不增加）以平方米计算。

（3）建筑物内装修工程超高人工增加，是指无垂直运输机械，无施工电梯上下的情况。

① 6层以下的单独内装饰工程，不计算超高人工增加。

② 定额中"某层～某层之间"，指单独内装饰施工所在的层数，非指建筑物的总层数。

3. 安全文明施工及其他措施项目

（1）安全文明施工费

① 环境保护费：是指施工现场为达到环保部门要求所需要的各项费用。

② 文明施工费：是指施工现场文明施工所需要的各项费用。

③ 安全施工费：是指施工现场安全施工所需要的各项费用。

④ 临时设施费：是指施工企业为进行建设工程施工所必须搭设的生活和生产用的临时建筑物、构筑物和其他临时设施费用。包括临时设施的搭设、维修、拆除、清理费或摊销费等。

（2）夜间施工增加费 是指因夜间施工所发生的夜班补助费、夜间施工降效、夜间施工照明设备摊销及照明用电等费用。

（3）二次搬运费 是指因施工场地条件限制而发生的材料、构配件、半成品等一次运输不能到达堆放地点，必须进行二次或多次搬运所发生的费用。

（4）冬雨季施工增加费 是指在冬季或雨季施工需增加的临时设施、防滑、排除雨雪，人工及施工机械效率降低等费用。

（5）已完工程及设备保护费 是指竣工验收前，对已完工程及设备采取的必要保护措施所发生的费用。

（6）工程定位复测费　是指工程施工过程中进行全部施工测量放线和复测工作的费用。

（7）特殊地区施工增加费：是指工程在沙漠或其边缘地区、高海拔、高寒、原始森林等特殊地区施工增加的费用。

（8）大型机械设备进出场及安拆费　是指机械整体或分体自停放场地运至施工现场或由一个施工地点运至另一个施工地点，所发生的机械进出场运输、转移费用及机械在施工现场进行安装、拆卸所需的人工费、材料费、机械费、试运转费和安装所需的辅助设施的费用。

（9）脚手架工程费　是指施工需要的各种脚手架搭、拆、运输费用以及脚手架购置费的摊销（或租赁）费用。

第5章
装饰工程施工图预算

第1节　装饰工程施工图预算的编制依据

要　点

　　装修装饰工程施工图预算，是指装修装饰工程施工前，根据施工图、预算定额、现场条件及有关规定所编制的一种确定工程造价的经济文书。它是以单位工程为编制单元，以分项工程划分项目，按相应的专业定额及其项目为计价单位的综合性预算。本节主要简介施工图预算的编制依据。

解　释

装饰工程施工图预算的编制依据

　　(1) 经过审批后的设计图和说明书　经过审批后的设计图和说明书主要包括：装修装饰工程施工图说明、总平面布置图、平面图、立面图、剖面图，梁、柱、地面、楼梯、屋顶和门窗等各种详图以及门窗明细表等。这些资料表明了装修装饰工程的主要工作对象的主要工作内容，结构、构造、零配件等尺寸，材料的品种、规格和数量。

　　经建设单位、设计单位和施工单位共同会审后的施工图和说明书，是编制装修装饰工程预算的重要依据。

　　(2) 批准的工程项目设计总概算文件　设计总概算在规定各拟建项目投资最高限额的基础上，对各单位工程也规定了相应的投资额。而装修装饰工程在某些设计总概算中，已成为一个独立的单位工程，其投资额受到明确限制。所以，在编制装修装饰工程预算时，必须以此为依据，使其预算造价不能突破单位工程概算所规定的限额。

　　(3) 施工组织设计资料　装修装饰工程施工组织设计具体规定了装修装饰工程中各分部分项工程的施工机具、施工方法、技术组织措施、构配件加工方式和现场平面布置图等内容。它直接影响整个装修装饰工程的预算造价，是计算工程量、选套预算定额或单位估价表和计算其它费用的重要依据。

　　(4) 现行装修装饰工程预算定额　现行装修装饰工程预算定额是编制装修装饰工程预算的基本依据。编制预算时，从分部分项工程项目的划分到工程量的计算，都必须以此作为标准进行。

（5）地区单位估价表 地区单位估价表是以现行的装修装饰工程预算定额、建设地区的工资标准、机械台班价格、材料预算价格和水、电、动力资源等价格进行编制的。它是现行预算定额中各分项工程及其子项目在相应地区价值的货币表现形式，是地区编制装修装饰工程预算的最基本依据之一。

（6）材料预算价格 工程因所在地区不同，运费不同，所以材料预算价格也不相同。由于材料费用在装修装饰工程造价中所占比例较大，导致相同的装修装饰工程，在不同的地区各自的预算造价的不同，因此，必须以相应地区的材料预算价格进行定额调整或换算，作为编制装修装饰工程预算的依据。

（7）有关的标准图和取费标准 编制装修装饰工程预算，除要备有全套的施工图以外，还必须具备所需的一切标准图（包括国家标准图和地区标准图）和相应地区的其它直接费、间接费、计划利润以及税金等费用的取费率标准，作为计算工程量、计取有关费用、最后确定工程造价的依据。

（8）预算定额及有关手册 预算定额手册是准确、快速地计算工程量、进行工料分析、编制装修装饰工程预算的主要基础资料。

（9）其它资料 通常是指国家或地区主管部门以及工程所在地区的工程造价管理部门所颁布的编制预算的补充规定（如项目划分、调整系数、取费标准等）、文件和说明等资料。

（10）装修装饰工程施工合同 经双方签订的合同包括：双方同意的有关修改承包合同的设计变更文件，承包范围，结算方式，包干系数的确定，协商记录，材料量、质和价的调整，会议纪要及资料和图表等。这些都是编制装修装饰工程预算的主要依据。

～ 相关知识 ～

装饰工程施工图预算的编制条件

① 施工单位编制的装修装饰工程施工组织设计或施工方案，必须经其主管部门批准。

② 施工图经过审批、交底和会审后，必须由建设单位、设计单位和施工单位共同认可。

③ 参加编制预算的人员，必须具有由有关部门进行资格培训，考核合格后签发的相应证书。

④ 建设单位和施工单位在材料、构件、配件和半成品等加工、订货和采购方面，都必须有明确分工或按合同执行。

第2节 装饰工程施工图预算的编制方法和步骤

～ 要 点 ～

装饰工程施工图预算由施工单位编制，主要包括编制方法和具体步骤。

～ 解 释 ～

一、装饰工程施工图预算的编制方法

（1）单位估价法 又称为"工程预算单价法"，是根据各分部分项工程的工程量，按当地人工工资标准、材料预算价格及机械台班费等预算定额基价或地区单位估价表，计算工程定额直接费及其它直接费，并由此计算间接费、利润以及其它费用，最后汇总得出整个工程预算造价的方法，见图5-1。

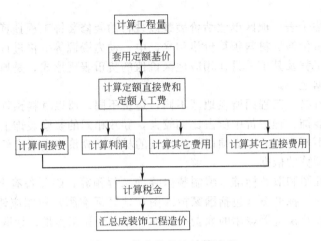

图 5-1　单位估价法计算流程

（2）实物计价法　实物计价法是根据实际施工中所用的人工、材料和机械等数量，按照现行的劳动定额及地区人工日工资标准，材料预算价格和机械台班价格等计算人工费、材料费和机械费，汇总后在此基础上计算其它直接费，然后再按照相应的费用定额计算间接费、利润、税金和其它费用，最后汇总形成装饰工程造价的方法，其计算流程见图 5-2。

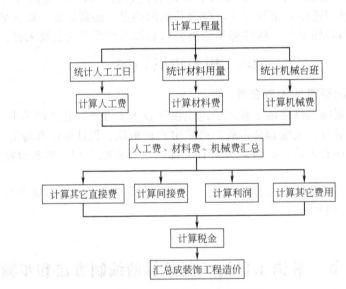

图 5-2　实物计价法计算流程

由于建筑装饰工程通常多采用新材料、新设备、新构件和新工艺，现行装饰工程计价定额缺项而且编制临时定额时间上又不允许时，通常采用实物计价法计算装饰工程造价。

这两种方法的主要区别是：前者是按各地区颁布的统一基础定额和费用定额进行编制的，这是我国目前通用的一种编制方法；而后者是按各企业内部制定的不同实物单价进行编制的，通常在涉外工程和没有定额依据的工程中常采用这种方法。但是在编制施工图预算的基本步骤上大体相同。

二、装饰工程施工图预算的编制步骤

编制建筑装饰工程施工图预算，在满足编制条件的前提下，一般可按下列步骤进行。

1. 收集有关编制装饰工程施工图预算的基础资料

编制装饰工程预算的基础资料主要包括经过交底会审后的施工图样；批准的设计总概算书；施工组织设计和有关的技术组织措施；国家和地区主管部门颁发的现行装饰工程预算定额、材料预算价格、工人工资标准、机械台班价格、单位估价表（包括各种补充规定）及各项费用的取费率标准；工程施工合同和现场情况等资料；有关的预算工作手册、标准图集；其它有关的经济技术资料。应了解甲乙双方的意图和要求、材料堆场的距离和运输条件等，以便为列项计算工程量提供参考。

2. 熟悉审核图样内容，掌握设计意图

施工图是计算工程量和套用定额项目的主要依据，必须认真阅读门窗、墙柱面、楼地面、天棚吊顶等各分部内容，切实掌握图样设计意图和工程全貌，这是迅速、准确地编制装饰工程施工图预算的关键。在读图过程中，如果发现有不明确或疑问之处，应记录下来并立即向有关部门反映或在图样会审时解决落实，使其更加完善。

（1）整理施工图样　应把目录上所排列的总说明、平面图、立面图、剖面图和构造详图等按顺序进行整理，将目录放在首页，然后装订成册。

（2）审核施工图样　根据施工图样的目录，对全套图样进行核对，发现缺少应及时补全，同时收集有关的标准图集。使用时必须了解标准图的应用范围、选用条件、设计依据、材料及施工要求等，并弄清标准图规格尺寸的表示方法。

（3）熟悉图样　熟悉施工图是正确计算工程量的关键，其目的在于了解该装饰工程中，各图样之间、图样与说明之间有无矛盾和错误；各设计标高、尺寸、室内外装饰材料和做法要求以及施工中应注意的问题；各分项工程的构造、尺寸和规定的材料品种、规格以及它们之间的相互关系是否明确；采用的新材料、新工艺、新构件和新配件等是否需要编制补充定额或单位估价表；相应项目的内容与定额规定的内容是否一致等。同时还要做好记录，为精确计算工程量和正确套用定额项目创造条件。

（4）交底会审　施工单位在熟悉和审核图样的基础上，参加由建设单位主持、设计单位参加的图样交底会审会议，并妥善解决好图样交底和会审中发现的问题。

3. 熟悉施工组织设计和施工现场情况

施工组织设计是施工单位根据施工图样、组织施工的基本原则和上级主管部门的有关规定及现场的实际情况等资料编制的，用以指导拟建工程施工过程中各项活动的经济、技术、组织的综合性文件。它具体规定了组成拟建工程各分项工程的施工进度、施工方法和技术组织措施等。在编制装饰工程预算前，应深入施工现场，了解施工方法、施工条件、施工机械以及技术组织措施，熟悉并注意施工组织设计中影响工程预算造价的有关内容，严格按照施工组织设计所确定的施工方法和技术组织措施等要求，准确计算工程量，套取相应的定额项目，使施工图预算能够反映实际情况。

4. 熟悉预算定额，按要求列项、计算、汇总工程量

预算定额或单位估价表是编制装饰工程施工图预算的重要依据。熟悉和了解现行地区装饰工程预算定额的内容、形式和使用方法，结合施工图样，迅速准确地确定工程项目，根据工程量计算规则计算工程量，并将设计中有关定额上没有的项目单独列出来，以便编制补充定额或采用实物造价法进行计算。

计算工程量是一项繁重而细致的工作，它的计算速度和精确度直接影响装饰工程预算编制的速度和质量。按一定的顺序和规则进行各分项工程量的计算并仔细复核无误后，应根据概（预）算定额手册或单位估价表的内容和计量单位的要求，按分部分项工程的顺序逐项整理、汇总，以避免重算和漏算等现象的发生。工程量计算表的形式见表 5-1。

表 5-1 工程量计算表

工程名称：　　　　　　　　　　　　　　　　　　　　　　　　第　页

定额编号	项目名称	轴线位置	单　位	计算公式	数　量

5. 套用概预算定额及当时当地的人工、材料、机械台班单价并计算工程直接费

项目工程量计算完毕复核无误后，把装饰工程施工图中已经确定下来的计算项目和与其相对应的预算定额中的定额编号、计量单位、工程量、预算定额基价及相应的材料费、人工费、机械费或材料、人工、机械台班的消耗量定额等填入工程预算表中，分别求出各分项工程的直接费（或其人工、材料、机械台班的消耗量），在此基础上，汇总求出分部工程进而求出单位工程的直接费（或求其人工、材料、机械台班的消耗量，然后套当时当地的人工、材料、机械台班单价求出工程直接费）。工程预算表的形式见表 5-2。

表 5-2 工程预算表

工程名称：　　　　　　　　　　　　　　　　　　　　　　　　第　页

定额编号	分部分项工程名称	工程量		价值/元		其　中					
		单位	数量	单价	金额	人工费		材料费		机械费	
						单价	金额	单价	金额	单价	金额

～≈≋ **相关知识** ≋≈～

装饰工程施工图预算的编制程序图

编制装修装饰工程施工图预算是一项工作复杂而且工作量大的工作，参加编制的工作人员在具备编制条件的基础上，可按图 5-3 所示程序进行。

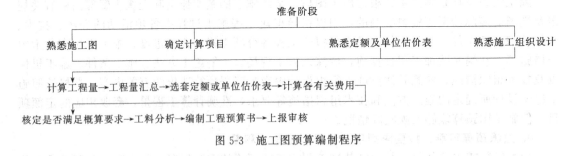

图 5-3 施工图预算编制程序

第 3 节　装饰工程施工图预算的审查

～≈≋ **要　点** ≋≈～

施工图预算编制完成后，需要进行认真细致的审查。加强施工图预算审查对于提高预算的科学性、准确性、保证预算编制质量、合理反映建筑工程造价和降低工程造价都具有重要的现实意义。

解 释

一、装饰工程施工图预算的审查内容

审查施工图预算的重点应该放在有无错误、有无漏项上，工程量计算是否准确，预算单价套用是否正确，生项和单价换算是否合理，各项取费标准是否符合现行文件规定等方面。

（1）审查施工图预算和报价中分部分项工程子目的划分 能否正确反映作业内容和劳动价值的重要依据是能否正确地划分工程预算分项。因此，对工程预算的分部分项子目应该认真进行核查。首先，要看所列子目内容是否与定额所列子目内容相一致，是否与工程实际相符等。有些定额没有，但工程实际发生并需要编制补充定额生项的项目（如采用新材料或采用新工艺的项目）。

（2）审查工程量

① 建筑面积计算 重点审查计算建筑面积所依据的尺寸、计算内容和方法是否符合建筑面积计算规则要求，要注意避免将不应计算的建筑面积纳入计算内容。

② 装饰工程工程量清单 各部位的做法、工程量计算清单准确度、室内外装饰装修、地面天棚装饰装修等。主要审查计量单位和计算范围。注意内墙抹灰工程量是否按墙面的净高与净宽计算，防止漏算、重算，如单裁口双层门窗框间的抹灰已含在定额中，防止另立项目、重复计算。

③ 金属构件制作 金属构件制作工程量大多以吨为单位。在计算时，型钢按图示尺寸求出长度，再乘以每米的重量。钢板须先算出面积，再乘以每平方米的重量。

二、装饰工程施工图预算的审查步骤

（1）准备工作

① 熟悉送审预算件和承包合同、发包合同。

② 搜集并熟悉有关设计资料，核对与工程预算有关的图纸及标准图。

③ 了解施工现场情况，熟悉施工组织设计或技术措施方案，掌握它与编制预算有关的设计变更、现场签证等情况。

④ 熟悉送审工程预算所依据的预算定额、费用标准和有关文件。

（2）审查计算 首先确定审查方法，然后按确定的审查方法进行具体审查计算：

① 核对工程量，根据定额规定的工程量计算规则进行核对。

② 核对选套的定额项目。

③ 核对定额直接费汇总。

④ 核对其它直接费计算。

⑤ 核对间接费、计划利润、其它费用和税金计取。

在审查计算过程中，将审查出的问题作详细记录。

（3）审查单位与工程预算编制单位交换审查意见 将审查记录中的错误、疑点、重复计算和遗漏项目等问题与编制单位和建设单位交换意见，做进一步的核对，以便正确调整预算项目和费用。

（4）审查定案 根据交换意见确定的结果，将更正后的项目进行计算并汇总，填制工程预算审查调整表，由编制单位责任人签字加盖公章，审查责任人签字并加盖审查单位公章。至此，工程预算审查定案。

相关知识

一、装饰工程施工图预算审查的依据

（1）设计资料 设计资料指的是工程施工图纸。在建筑工程中有建筑施工图、设计说明

书、结构施工图以及工程设计所选用的标准图。

（2）招标文件　属于招投标项目的工程预算的审核要认真仔细阅读招标文件中规定的内容。

（3）预算定额和费用定额　是指编制工程预算所选用的相应专业预算定额和与之配套使用的费用定额、地区单位估价表和材料预算价格。

（4）施工组织设计或技术措施方案　依据施工组织设计或技术措施方案，可以对与定额内容不同或者不包括的工程内容和按规定允许单独列项计价的费用进行审查。

（5）有关文件规定　是指本年度或上一年度由有关主管部门颁布的工程价款结算、材料价格和费用调整等文件规定。

（6）工程采用的设计、施工、质量验收等技术规范或规定　依据规范规程，对规定必须发生而定额尚未包括的检验、材料、添加剂等需在预算中列项计算的费用进行审查。

二、审查装饰工程施工图预算的意义

① 有利于加强固定资产管理，节约建设资金。

② 有利于控制工程造价，克服和防止预算超概算。

③ 有利于积累和分析各项经济技术指标，不断提高设计水平，积累各单价资料。

④ 有利于施工承包合同的合理确定，因为相对于招投标工程，施工图预算是编制标底和标书的依据。

第6章
装饰工程的结算、决算与审查

第1节　装饰工程价款的结算

～ 要 点 ～

装饰装修工程价款的结算是指承包商在工程实施过程中，依据承包合同中关于付款条件的规定和已经完成的工程量，并按照规定的程序向建设单位收取工程价款的一项经济活动。

～ 解 释 ～

一、装饰工程价款的结算方式

我国现行的工程价款根据不同情况，可采取多种方式，主要包括下列几种。

（1）月结算　实行旬末或月中预支、月终结算、竣工后清算的结算方式。目前，我国的装饰装修工程价款的结算大多数采用这种方式。

（2）竣工后一次结算　合同价款在100万元以下或者建设期在12个月以内的装饰装修工程，实行月中预支，竣工后一次结算的结算方式。

（3）分段结算　当年开工，且当年不能竣工的单项工程或单位工程，按照工程进度，划分不同的阶段进行结算的结算方式。

（4）目标结算　在工程合同中，将工程内容分成不同的验收单元，以建设单位验收单元作为支付工程价款前提条件的结算方式。

二、装饰工程价款结算的原则

编制竣工结算书是一项细致的工作，它既要正确地贯彻执行国家及地方的有关规定，同时又要实事求是地反映建筑安装工人所创造的价值。其编制原则如下。

① 坚持实事求是的原则。

② 严格遵守国家和地方的有关规定，以保证建筑产品价格的统一性和准确性。

编制竣工结算书的项目，必须是具备结算条件的项目。对要办理竣工结算的工程项目内容，要进行全面清点，包括工程质量、数量等，都必须符合设计要求及施工验收规范。工程质量不合格的或未完工程的，不能结算，需要返工的，应返修并经验收后，才能结算。

三、装饰工程结算书的编制依据

装饰装修工程结算书的编制依据如下。

① 承发包双方签订的工程合同或协议。

② 工程（分部分项）竣工报告和工程竣工验收单。

③ 设计变更通知书和现场签证以及其相关记录和资料等。

④ 本地区现行的（概）预算定额、材料预算价格、费用定额及有关文件、规定等。

⑤ 经建设单位（发包方）及有关部门审核批准的施工图（概）预算。

⑥ 其它有关资料。

四、装饰工程价款结算书的编制方法

工程竣工书的编制内容和方法随承包方式的不同而有所差异。

（1）采用施工图概预算承包方式的工程结算　采用施工图概预算承包方式的工程，由于在施工过程中不可避免地要发生一些设计变更、材料代用、施工条件的变化、某些经济政策的变化以及人力不可抗拒的因素等。这些情况绝大多数都要减少或增加一些费用，从而影响到施工图概预算价格的变化。所以，此类工程的竣工结算书是在原工程概预算的基础上，再加上设计变更增减项和其它经济签证费用编制而成，因此又称预算结算制。

（2）采用施工图概预算加包干系数或平方米造价包干形式承包工程的结算　采用这类承包方式通常在承包合同中已分清了承、发包之间的义务和经济责任，不再办理施工过程中所承包内容内的经济洽商，在工程竣工结算时不再办理增减调整。工程竣工后，仍以原概预算加包干系数或平方米造价的价值进行竣工结算。

（3）采用 $1m^2$ 造价包干方式结算　民用住宅装饰装修工程一般采用这种结算方式，它与其它工程结算方式相比，手续简便。它是双方根据一定的工程资料，事先协商好每 $1m^2$ 的造价指标，然后按建筑面积汇总造价，确定应付工程价款。

（4）采用招标投标方式承包工程的结算　采用招标投标方式的工程，其结算原则上应按中标价格（即成交价格）进行。但是一些工期较长，内容比较复杂的工程，在施工过程中，难免发生一些较大的设计变更和材料价格的调整，如果在合同中规定有允许调价的条文，施工单位在工程竣工结算时，在中标价格的基础上进行调整。合同条文规定允许调价范围以外的费用，建筑企业可以向招标单位提出洽商或补充合同，作为结算调整价格的依据。

相关知识

装饰工程价款结算的作用

工程价款结算的主要作用如下。

（1）工程价款结算是反映工程进度的主要指标　在施工过程中，工程价款结算的依据之一是已完成的工程量。这就意味着，承包商完成的工程量越多，所应结算工程价款相应也就应越多，所以，根据累计已结算的工程价款占合同总价款的比例，能够近似地反映工程的进度情况。

（2）工程价款结算是加速资金周转的重要环节　承包商能够尽快尽早地结算工程价款，有益于债务偿还和资金回笼，从而降低运营成本，提高资金使用的有效性。

（3）工程价款结算是考核经济效益的重要指标　对于承包商来说，只有当工程价款如数结算时，才算是工程完成，避免了经营风险；也只有这样，才能获得相应的利润，而取得良

好的经济效益。

第2节　装饰工程的竣工决算

～❦ 要　点 ❦～

装饰装修工程项目竣工决算即基本建设项目竣工决算，是基本建设经济效果的全面反映，是核定新增固定资产和流动资产价值、办理交付使用的依据。进行基本建设的目的是提供新的固定资产并及时交付使用；通过竣工决算及时办理移交，不仅能够正确反映基本建设项目（装饰装修项目），实际造价和投资效果，而且对投入生产或使用后的经营管理也有重要的作用。通过竣工决算与（概）预算的对比分析，考核建设成本，总结经验，积累技术经济资料，可促进提高投资效果。

～❦ 解　释 ❦～

一、装饰工程竣工决算的作用

① 装饰装修工程竣工决算是全面、综合地反映竣工项目建设成果及财务情况的总结性文件，它采用实物数量、货币指标、建设工期和各种技术经济指标，全面、综合地反映建设项目自开始建设到竣工为止的全部建设成果和财务状况。

② 装饰装修工程竣工决算是办理交付使用资产的依据，同时也是竣工验收报告的重要组成部分。建设单位与使用单位在办理交付资产的验收交接手续时，通过竣工决算反映了交付资产的全部价值及相关明细资料。

③ 装饰装修工程竣工决算是分析和检查设计概算的执行情况、考核投资效果的依据。竣工决算反映了实际的建设规模、竣工项目计划、建设工期以及设计和实际的生产能力，反映了概算总投资和实际的建设成本，同时还反映了所达到的主要技术经济指标。通过对这些指标计划数、概算数与实际数进行对比分析，不仅可以全面掌握建设项目计划和概算执行情况，还可以考核建设项目投资效果，为今后制订基建计划、提高投资效果、降低建设成本提供必要的资料。

二、装饰工程竣工决算书的编制依据

① 可行性研究报告、投资估算书、初步设计或扩大初步设计、设计文件、修正总概算及其批复文件。

② 经批准的施工图预算或标底造价、承包合同、工程结算等有关资料。

③ 设计变更记录、施工记录或施工签证单以及其它施工发生的费用记录。

④ 历年基建计划、历年财务决算及批复文件。

⑤ 设备、材料调价文件和调价记录。

⑥ 其它有关资料。

三、装饰工程竣工决算书的编制步骤

① 收集、整理和分析有关依据资料。在编制竣工决算文件之前，系统地整理所有的技术资料、工料结算的经济文件、施工图和各种变更与签证资料，并分析它们的准确性。准确而迅速编制竣工决算的必要条件是完整、齐全的资料。

② 清理各项财务、债务和结余物资。在收集、整理和分析有关资料时，要特别注意建设工程从筹建到竣工投产或使用的全部费用的各项账务，债权和债务的清理，做到工程完毕账目清晰，既要核对账目，又要查点库有实物的数量，做到账与物相等，账与账相符，对结

余的各种材料、工器具和设备要逐项清点核实，妥善管理，并按规定及时处理，收回资金。对各种往来款要及时进行全面清理，为编制竣工决算提供准确的数据和结果。

③ 填写竣工决算报表。根据编制依据中的有关资料进行统计或计算各个项目和数量，并将其结果填到相应表格的栏目内，完成所有报表的填写。竣工决算报表包括：大、中型建设项目竣工工程概算表，交付使用财产总表，竣工财务决算表，交付使用明细表，小型建设项目竣工决算表等。

④ 编制建设工程竣工决算说明。按照建设工程竣工决算说明的内容要求，根据填写在报表中的结果，编写文字说明。

⑤ 做好工程造价对比分析。

⑥ 清理、装订好竣工图。

⑦ 上报主管部门审查。上述编写的文字说明和填写的表格经核对正确无误后，将其装订成册，即为建设工程竣工决算文件。建设工程竣工决算文件，由建设单位负责组织人员编写，在竣工建设项目办理验收使用一个月之内完成。

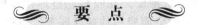

相关知识

工程竣工决算的分类

竣工决算又称为竣工成本决算，是以货币指标和实物数量为计量单位，综合反映项目从筹建开始到项目竣工交付使用为止的全部建设费用、建设成果和财务情况的总结性文件，分为施工企业内部单位工程竣工成本决算和装饰装修项目竣工决算。

(1) 单位工程竣工成本决算 它是指施工企业内部，以单位工程为对象，以工程竣工后的工程结算为依据，通过实际工程成本分析，为核算一个单位工程的预算成本、实际成本和成本降低额而编制的单位工程竣工成本决算。企业通过内部成本决算，进行实际成本分析，评价经营效果，以利总结经验，不断提高企业经营管理水平。

(2) 基本建设项目竣工决算 它是由建设单位在整个建设项目竣工后，以建设单位自身开支和自营工程决算及承包工程单位在每项单位工程完工后向建设单位办理工程结算的资料为依据进行编制的。反映整个建设项目从筹建到竣工验收投产的全部实际支出费用。即建筑工程费用，安装工程费用，设备、工器具购置费用和其它费用等。

基本建设竣工决算，是基本建设经济效果的全面反映，是核定新增固定资产和流动资产价值，办理交付使用的依据。通过编制竣工决算，可以全面清理基本建设财务，做到工完账清，便于及时总结基本建设经验，积累各项技术经济资料，提高基建管理水平和投资效果。

竣工决算按大、中型建设项目和小型建设项目编制。大、中型建设项目的竣工决算内容包括：竣工工程概况表，竣工财务决算表，交付使用财产总表，以及交付使用财产明细表。小型建设项目竣工决算内容包括：小型建设项目竣工决算总表和交付使用财产明细表。

表格的详细内容及具体做法按地方基建主管部门的规定填报。

竣工决算必须内容完整、核对准确、真实可靠。

第3节 装饰工程造价审查

要点

装修装饰工程预算是承发包装修装饰工程的重要经济文件，其编制的准确程度直接关系到建设单位和施工单位的经济利益，同时也反映装修装饰工程造价的合理性。因此，对装修装饰工程预算进行审查是十分必要的。

解　释

一、装饰工程造价审查的形式

（1）会审　工程规模大，且装修装饰高级豪华、造价高的工程预算，因单独审查或委托审查比较困难，而采取设计、建设、施工等单位会同建设银行一起审查的方式。这种方式定案的时间较短、效率高。但参加审查的单位和人员较多，组织工作较复杂。

（2）单独审查　一般是指编制单位经过自审后，将预算文件分别送交建设单位和有关银行（或审计单位）进行审查。建设单位和有关银行（或审计单位）依靠自身的技术力量审查后，对审查中发现的问题，经与施工单位交换意见，协商解决。

（3）委托审查　一般指因建设单位或银行自身审查力量不足而难以完成审查任务，委托具有审查资格的咨询部门代其进行审查，并与施工单位交换意见，协商定案。

二、装饰工程造价审查的步骤

① 熟悉送审预算及提供的审查必备的施工图、施工承发包协议或合同和施工方案或施工组织措施。

② 确定审查方式和方法，即根据投资规模和送审预算价值及审查期限，选择相应的审查方式和方法。

③ 深入施工现场调查研究，掌握施工现场情况，对于施工期间以预代结的预算，更应通过深入现场，掌握及时变更和现场签证等资料，使预算审查工作既符合国家规定，又不脱离工程施工实际情况。

④ 进行具体审查计算，核对定额选套、费用标准和计算方法。

⑤ 整理审查结果，与送审单位、设计单位和有关部门交换意见。

⑥ 审查定案，将经过多方审定的结果，由审查单位形成文件，通知各有关单位。至此，审查工作结束。

三、装饰工程造价审查的方法

1. 全面审核法

全面审核法就是根据实际工程的施工图、施工组织设计或施工方案、工程承包合同或招标文件，并结合现行定额或有关参照定额以及相关市场价格信息等，全面审核工程造价的工程量、定额单价以及工程费用计算等。对于传统预算的全面审核，其过程是一个完整的预算过程；对于工程量清单计价的全面审核，则是一个计量与计价分别的审核，或者说是一种虚拟全程审核。全面审核相当于将预算再编制一遍，其具体计算方法和审查过程与编制预算基本相同。

全面审核法的优点是全面细致，审查质量高、效果好，一般来讲经审核的工程预算差错比较少。其缺点是工作量大，耗费时间多。其适用的对象主要是工程量比较小、工艺比较简单的工程及编制预算的技术力量比较薄弱的工程预算。

2. 重点审核法

重点审核法就是抓住工程预算中的重点进行审核的方法。审核的重点一般有：

① 工程量大或费用高的分项（子项）工程的定额单价；

② 工程量大或费用高的分项（子项）工程的工程量；

③ 补充定额单价；

④ 换算定额单价；

⑤ 材料价差；

⑥ 各项费用的计取；

⑦ 其它。

对于工程量清单计价，业主编制工程量清单时重点审核工程量大或造价较高、工程结构复杂的工程的工程量等内容，以及在投标后重点审核重要的综合单价、措施费、总价等内容；承包商重点审核工程量大或造价较高、工程结构复杂的工程的综合单价及工程量、各项措施费用及总价等内容。在合作的全过程，双方对所有这些重点内容都要进行各自审核。

重点审核法的优点是重点突出，审核时间短，效果较好；其缺点是只能发现重点项目的差错，而不能发现工程量较小或费用较低项目的差错，预算差错不可能全部纠正。

3. 分组计算审核法

分组计算审核法就是把预算中的项目分为若干组，将相邻且有一定内在联系的项目编为一组，审查或计算同一组中某个分项工程量，利用工程量间具有相同或相似计算基础的关系，可以判断同组中其它几个分项工程量计算是否准确的一种审核方法。例如，在建筑装饰装修工程预算中，将楼地面装饰与天棚装饰分为一组。天棚与楼地面的工程量在一般情况下基本上是一致的，主要为主墙间净面积，所以只需计算一个工程量。如果天棚和楼地面做法有特殊要求，则应进行相应调整。

4. 对比审核法

对比审核法是指用已建成工程的预决算或未建成但已经审核修正过的预算对比审核拟建的类似工程预算的一种审核方法。

5. 标准预算审核法

标准预算审核法是指对于利用标准图或通用图施工的工程，先编制一定的标准预算，然后以其为标准审核预算的一种方法。

工程预算造价审核的方法多种多样，可以根据工程实际选择其中一种，也可以同时选用几种综合使用。

四、装饰工程造价审查的内容

1. 审查工程直接费

（1）审查定额直接费　装修装饰工程定额直接费是依据施工图计算工程量，并套用相应定额项目计算的。因此，主要审查下列内容。

① 审查工程量计算　装修装饰工程工程量计算一般以 $100m^2$ 为计量单位。在审查过程中，一是审查工程量计算单位与相应定额项目计算单位是否一致；二是审查工程量计算方法与定额规定的计算方法是否一致；三是审查工程量计算的结果。施工企业在编制工程预算中，往往以扩大工程量来套取费用。

② 审查定额项目选套　此部分常常存在故意高套定额项目的问题。如墙面粘贴壁纸的工程，要分清壁纸的类型，与定额项目相一致；轻钢龙骨天棚不能套用型钢龙骨天棚项目等。

③ 审查预算直接费汇总　此部分往往存在重复计算而多取费用的问题。

（2）审查其它直接费　重点审查计取项目和费率标准。在审查时，一是审查费用项目是否属应计取项目；二是审查计取项目的计取方式是否符合规定；三是审查计算费率标准和计算结果是否正确。

2. 审查间接费、计划利润、其它费用和税金

（1）审查费用内容　在建筑安装工程费用中，部分费用依据企业性质确定是否计取。例如，土地使用税、房产税、劳保基金等。

（2）审查费用标准　目前，建筑安装工程费用计算，是根据不同企业性质划分取费标准的。所以，因送审预算单位的性质不同，其取费标准也就不同，在审查预算中的费用计算时，要弄清送审单位应计取的费用标准，防止高套取费标准来套取费用。

（3）审查费用计算基数　应审查费用计算基数是否正确，如有的费用应以人工费为计取基数，而送审预算却以工程直接费为计取基数，从而加大费用套取投资。

3. 审查全部费用的汇总

主要是按照计算程序和审定后的各项费用项目，将各项费用汇总计算，与送审预算对比，将差额部分除去。

相关知识

一、装饰工程造价审查的依据

① 现行的地区材料预算价格、本地区工资标准及机械台班费用标准。

② 现行的地区单位估价表或汇总表。

③ 国家或省（市）颁发的现行定额或补充定额以及费用定额。

④ 装饰装修施工图纸。

⑤ 甲乙双方签订的合同或协议书以及招标文件。

⑥ 有关该工程的调查资料。

⑦ 工程资料，如施工组织设计等文件资料。

二、装饰工程造价审查的常见问题与改进措施

1. 审核中常见的问题及原因

（1）分项子目列错　分项子目列错有漏项或重项两种情况。

漏项是该列上的分项子目没有列上。造成漏项的主要原因是：施工图纸没有看清楚；列分项子目时疏漏；对消耗量定额中分项子目的划分不了解等。

重项是将同一工作内容的子目分成两个子目列出。例如，面砖水泥砂浆粘贴，列成水泥砂浆抹灰和贴面砖两个子目，消耗量定额中已规定面砖水泥砂浆粘贴已包括水泥砂浆抹灰。造成重项的原因是：没有看清该分项子目的工作内容；对该分项子目的构造做法不清楚；对消耗量定额中分项子目的划分不了解等。

（2）工程量算错　工程量算错有计算操作错误和计算公式用错两种情况。

计算操作错误是计算器操作不慎，造成计算结果差错。主要原因是：计算器操作时慌张，思想不集中。

计算公式用错是指运用面积、体积等计算公式错误，导致计算结果错误。主要原因是：计算公式不熟悉；没有遵循工程量计算规则。

（3）定额套错　定额套错是指该分项子目没有按消耗量定额中的规定套用。造成定额套错的主要原因是，没有看清消耗量定额上分项子目的划分规定；没有进行必要的定额换算；对该分项子目的构造做法尚不清楚。

（4）费率取错　费率取错是指计算技术措施费、其它措施费、利润、税金时各项费率取错，导致这些费用算错。造成费率取错的主要原因是：各项费用的计算基础用错；没有看清各项费率的取用规定；计算操作上失误。

2. 控制和提高审核质量的措施

（1）审查单位应注意装饰预算信息资料的收集　由于装饰材料的日新月异，新技术、新工艺不断涌现，因此，应不断收集、整理新的材料价格信息、新的施工工艺的用工和用料量，以适应装饰市场的发展要求，不断提高装饰预算审查的质量。

（2）建立健全审查管理制度

① 健全各项审查制度　包括：建立单审和会审的登记制度；建立审查过程中核增、核减等台账填写与留存制度；建立装饰工程审查人、复查人审查责任制度；建立审查过程中的

工程量计算、定额单价及各项取费标准等依据留存制度；确定各项考核指标，考核审查工作的准确性。

②应用计算机建立审查档案　建立装饰预算审查信息系统，可以加快审查速度，提高审查质量。系统可包括：工程项目、审查程序、审查依据、补充单价、造价等子系统。

(3)实事求是，及时沟通　审查时遇到列项或计算中的争议问题，可主动沟通，了解实际情况，及时解决；遇到疑难问题不能取得一致意见，可请示造价管理部门或其它有权部门调解、仲裁等。

第7章
装饰工程招投标

第1节 装饰工程招标、投标的范围与程序

要 点

建筑装饰装修工程项目实行招标、投标制,对于改进施工企业的经营管理和提高施工技术水平,保证建筑装饰装修业市场的健康发展,具有重要的作用。

解 释

一、装饰工程招标、投标的范围

凡是新建、扩建工程和对原有房屋等建筑物进行装饰装修的工程,均应实行招标与投

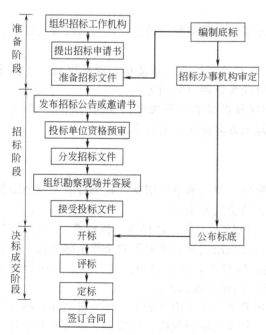

图 7-1 建筑装饰装修工程招标程序

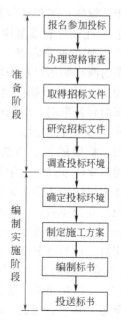

图 7-2 建筑装饰装修投标程序

标。这里所称建筑装饰装修是指建筑物、构筑物内、外空间为达到一定的环境质量要求，使用装饰材料，对建筑物、构筑物的外部和内部进行装饰处理的工程建设活动。

二、装饰工程招标、投标的程序

建筑装修工程招标、投标是一个连续的过程，必须按照一定的程序来进行。装饰装修工程招标、投标的程序，见图 7-1、图 7-2。

～ 相关知识 ～

装饰工程招标、投标的阶段

一般建筑装饰工程的招标、投标分为装饰装修招标、投标和装饰装修方案招标、投标两个阶段；简易和小型装修工程可根据招标人的需要，直接进行装饰装修施工招标和投标。

第2节 标　底

～ 要　点 ～

标底是由建设单位或委托招标代理单位编制的，标底用以作为审核投标报价的依据和评标、定标的尺度。

～ 解　释 ～

一、标底编制的原则

编制标底的原则是：标底价必须控制在有关上级部门批准的总概算或投资包干的限额以内。如有突破，除严格复核外，应先报经原批准单位同意，方可实施。另外，一个项目只准确定一个标底。除实行"明标底"招标外，标底一旦确定即应严格保密，直至公布。

二、标底的主要内容

招标标底是工程造价的表现形式之一，是招标工程的预期价格，其组成内容主要有：

① 标底的综合编制说明；

② 标底价格审定书，标底价格计算书，带有价格的工程量清单，现场因素，各种施工措施费的测算明细以及采用固定价格工程的风险系数测算明细等；

③ 标底附件：如各项交底纪要，各种材料及设备的价格来源，现场的地质、水文，地上情况的有关资料，编制标底价格所依据的施工方案或施工组织设计等；

④ 主要材料用量。

三、标底的计价方法

按照建设部的有关示范文本，标底的编制以工程量清单为依据，我国目前建筑装饰装修工程施工招标标底主要采用综合单价法和工料单价法来编制。

（1）综合单价法　工程量清单的单价，应包括人工费、材料费、机械费、其它直接费、间接费、有关文件规定的调价、利润、税金以及采用固定价格的风险金等全部费用。综合单价确定后，再与各分部分项工程量相乘汇总，即可得到标底价格。这实质上是在预算单价（工料单价）基础上"并费"形成"完全单价"的标底编制方法。

（2）工料单价法　工程量清单的单价，按照现行预算定额的工、料、机消耗标准及预算价格确定。其它直接费、间接费、利润、有关文件规定的调价、风险金、税金等费用计入其它相应标底计算表中。这实质上是以施工图预算为基础的标底编制方法。

相关知识

一、标底编制的依据

① 招标文件的商务条款。

② 施工组织设计（或施工方案）及现场情况的有关资料。

③ 装饰工程施工图纸、施工说明及设计交底或答疑纪要。

④ 现行装饰装修工程消耗量定额和补充定额，工程量清单计价方法和计量规则，现行取费标准，国家或地方有关价格调整文件规定，装饰工程造价信息等。

二、无标底招标

随着我国建筑市场和国际惯例接轨的步伐，在招标投标过程中将逐步取消标底的强制性，提倡"无标底招标"。当然针对我国目前建筑市场发育状况，市场主体尚不成熟，彻底取消标底是不合适的。因此，"无标底招标"不是不要标底，而是给标底赋予新的定义。也就是打破原来设置中标范围的框框，不用它来作为评标的硬性依据，而是作为评标委员会的参考依据。

第3节　装饰工程招标

要　点

采用招标方法择优选用承包商的装饰工程，必须依照《中华人民共和国建筑法》及其它有关的法规和文件，对业主、承包商的资质进行严格审查，以确保科学、合理地组织项目招标和施工工作。

解　释

一、招标条件

实行招标发包的工程，必须具备下列条件方可申请批准招标。

① 具有法人资格。

② 招标工程项目已列入国家或地方计划。

③ 具备施工条件，装修施工图纸已完成。

④ 装修资金已落实。

⑤ 由当地建设主管部门颁发的有关证件。

以上条件，由招标单位负责进行落实，报建设主管部门批准后，即进行招标工作。

二、招标文件

建筑装饰装修方案、施工招标文件包括以下主要内容。

① 招标工程综合说明：包括工程项目的批准文件、工程名称、地点、性质（新建、扩建、改建）、规模、总投资、有关工程建设的设计图纸资料、土建安装施工单位及进度要求。

② 设计方案要求：包括总的设计思想要求，功能分区及使用效果要求，对装饰装修格调、标准、光照、色彩的要求，主要材料、设施使用、投资控制的要求，以及满足温度、噪声、消防安全等方面的标准和要求等。

③ 建筑装饰装修方案招标的范围和内容、标准以及装饰装修方案设计时限、投标单位设计资质的要求等。

④ 对方案设计效果图、平面图和中标后施工图的设计深度和份数的要求。

⑤ 对方案中标人在施工投标中的优惠及方案设计费，对未中标人的方案设计补偿费标准。

⑥ 投标文件编写要求及评标、定标方法。

⑦ 投标预备会、现场踏勘以及投标、开标、评标的时间和地点。

⑧ 装饰装修施工招标文件应符合建设工程施工招标办法的有关规定和要求。招标文件应当包括招标项目的技术要求，对投标单位资格审查的标准、投标报价要求和评标标准等所有与招标项目相关的实质性要求和条件，包括施工技术、装饰装修标准和工期等。

⑨ 工程量清单。

⑩ 投标人须知。

⑪ 拟定承包合同的主要条款和附加条款。

三、常用的招标方式

工程施工招标可采用项目全部工程招标、单位工程招标、特殊专业工程招标等方法，但不得对单位工程的分部分项工程进行招标。工程施工招标可选用以下方式。

1. 公开招标

（1）公开招标方式　由招标人通过公众媒体、报刊、电视或信息网络等方式发布招标信息，投标单位根据招标信息，在规定的日期内向招标单位申请施工投标，经招标单位审查合格后，领取或购取招标文件参加投标。

实行公开招标的工程，凡投标企业符合该工程资格等级和施工能力的，投标报名不受限制，招标单位不得以任何理由拒绝投标单位参加投标。

（2）公开招标的一般程序

① 申报招标项目：由招标办公室发布招标信息。申报招标项目时，必须写明招标单位资质，招标工程具备的条件，拟采用的招标方式和对投标单位的要求等。

② 组织招标工作小组，并报上级主管机构核准。

③ 对报名的投标单位进行资格审查，确定投标单位，并分发招标文件，收取投标保证金。

④ 组织评标委员会编写招标文件和标底，报主管机构核准。

⑤ 组织投标单位现场勘察和对招标文件答疑。

⑥ 确定评标办法，公开开标和评审投标文件。

⑦ 决定中标单位。

⑧ 发出中标通知书，并书面通知未中标的投标人。

⑨ 与中标单位签订工程施工承包合同，中标公司所交纳的保证金通常在支付预付款时退回。

2. 邀请招标

邀请招标也称邀请投标，是由招标单位向符合本工程资质要求、工程质量以及企业信誉比较好的建设施工企业发出招标邀请，被邀企业应邀参加工程施工投标。邀请招标的工程通常是保密工程或有特殊要求的工程，或者属于规模小、内容简单的工程。邀请招标的程序与公开招标相同。邀请招标的建设工程，在招标项目登记时应填写明确。邀请的投标企业不得少于4家但不超过7家。

招标单位发出招标邀请书后，被邀请的施工企业可以不参加投标，但在该招标工程开标以后，已经被邀请却不参加投标的施工企业不得重新提出参加投标要求。施工企业在收到投标邀请书后，任何单位不得以任何借口拒绝被邀请单位参加投标。因拒绝而延误被邀请单位投标的，招标单位应负包括经济赔偿等在内的一切责任。

相关知识

一、招标文件正式文本的格式

招标文件正式文本的形式结构通常分卷、章、条目，格式见表7-1。

表7-1　招标文件格式

工程招标文件
第一卷　投标须知、合同条件和合同格式
第一章　投标须知
第二章　合同条件
第三章　合同协议条款
第四章　合同格式
第二卷　技术规范
第五章　技术规范
第三卷　投标文件
第六章　投标书和投标书附录
第七章　工程量清单与报价表
第八章　辅助资料表
第四卷　图纸
第九章　图纸

二、进行邀请招标的情形

由国务院发展计划部门确定的国家重点建设项目和由各省、自治区、直辖市人民政府确定的地方重点建设项目，以及全部使用国有资金投资或国有资金投资占控股或占主导地位的工程建设项目，应公开招标；有下列情形之一的，经批准可进行邀请招标。

① 项目技术复杂或有特殊要求，只有少量潜在投标人可供选择的。

② 拟公开招标的费用与项目的价值相比，不值得的。

③ 涉及国家秘密、国家安全或抢险救灾，适宜招标但不宜公开招标的。

④ 法律和法规规定不宜公开招标的。

⑤ 受自然地域环境限制的。

第4节　装饰工程投标

要　点

投标人收到招标文件后，以承接施工任务为目的而编制出的投标文件，在规定的时间内参加投标。在这个过程中，主要包括申请资格审查、组织投标班子、参加踏勘现场和投标预备会、编制和递交投标文件、出席开标会议、参加评标期间的澄清会谈、签订合同等环节。

解　释

一、投标条件

根据建设部颁发的《工程建设项目施工招标投标办法》的规定，凡持有营业执照和相应资质证书的施工企业或施工企业联合体，均可按招标文件的要求参加投标。投标单位应向招标单位提供下列材料，以供招标单位进行资格审查。

① 企业营业执照和资质证书。

② 自有资金情况。

③ 企业简历。

④ 企业自有主要施工机械设备一览表。

⑤ 全员职工人数，包括技术人员、技术工人数量及平均技术等级等。

⑥ 现有主要施工任务，包括在建和尚未开工工程的项目一览表。

⑦ 近三年内承建的主要工程及其质量情况。

二、投标文件

投标文件应按统一的投标书要求和条件填写，按规定的投标日期送交招标单位，等待开标。

1. 方案投标文件主要内容

装饰方案投标文件一般包括下列主要内容。

① 投标书。应标明投标单位地址、名称、负责人姓名、联系电话以及投标文件的主要内容。

② 方案设计综合说明。包括设计构思、方案特点、功能分区、装饰装修风格、整体效果、平面布局、设计配备等。

③ 方案设计主要图纸（平、立、剖）及效果图。

④ 选用的主要装饰装修材料的产地、品牌、规格、价格和小样。

⑤ 投资估算。

⑥ 施工图的设计周期。

⑦ 近两年的主要装修业绩和获得的各种荣誉（附复印件）。

⑧ 授权委托书、装饰装修设计资质等级证书、设计收费资格证书、营业执照等资格证明材料。

2. 施工投标文件主要内容

施工投标文件一般包括下列主要内容。

① 投标书。标明投标价格、工期、自报质量和其它优惠条件。

② 授权委托书、营业执照、资信证书、施工企业取费标准证书、建设行政主管部门核发的施工企业资质等级证书、施工许可证、项目经理资质证书等；境外、省外企业进省招标投标许可证。

③ 投标人主要加工设备、安装设备和测试设备明细表。

④ 投标书辅助资料表。

⑤ 需要甲方供应的材料用量。

⑥ 预算书，总价汇总表。

⑦ 工程使用的主要材料及配件的产地、规格表，并提供小样。

⑧ 近两年来投标单位和项目经理的工作业绩和获得的各种荣誉（提供证书复印件）。

⑨ 施工组织设计。包括主要工程的施工方法，技术措施，主要机具设备及人员专业构成，质量保证体系及措施、工期进度安排及保证措施、安全生产及文明施工保证措施、施工平面图等。

～❀ 相关知识 ❀～

投标文件的编写

（1）投标文件的语言　中文为投标文件中规定的语言，投标文件、投标人与招标人之间与投标有关的来往通知、函件和文件都应使用中文。

（2）投标文件的组成　投标人提交的投标文件应由下列文件组成：投标书及其附录、标价的工程量清单与报价单、投标保证金、有关资格证明书、辅助资料表、提出的替代方案，以及按"投标人须知"所要求提供的其它资料。

（3）投标报价　合同价格是指按照投标人提交的单价和合价为依据，计算得出的工程总价格。如没有填写单价和合价的项目将不予支付，并被认为此项费用已包括在工程量清单的其它单价和合价中。一切税收和其它收费均应由承包人支付，并包含在投标报价中。

（4）投标有效期　投标有效期是指从投标截止日起到公布中标日为止的一段时间，按照国际惯例，通常为90~120天。在此期间，全部投标均为有效，投标人不得撤销或修改其投标。在投标有效期期间，应该保证招标人有足够的时间对合格投标文件进行比较、评价及最后选定中标者。

在原定投标有效期满之前，如果出现特殊情况，经招标管理机构核准，招标人可用书面形式向投标人提出延长投标有效期的要求。投标人有权拒绝这种要求而不被没收投标保证金。

同意延长投标有效期的投标人，不允许在此期间修改其投标文件，而是需要相应地延长其投标保证金的有效期，对投标保证金的各项有关规定，在延长期内同样有效。

（5）投标保证金　投标人应按前附表中规定的数额提交投标保证金。投标保证金可以是支票、现金、银行汇票，也可以是在中国注册的银行出具的银行保函。保函的格式应符合招标文件格式要求，有效期应超过投标有效期28天。未按规定提交投标保证金的投标文件，被视为不合格投标。宣布中标者之后，未中标者的投标保证金将尽快退还；中标者的投标保证金，在按要求提交履约保证金并签署合同协议书之后予以退还。

（6）标前会议　也称投标预备会，召开的目的是为澄清投标人对招标文件的疑问，解答投标人提出的问题。标前会议往往结合组织投标人考察现场进行。标前会议召开的时间和地点在前附表中应做出明确规定。会议记录（包括所有问题和答复的副本）应尽快提供给所有投标人。因标前会议产生的对招标文件内容的修改，应以补充通知的方式发给投标人，并作为招标文件的组成部分。

（7）替代方案投标　有的招标人除要求投标人按招标文件中的图纸、规范及各项规定进行投标外，还允许投标人另外提出自己的替代方案。替代方案应在保证原设计要求的前提下，有利于缩短工期或降低造价。

（8）投标文件的份数与签署　投标单位应按前附表的规定提交一份正本和数份副本。正本是指投标人填写所购买的招标文件的表格以及"投标人须知"中所要求提交的全部文件和资料。副本为正本的复印件，并在封面上明确标明"正本"和"副本"字样。如果正本与副本有不一致之处时，以正本为准。正本、副本的每一页均由投标人正式授权的全权代表签字确认，授权公证书应一并递交。如果是由投标人造成的必要修改，修改处应有投标签字人签字。

第5节　装饰工程开标、评标与决标

要　点

开标、评标和决标的是招投标工作中的重要环节。开标在公开的时间、确定的地点进行，投标文件在某些情形下可能会被视为废标或者不予受理。评标由招标人依法组建的评标委员会负责，评标委员会提出书面评标报告，评标委员会根据评审结果推荐中标候选人。

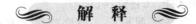

解　释

一、装饰工程开标

开标应当在招标文件规定的提交投标文件截止时间的同一时间公开进行，地点应为招标文件中预先确定的地点。如要变更开标地点和日期，应提前3天通知投标企业和有关单位。

开标由招标单位的法人代表或其指定的代理人主持。开标时，应邀请招标单位的上级主管部门和有关单位参加。国家重要工程、重点工程以及大型工程和中外合资工程应通知建设银行派代表参加。开标的一般程序如下。

① 招标单位工作人员介绍各方到会人员，宣读会议主持人及招标单位法定代表证件或法定代表人委托书。

② 会议主持人检验投标企业法定代表人或其指定代理人的证件及委托书。

③ 主持人重申招标文件要点，宣布评标办法和评标小组成员名单。

④ 主持人当众检验启封投标书。其中属于无效标书的，须经评标小组半数以上成员确认，并当众宣布。

⑤ 投标企业法定代表人或其指定的代理人声明对招标文件是否确认。

⑥ 按标书送标时间或以抽签的方式排列投标企业唱标顺序。

⑦ 各投标企业代表按顺序唱标。

⑧ 当众启封公布标底。

⑨ 招标单位指定专人监唱，作好开标记录（工程开标汇总表），并由各投标企业的法定代表人或其指定的代理人在记录上签字。

二、装饰工程评标

1. 评标机构

评标委员会负责评标。评标委员会由招标人的代表和有关技术、经济等方面的专家组成，成员为5人以上并且是单数，其中，技术、经济等方面的专家不得少于成员总数的2/3。这些专家应当具有从事相关领域工作满8年的资历，并具有高级职称或具有同等专业水平，由招标人从国务院有关部门或者省、自治区、直辖市人民政府有关部门提供的专家名册或者招标代理机构的专家库内的相关专业的专家名单中确定。一般项目可以采取随机抽取的方式，特殊招标项目可以由招标人直接确定。与投标人有利害关系的人不得进入评标委员会，已经进入的，应当更换。

评标委员会的评标工作将受到有关行政监督部门的监督。

2. 评标原则

评标工作应按照严肃认真、科学合理、公平公正、客观全面、竞争优选、严格保密的原则进行，保证所有投标人的合法权益。

招标人应当采取必要的措施，保证评标秘密进行，在宣布授予中标人合同之前，凡属于投标书的审查、澄清、评价和比较及有关授予合同的信息，都不应向投标人或与该过程无关的其它人泄露。

任何单位和个人不得非法干预、影响评标的过程和结果。如果投标人试图对评标过程或评标决定施加影响，则会导致其投标被拒绝；如果招标人与投标人串通投标，损害国家利益、社会公共利益或者他人合法权益，则中标无效，并将依法受到惩处；如果投标人以他人名义投标或者以其它方式弄虚作假、骗取中标的，则中标无效，并将依法受到惩处。

3. 评标程序与内容

开标之后即进入评标阶段，评标的过程通常要经过投标文件的符合性鉴定、技术评估、商务评估、投标文件澄清、综合评价与比较、编制评标报告等几个步骤。

（1）投标文件的符合性鉴定　符合性鉴定是检查投标文件是否实质上响应招标文件的要求，实质上响应的含义是投标文件应该与招标文件的所有条款、条件规定相符，无显著差异或保留。符合性鉴定一般包括的内容见表7-2。

表7-2　符合性鉴定的主要内容

内　容	说　明
投标文件的有效性	①投标人以及联合体形式投标的所有成员是否已通过资格预审和获得投标资格 ②投标文件中是否提交了承包人的法人资格证书及对投标负责人的授权委托证书 如果是联合体，是否提交了合格的联合体协议书，以及对投标负责人的授权委托证书 ③投标保证金的格式、内容、金额、有效期、开具单位是否符合招标文件要求 ④投标文件是否按要求进行了有效签署
投标文件的完整性	投标文件中是否包括招标文件规定应递交的全部文件，如标价的工程量清单、报价汇总表、施工进度计划、施工方案、施工人员和施工机械设备的配备等，以及应该提供的必要的支持文件和资料
与招标文件的一致性	①招标文件中凡是要求投标人填写的空白栏目是否全部填写，并做出明确回答，投标书及其附件是否完全按要求填写 ②对于招标文件的任何条款、数据或说明是否有任何修改、保留和附加条件

通常符合性鉴定是评标的第一步，假如投标文件没有实质上响应招标文件的要求，将会被列为不合格投标而予以拒绝，并且不允许投标人通过撤销修正其不符合要求的差异或保留，使它成为响应性投标。

（2）技术评估　技术评估的目的是确认和比较投标人完成本工程的技术能力，以及他们的施工方案的可靠性。技术评估的主要内容见表7-3。

表7-3　技术评估的主要内容

内　容	说　明
施工方案的可行性	对各类分部分项工程的施工方法，施工人员和施工机械设备的配备、施工现场的布置和临时设施的安排、施工顺序及其相互衔接等方面的评审，特别是对该项目关键工序的施工方法进行可行性论证，应审查其技术的最难点或先进性和可靠性
施工进度计划的可靠性	审查施工进度计划是否满足对竣工时间的要求，是否科学合理、切实可行，还要审查保证施工进度计划的措施，例如施工机具、劳务的安排是否合理等
施工质量保证	审查投标文件中提出的质量控制和管理措施，包括质量管理人员、设备、质量检验仪器的配置和质量管理制度
工程材料和机械设备的技术性能符合设计技术要求	审查投标文件中关于主要材料和设备的样本、型号、规格和制造厂家名称、地址等，判断其技术性能是否达到设计标注要求
分包商的技术能力和施工经验	如果投标人拟在中标后将中标项目的部分工作分给其他人完成，应当在投标文件中注明。应审查确定拟分包的工作必须是非主体、非关键的工作；审查分包人应当具备的资格条件，完成相应工作的能力和经验
对于投标文件中按照招标文件规定提交的建议方案作出技术评审	如果招标文件规定可以提交建议方案，则应对投标文件中建议方案的技术可靠性与优缺点进行评估，并与原招标方案进行对比分析

（3）商务评估　商务评估的目的是从工程成本、财务和经验分析等方面评审投标报价的合理性、准确性、经济效益和风险等，比较授标给不同的投标人产生的不同后果。商务评估在整个评标工作中通常占有重要地位。商务评估的主要内容见表7-4。

表7-4 商务评估的主要内容

内 容	说 明
审查全部报价数据计算的正确性	通过对投标报价数据的全面审核,看是否有计算错误或累计上的算术错误。如果有,则按"投标人须知"中的规定加以改正和处理
分析报价构成的合理性	通过分析工程报价中直接费用、间接费用、利润和其它费用的比例关系,以及主体工程各专业工程价格的比例关系等,判断报价是否合理。注意审查工程量清单中的单价有无脱离实际的"不平衡报价",工日价格和机械台班报价是否合理
对建议方案的商务评估	—

（4）投标文件澄清 必要时,为了有益于投标文件的审查、评价和比较,评标委员会可以约见投标人对其投标文件予以澄清,以口头或书面的形式提出问题,要求投标人回答,随之在规定的时间内,投标人应以书面形式给予正式答复。需要澄清和确认的问题必须由授权代表正式签字,并且声明将其作为投标文件的组成部分,但澄清问题的文件不允许对投标价格进行变更或对原投标文件进行实质性修改。

这种澄清的内容可以要求投标人补充报送某些标价计算的细节资料,对其某些有特点的施工方案做进一步解释,补充说明其经验和施工能力,或对其提出的建议方案进行详细说明等。

（5）综合评价与体现 综合评价与比较是在以上工作的基础上,根据事先拟定好的评标原则、评价指标和评标办法,对筛选出来的若干具有实质性响应的投标文件进行综合评价与比较,最后选定中标人。中标人的投标应当符合下列条件之一。

① 能满足招标文件各项要求,并且经评审的投标价格最低,但投标价格低于成本的除外。

② 能最大限度地满足招标文件中规定的各项综合评价标准。

一般设置的评价指标包括:投标报价;施工方案（或施工组织设计）与施工工期;质量标准与质量管理措施;投标人的业绩、信誉、财务状况等。评标方法可采用评议法或打分法。

评议法不量化评价指标,通过对投标人的投标报价、施工方案、业绩等内容进行定性分析与比较,选择各项指标都较优良的投标人为中标人,也可以用表决的方式确定中标人;或者选择能够满足招标文件各项要求,并且经过评审的投标价格最低、标价合理者为中标人。

打分法是由每一位评委独立地对各份投标文件分别打分,即对每一项指标采用百分制打分,并乘以该项权重,得出该项指标实际得分,将各项指标实际得分相加之和为总得分。最后评标委员会统计打分结果,评出中标者。

三、装饰工程决标

决标是指招标单位对投标单位所报送的投标文件进行全面审查、分析评比,最后选定中标单位承包工程的过程,决标又称"定标"。

定标时要充分体现报价、工期、质量和信誉的有机统一,防止片面性,既要克服压低标价、违背价值规律的倾向,又要提高投标单位的履约率,避免对投标单位的苛求。

中标单位确定后,应由招标单位填写中标通知书,经上级主管部门审核签发后,通知中标单位,并应在一个月内签订工程承包合同。如投标单位接到中标通知后,不在规定的时间内与招标单位签订合同,除负责赔偿损失外,还有可能被取消中标资格,招标单位可另行招标。

≈≈≈ **相关知识** ≈≈≈

开标无效的情形

开标时,投标文件出现下列情形之一的将视为无效,按废标处理,不得进入评标。

① 投标文件未按照招标文件的要求予以密封，未按规定签署。

② 投标文件逾期送达的。

③ 投标文件的投标书内容不全、字迹模糊、难以辨认，未加盖投标人的企业及企业法定代表人印章的，或者企业法定代表人委托的代理人没有合法、有效的委托书（原件）及委托代理人印章的，未按规定填写投标书或投标书未加盖印章的。

④ 未按规定提交投标保证金的。

⑤ 参加开标会议的投标单位法定代表人或其指定代理人迟到到会的。

⑥ 投标单位法定代表人未参加开标会议，又无指定代表人（以法定代表人委托授权书为准）参加开标会议的。

⑦ 资格不符合要求的。

⑧ 有足以影响招标公正行为的。

⑨ 借用或冒用他人名义或证件的。

⑩ 明显不符合技术规格、技术标准的要求及低于招标文件中规定的质量目标的。

⑪ 投标文件载明的招标项目完成期限超过招标文件规定的期限。

⑫ 其它不符合招标要求的。

第6节 装饰工程投标报价

要 点

装饰工程投标报价是建筑装饰工程投标工作的重要环节。投标报价是指承包商根据业主招标文件的要求和所提供的装饰工程施工图纸，依据相关概（预）算定额（或单位估价表）和有关费率标准，结合本企业自身的技术和管理水平，向业主提交的投标价格。

投标报价是承包商对工程项目的自主定价，体现了企业的自主定价权。承包商可以根据企业的实际状况和掌握的市场信息，充分利用自身的优势确定出能与其他对手竞争的工程报价。

解 释

一、投标报价的程序

任何一个项目的投标报价都是一项系统工程，必须遵循一定的程序，见图7-3。

① 研究招标文件。

② 调查投标环境。

③ 制定施工方案。

④ 投标计算。投标计算是投标单位对承建招标工程所要发生的各种费用的计算。在进行投标计算时，必须首先根据招标文件复核或计算工程量。作为投标计算的必要条件，应预先确定施工方案和施工进度。此外，投标计算还必须与采用的合同形式相协调。

⑤ 确定投标策略。正确的投标策略对提高中标率并获得较高的利润有重要作用。常用的投标策略有以信誉取胜、以缩短工期取胜、以低价取胜、以改进设计取胜，同时也可采取以退为进策略、以长远发展为目标策略等。

⑥ 投标报价决策做出后，即应编制正式投标书。

二、装饰工程投标报价的依据

进行装饰工程投标的核心是报价，在中标概率中占有举足轻重的地位。业主把承包商的

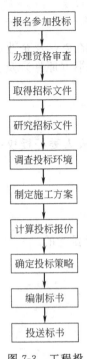

报名参加投标

办理资格审查

取得招标文件

研究招标文件

调查投标环境

制定施工方案

计算投标报价

确定投标策略

编制标书

投送标书

图 7-3　工程投标报价程序

报价作为选择中标者的主要标准，所以要编制出合理的、竞争力强的报价，除必须具备丰富的经验、广博的知识和掌握圈内外大量的有关技术经济资料之外，还必须依据下列条件。

（1）招标文件　招标文件是编制投标报价的主要依据之一，其内容主要包括：装饰工程综合说明、工期要求、技术质量要求、装饰工程及材料的特殊要求、附图附表内容、工程价款与结算、招标有关事项说明及其它有关要求等。

（2）装饰工程施工图纸和说明书　这些资料表明了工程结构、内容、有关尺寸和设备名称、数量、规格等，它们是计算或复核工程量、编制报价的重要依据。

（3）装饰工程（概）预算定额或单位估价表及新材料、新产品的补充预算价格表　它规定了分项工程的划分和使用定额的方法，还规定了工程量计算规则。

（4）装饰工程取费规定　包括各项取费标准，政府部门下达的其它费用文件。

（5）装饰工程的施工方案及做法　规定了工程的施工方法、主要施工技术与组织措施、保证质量与安全的方法等，这些资料对于正确计算工程量、选套有关定额、计取各种费用等将起到重要的作用。

（6）注重相关工程技术经济资料的收集　平时注意积累企业参加投标的资料和其它企业的相关资料，认真整理、总结经验和教训，发现一些具有普遍指导意义的规律性的东西，为投标报价提供重要的参考依据。

三、装饰工程投标报价的原则

投标报价的编制主要是投标单位对承建招标工程所要发生的各种费用的计算。在以清单报价进行投标计算时，必须首先根据招标文件进一步复核工程量。作为投标计算的必要条件，应预先确定施工方案和施工进度，此外，投标计算还必须与采用的合同形式相适应。报价是投标的关键性工作，报价是否合理直接关系到投标的成败。在报价过程中，应做好下列几点。

①　以招标文件中设定的发承包双方责任划分，作为考虑投标报价费用项目和费用计算的基础；根据工程发承包模式考虑投标报价的费用内容和计算深度。

②　以反映企业技术和管理水平的企业定额作为计算人工、材料和机械台班消耗量的基本依据。

③　以施工方案、技术措施等作为投标报价计算的基本条件。

④　报价计算方法要科学严谨、简明适用。

⑤　充分利用现场考察、调研结果，市场价格信息和行情资料编制基价，确定调价方法。

投标报价不同于工程预算，预算中各种费用的计算必须按规定进行，如在报价中也采用这种方法计算，显然不一定符合企业的实际情况，所以应从实际出发，实事求是，认真细致，避免漏项和重复。

四、装饰工程投标报价的编制程序

无论采用何种投标报价体系，计算过程大致如下。

（1）复核或计算工程量　工程招标文件中若提供有工程量清单，则在投标报价计算之前，要对工程量进行校核；若招标文件中没有提供工程量清单，则必须根据图纸计算全部工程量。如果招标文件对工程量的计算方法有规定，则应按照规定的方法进行计算。

（2）确定单价，计算合价　在投标报价中，复核或计算各个分部分项工程的实物工程量以后，就需要确定每一个分部分项工程的单价，并按照招标文件中工程量表的格式填写价格，一般是按照分部分项工程量的内容和项目名称填写单价与合价。

计算单价时，应将构成分部分项工程的所有费用项目都归入其中。人工、材料和机械费用，应根据分部分项工程的人工、材料和机械消耗量及其相应的市场价格计算而得。一般来说，承包企业应建立自己的标准价格数据库，并据此计算工程的投标价格。在应用单价数据库针对某一具体工程进行投标报价时，需要对选用的单价进行审核评价与调整，使之符合拟投标工程的实际情况，反映市场价格的变化。

在投标价格编制的各个阶段，投标价格一般以表格的形式进行计算。

（3）确定分包工程费　来自分包人的工程分包费用是投标价格的一个重要组成部分，有时总承包人投标价格中的相当部分来自于分包工程费。因此，在编制投标价格时需要有一个合适的价格来衡量分包人的价格，应熟悉分包工程的范围，以对分包人的能力进行评估。

（4）确定利润　利润指的是承包人的预期利润，确定利润取值的目标是考虑既可以获得最大的可能利润，又要保证价格具有一定的竞争性。投标报价时承包人应根据市场竞争情况确定在该工程上的利润率。

（5）确定风险费　风险费对承包商来说是一个未知数，如果预计的风险没有全部发生，则可能预计的风险费有剩余，这部分剩余和利润加在一起就是盈余；如果风险费估计不足，则由盈利来补贴。在投标时应该根据该工程规模及工程所在地的实际情况，由有经验的专业人员对可能的风险因素进行逐项分析后，确定一个比较合理的费用比率。

（6）确定投标价格　如前所述，将所有的分部分项工程的合价汇总后就可以得到工程的总价，但是这样计算的工程总价还不能作为投标价格，因为计算出来的价格可能重复也可能会漏算，某些费用的预估还有可能出现偏差等，因而必须对计算出来的工程总价做一些必要的调整。调整投标价格应当建立在对工程盈亏分析的基础上，盈亏预测应用多种方法从多角度进行，找出计算中的问题并分析可能采取的措施以降低成本、增加盈利，确定最后的投标报价。

一般情况下，工程投标报价的编制程序见图7-4。

五、装饰工程投标报价的策略分析

在投标报价的实践中，在竞争中能否获胜，除取决于承包商自身的信誉和实力外，采用合适的投标策略通常是能否中标的关键。

一般来说，承包商在投标报价中可采取下列的几种策略。

（1）报价准确，尽量接近标底　一个接近而又略低于标底的投标报价，通常能给业主及评委们留下深刻的第一印象，而远离标底的投标报价是难以选入评标程序的。

（2）充分研究业主　既然能否中标取决于业主，那么就要充分研究业主的意愿。不同的业主对影响报价的各种因素会给予不同的权衡。如果侧重点在工期，就会对承包商的设备、技术实力要求严格，报价的高低就会放在第二位予以考虑，此时承包商就应着重强调自己如何采取有效的技术措施，并明确可以达到的最短工期，价格方面不必优惠；如果业主对工期的要求低于工程造价，承包商的主要精力应放在如何提高技术、加强管理、精心组织施工及在保证质量的前提下降低投标报价。

（3）通过科学施工，加快工程进度取胜　采用质量保证体系的措施，在编制施工组织设计中，对人、财、物做到优化配置，从提前工期入手，既提高了对业主的吸引力，又为降低施工成本创造了条件。

（4）研究参与投标的竞争对手　充分了解竞争对手的情况，制定相应的策略，是争取中标成功的重要条件。应该分析竞争对手的优势、不足之处及每个竞争对手中标的可能性，以便决定自己投标报价时所应采取的态度，争取中标的最大可能性。

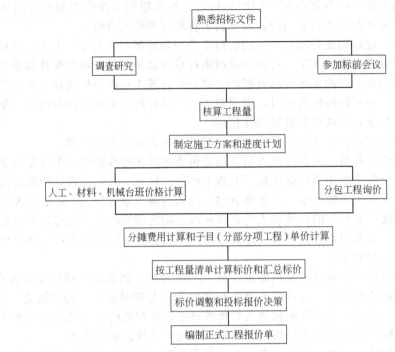

图 7-4　工程投标报价的编制程序

六、装饰工程投标报价的技巧

投标策略一经确定，就要具体反应到报价上，但是报价也有其自身的技巧，两者必须相辅相成。现就一些常用技巧介绍如下。

（1）不平衡报价法　是指在总价基本确定的前提下，提高某些分项工程的单价，同时降低另外一些分项工程的单价。通过对分项工程的单价进行增减调整，以期获得更好的经济效益。其主要目的如下。

①提高早期施工项目的单价，降低后期施工项目的单价，以利于资金周转。

②工程量只填单价的项目，其单价要高。

③图纸内容不明确或出现错误，估计修改后工程量要增加的单价可提高，而工作内容说明不明确的单价可降低。

④对工程量可能增加的项目适当提高单价，而对工程量可能减少的项目则适当降低单价。

（2）突然降价法　开始装作对该工程不感兴趣，而后突然提出各项优惠条件或压低报价，迷惑竞争对手，使其造成判断错误，从而增加中标概率。

（3）修改设计、多方案报价法　经验丰富的承包商往往能发现设计中存在的不合理或可改进之处，或可利用某项新的施工技术降低成本。因此，承包商除了按设计要求提出报价外，还可另外附加修改设计后的方案比较，并说明其利益和可行性。这种方法要求承包商有足够的技术实力和施工经验，能以具体的数据、合理的变更与业主共同优化设计，共同承担风险，以吸引业主的注意力，提高自己的知名度。

（4）先低后高法　在报价时，避开工程中一些较难处理的问题，将报价降低，待中标后提出协商，借故加价。

（5）扩大标价法　在工程质量要求高以及影响施工的因素多而复杂的情况下，可增加"不可预见费"，以减少风险。

（6）零星用工（计日工） 零星用工的单价一般稍高于工程单价中的工资单价，因为它不属于承包总价的范围，发生时实报实销，可多获利。

确定投标策略、掌握报价技巧是一项全方位、多层位的系统工程，首先要对企业内部和外界的情况进行分析，并通过业主的招标文件、咨询以及社交活动等多种渠道，获得所需要的信息，明确有利条件和不利因素，发挥优势，出奇制胜，争取报出既合理又能中标的价格。

七、装饰工程投标报价的分析

当初步报价估算出来之后，必须对其进行多方面的分析与评估，探讨初步报价的赢利和风险，从而做出最终报价的决策。分析的方法可以从下列几方面进行。

1. 报价的静态分析

报价的静态分析是依据本企业长期工程实践中积累的大量经验数据，用类比的方法判断初步报价的合理性。可从下列几个方面进行分析。

（1）分项统计计算书中的汇总数字，并计算其比例指标

① 统计同类工程总工程量及各单项工程量。

② 统计劳务费总价及主要工人、辅助工人和管理人员的数量。

③ 统计材料总价及各主要材料数量和分类总价。

④ 统计临时工程、机械设备使用及购置、模板、脚手架、工具等费用。

⑤ 统计各种潜在利润或隐匿利润。

⑥ 统计各类管理费汇总数，计算它们占总报价的比重。

⑦ 统计分包工程的总价及各分包商的分包价。

（2）从宏观方面分析报价结构的合理性 宏观方面，例如分析总直接费用和总管理费用的比例关系，材料费和劳务费的比例关系，临时设施和机具设备费用与总直接费用的比例关系，利润、流动资金及其利息与总报价的比例关系，以便于判断报价的构成是否合理。

（3）分析工期与报价的关系 根据进度计划与报价，计算人均年产值、人均月产值，如果从承包商的实践经验角度判断这一指标过低或者过高，就应当考虑工期的合理性，或考虑所采用定额的合理性。

（4）分析单位产品价格和用料量的合理性 参照实施同类工程的经验，如果本工程与可类比的工程有些不可比因素，可以扣除不可比因素后进行分析比较。还可以在当地搜集类似工程的资料，排除某些不可比因素后进行分析对比，以分析本报价的合理性。

（5）对明显不合理的报价构成部分进行微观方面的分析、调整 重点是从提高工效、改变施工方案、调整工期、压低供应商和分包商的价格、节约管理费用等方面提出可行措施，并修正初步报价。

2. 报价的动态分析

报价的动态分析是假定某些因素发生变化，测算报价的变化幅度，特别是这些变化对工程目标利润的影响。

（1）延误工期的影响 一般情况下，可以测算工期延长某一段时间，可能会产生费用的种类和数量，如何对此费用弥补。

（2）物价和工资上涨的影响 通过调整报价计算材料设备和工资上涨系数，测算其对利润的影响，同时应知道报价中的利润对物价和工资上涨因素的承受能力。

（3）其它可变因素的影响 如贷款利率的变化、政策法规的变化等的影响。

3. 报价的盈亏分析

初步计算的报价经过上述几方面进一步的分析后，可能需要对某些分项的单价做出必要

的调整，然后形成基础标价，再经盈亏分析，提出可能的低标价和高标价，供投标报价决策时选择。盈亏分析包括盈余分析和亏损分析两个方面。

（1）盈余分析　盈余分析是从报价组成的各个方面挖掘潜力、节约开支，计算出基础标价可能降低的数额，即所谓"挖潜盈余"，进而算出低标价，包括内容见表7-5。

表7-5　盈余分析包括的内容

类　　别	解　　释
定额和效率	工、料、机消耗定额以及人、工、机效率分析
价格分析	对劳务价格、材料设备价格、施工机械台班价格三方面进行分析
费用分析	对管理费、临时设施费、开办费等方面逐项分析
其它方面	保证金、保险费、贷款利息、维修费等方面均可逐项复核

经过上述分析，最后得出总的估计盈余总额，但应考虑到挖潜不可能百分之百实现，故尚需乘以一定的修正系数（一般取0.5～0.7），据此求出可能的低标价。计算公式为：

低标价＝基础标价－挖潜盈余×修正系数

（2）亏损分析　亏损分析是针对报价编制过程中，因对未来施工过程中可能出现的不利因素估计不足而引起的费用增加的分析，以及对未来施工过程中可能出现的质量问题和施工延期等因素带来的损失预测。主要包括：工资；材料、设备价格；质量问题；作价失误；不熟悉当地法规、手续所发生的罚款；自然条件；管理不善造成质量、工作效率等问题；建设单位、监理工程师方面问题；管理费失控。

以上分析估计出的亏损额，同样乘以修正系数（0.5～0.7），并据此求出可能的高标价。即：

高标价＝基础标价＋估计亏损×修正系数

4. 报价的风险分析

报价风险分析就是要对影响报价的风险因素进行评价，对风险的危害程度和发生的概率做出合理估计，并采取有效对策与措施来避免或减少风险。

 相关知识

一、投标报价的组成

根据《招标文件范本》规定，关于投标价格，除非合同中另有规定，工程量清单中所报的价格应包括施工设备、管理、劳务、材料、安装、维护、保险、利润、税金、政策性文件规定及合同包含的所有风险、责任等各项应有费用。

二、投标的种类

投标策略的选择来自实践经验的积累，来自对客观事实的认识和及时掌握业主、竞争对手及其它有关情况。不仅如此，承包商还应选择合适的投标种类，以期获得最好的投标效果。

承包商可以在实际投标中选择下列几种标，投"低标"（即报价可低一点）或投"高标"（即报价可高一些）。

（1）盈利标　盈利标是指能给承包商带来可观利润所投的标。招标工程既是承包商的强项，又是竞争对手的弱项时，承包商可投此标。报价时按"高标"投。

（2）保险标　保险标是指承包商在确信有能力获取一定利润基础上所投的标。通常对可

以预见的情况（从技术、装备、资金等重大问题）都有了解决的对策之后可投此标，一般按"低标"报价。

（3）保本标 保本标是指以获取微利为目的所投的标。一般来说，承包商无后继工程，或已出现部分窝工时投此标。通过投"低标"，薄利保本。

（4）风险标 风险标是指无法确定利润的获取，即可能会给企业带来可观利润，也有可能会造成企业明显亏损的情况下所投的标。通常对新材料及特种结构的装饰工程，明知工程承包难度大，风险大，或暂时有技术上未解决的问题，但因承包商的队伍窝工，或想获得更大盈利（难度、风险解决得好），或为了开拓新技术领域，可投此标。一般在投标时按"高标"报价。

（5）亏损标 亏损标是指明知不但不会给企业带来利润，而且会造成企业成本亏损的情况下所投的标。为了拓宽市场的占有率或者打入新市场，或者要挤垮竞争对手等，往往投此标，一般是"低标"报价。

三、装饰工程投标报价的作用

① 装饰装修工程报价是承包商编制计划、统计和完成施工产值的依据。

② 装饰装修工程报价是承包商与业主结算工程价款的依据。

③ 装饰装修工程报价是项目工程成本核算和成本控制的依据。

第7节 某装饰工程招标书案例

××市××学校实验楼
室内装饰装修工程招标文件

招标单位：国家教育部
招标代理单位：××招标公司

目 录

第一卷　投标须知、合同条款

第一章　投标须知

附表1　工程项目概况表

项目编号	内　容　规　定
1	工程综合说明 建设单位：国家教育部 工程名称：××市××学校实验楼室内装饰装修施工工程 建设地点：××市××路××号 结构类型：框架结构 主楼面积：4250m² 承包方式：包工、部分包料 质量要求：优良 工期：共150天(日历天) 要求工期：××年××月××日开工，××年××月××日竣工 招标范围：见总则1.3的规定
2	合同名称：××市××学校实验楼室内装饰装修施工工程
3	资金来源：国家教育部拨款
4	投标人资质等级：建筑装修装饰工程专业承包一级及以上资质、建筑装饰专项工程设计甲级资质
5	投标有效期：80天(日历天)
6	投标保证金：10万
7	投标文件递交地点 递交单位：国家教育部 递交地点：××市××路××号
8	答疑时间：提交质疑文件时间：××年××月××日 领取答疑时间：××年××月××日 传真：××××××× 地点：××市××路××号
9	投标文件份数：正本1份、副本3份、Word电子文档1份
10	投标截止时间：××年××月××日9时，超出时限概不接收
11	开标时间：××年××月××日9时 开标地点：××市××路××号
12	评标办法：详见具体办法
投标招标 业务联系	地址：××市××路××号 邮政编码：×××××× 联系电话：××××××××

一、工程说明

1. 综合说明

1.1　本工程按照《中华人民共和国建筑法》、《中华人民共和国招标投标法》、《××省建设工程招标投标管理条例》及其《××省建设工程招投标管理条例实施细则》等规定的要求。现通过招标择优选定3家单位。

1.2　工程概况：××市××学校实验楼工程，位于××市××路××号，框架结构。

1.3　工程招标范围：本次工程招标范围为××市××学校实验楼工程施工图纸范围内室内装饰装修的施工，共分为3个标段，每标段选定1家施工单位。

投标人可投3个标段，也可投3个标段中的1个标段：

1.3.1　标段1：1层～4层。

1.3.2　标段2：5层～7层。

1.3.3　标段3：辅楼。

二、投标方须知

2. 资金来源

招标人的资金通过附表1第3项所述的方式获得，并将部分资金用于本工程合同项目的合格工程款支付。

3. 投标人资质与合格条件的要求

3.1 投标人必须具有独立法人资格，并具有相应的室内装饰装修及设计资质，资质见投标须知附表1第4项规定（开标时验证）。

3.2 本次招标不接受联合体投标。

3.3 为具有被授予合同的资格，投标人应提供令招标人满意的资格文件，以证明其符合招标文件所要求的资格和具有履行合同的能力，为此，所提交的投标文件应包括下列资料。

3.3.1 有关证明投标人法律地位的原始文件副本（包括企业法人营业执照、资质证书、法定代表人证书或法人授权委托书）。

3.3.2 投标人在过去3年中完成的工程情况和现在正在履行的合同情况证明。

3.3.3 投标人施工项目经理与组织机构主要成员简历及拟派驻现场的主要管理与施工人员情况。投标人需出具项目经理资质证书和反映项目经理施工同类工程业绩的证明。

3.3.4 有关投标人目前和过去3年参与或涉及诉讼的资料（如果有）。

3.4 参加开标会的法定代表人或授权代表须持本人身份证、法定代表人证书或法定代表人授权委托书。外地投标人应持当地建委介绍信到招标单位所在地的建筑队伍管理处领取备案证明参加开标会议。

3.5 投标人根据招标人提供的图纸、技术规范和工程量清单的要求，提出整个工程的报价，并提出相应的优化、深化设计方案。

三、招标文件

4. 招标文件的组成

4.1 本合同的招标文件包括下列文件及所有按本须知第6条发出的答疑文件和第7条发出的补充资料。

招标文件包括下列内容：

第一卷 投标须知、合同条款

第一章 投标须知

第二章 合同条款

第二卷 技术要求

第三章 技术条件及技术规范

第三卷 投标文件

第四章 投标书

第五章 工程量清单报价表

4.2 投标人应认真审阅招标文件中所有的投标须知、工程量清单、合同条件、规定格式、技术规范、报价要求和图纸。如果投标人的投标文件不能符合招标文件要求，责任由投标人自负，实质上不响应招标文件要求的投标文件将被拒绝。

4.3 本次招标活动提供的图纸及答疑文件，仅供招标使用。实际施工时，应按经过建设行政主管部门、设计单位、招标单位审查通过的施工图纸施工。

5. 招标文件的取得及处置

5.1 投标人应从××市××路××号购买招标文件（盖章有效），招标文件一经售出概不退还。从他人处复制招标文件或无招标文件的投标人的标书，均为废标。

5.2 投标人对招标文件的内容应予以保密，不得向他人泄露招标文件的任何内容。

6. 招标文件的解释

投标人在收到招标文件后，若有问题需要澄清，应于收到招标文件后在前附表 1 第 8 项规定的时间内以书面形式（包括书面文字、传真等）向招标单位提出，招标单位将于两日内以书面形式予以解答、答复。

7. 招标文件的修改

7.1 在投标截止日两日前，招标单位都有可能会以补充通知的形式修改招标文件。

7.2 补充通知将以书面形式发给所有获得招标文件的投标人，补充通知作为招标文件的组成部分，对投标人起约束作用。

为使投标人在编制投标文件时把补充通知内容考虑进去，招标单位可以酌情延长递交投标文件的截止日期。

四、投标报价说明

8. 投标报价

8.1 投标报价的说明：

8.1.1 本工程的工程量是依据现行《××省消耗量定额》、《××省装饰装修工程工程量清单计价办法》及《××省建筑工程价目表》计算规则计算的。

8.1.2 工程量清单所列的工程量系招标人估算的和临时的，作为投标报价的共同基础，发包人对其准确性不负任何责任，付款结算以实际完成的工程量为依据，即由承包人计量、监理工程师核准的实际完成工程量为准。

8.1.3 工程量清单中所填入的综合单价和合价应包括有关文件确定的材料费、人工费、机械费、管理费、利税和其它费用等，以及现行取费中的有关费用、材料的差价和采用固定价格的工程所测算的风险金等全部费用。

8.1.4 投标单位编写投标书时，均应把涨价因素影响及总承包服务费计入综合单价和总价中，在合同执行中不再更改或调整综合单价。

8.1.5 工程量清单中所列工程数量是施工图设计的预计数量，仅作为投标的依据，不作为最终结算与支付的依据。结算与支付以监理工程师认可的实际工程数量为依据。

8.1.6 除非合同中另有规定，工程量清单中所列工程数量的变动，丝毫不会降低或影响合同条件的效力，也不免除承包单位按规定的标准施工和缺陷修复的责任。

8.1.7 承包单位用于本合同工程的各类装备的提供、运输、拆卸、拼装等支付的费用，应包括在工程量清单的综合单价之中。

8.1.8 工程量清单中所编列的各工程项目名称是以主要作业内容为依据命名的，投标人应将其相应内容计入综合单价和合价之中。

8.1.9 工程量计算规则说明。

① 本工程量计算规则是说明工程量清单的计算规则及综合单价或合价应包括的工作内容。

② 本计算规则适用于工程进行前招标投标用工程量清单的编制，也适用于工程完成后的结算。

8.2 投标单位应在投标报价表中准确标明工程项目的综合单价、合价和总报价。如果在综合单价与总报价之间有偏差，以综合单价为准；大小写如有偏差，以大写为准。

8.3 如果发生工程变更，应采用以下办法之一解决：在中标人投标书中没有相类似施工做法的，用现行的《××省装饰工程消耗量定额》及相应工程计价依据（材料差价按照经招标单位认可的市场价找差）。

8.4 投标单位在投标报价表中标明的价格，在投标有效期内及合同履行完毕前应固定不变。对于每一报价，只能报出一个最终不变的价格。同本条款不一致的标书将被作废。

8.5　投标单位应报出其所能承受的最低的合理价格。

8.6　本工程的投标报价以招标人提供的工程量清单为准，投标人按照工程量清单报价表的格式提出投标报价，并做出综合单价分析。本招标文件报价表的分部分项工程量清单表包括投标人优化、深化设计后完成本工程所需的全部工程量。投标人自行提出的工程量不计入本次招标的报价范围。

8.7　投标单位应保证投标书中所报出的价格，在排除各种差异因素后，不超出国内正常的市场价格。任何对本保证的违背，将使招标单位有权终止合同或要求归还所付的超支价款。

8.8　投标货币：投标文件报价中的综合单价和合价全部采用人民币表示。

五、投标费用

9. 投标费用

投标人应承担其投标过程中所涉及的一切费用。不管投标结果如何，招标人对上述费用不负任何责任。

六、投标文件的编制

10. 投标文件的规范

10.1　投标文件的语言：投标文件、投标人和招标人之间与投标有关的来往通知函件和文件均应使用中文。

10.2　投标文件的文字、符号：投标文件的所有组成部分均采用正楷、黑色、4号字。

10.3　投标文件的装订：

10.3.1　投标文件的所有组成部分均采用A4打印纸（图纸除外）。

10.3.2　投标文件应分为商务标书和技术标书两部分。

11. 投标保证金

11.1　投标人应根据"投标须知"附表1第6条规定的数额提交投标保证金，提交时间与答疑文件提交时间一致。此投标保证金是投标文件的一个组成部分。

11.2　投标保证金可采用现金、支票或银行汇款的形式。

11.3　对于未能按要求提交投标保证金的投标，招标单位将视为不响应投标而予以拒绝。

11.4　未中标的投标人的投标保证金（无息）将最迟不超过规定的投标有效期期满后的7天退还。

11.5　中标单位按要求签署合同协议后，将在其投标保证金中扣除招标费用（按本工程结算价的1.5%），剩余的投标保证金无息退还。

11.6　如投标人有下列情况，将被没收投标保证金：

11.6.1　投标人不参加开标会或迟到。

11.6.2　投标人在投标有效期内撤回其投标文件。

11.6.3　中标单位未能在规定期限内签署合同协议。

11.6.4　因投标人自身原因导致开标失败。

12. 投标有效期

12.1　投标文件有效期为80天。

12.2　在原定投标有效期期满之前，如果出现特殊情况，招标单位可以书面形式向投标人提出延长投标有效期的要求。投标人须以书面形式予以答复，投标人可以拒绝这种要求而不被没收投标保证金。同意延长投标有效期的投标人，不允许修改其投标文件，但需要相应延长投标保证金的有效期。在延长期内，本须知第11条关于投标保证金的退还与没收的规定仍然适用。

13. 勘察现场

13.1　投标人原则上自行对工程施工现场和周围环境进行现场勘察，以获取必须由投标人自己负责有关编制投标文件和签署合同所需的所有资料。勘察现场所发生的费用由投标人自己承担。

13.2　招标单位向投标人提供的有关施工现场的资料和数据，是招标单位现有的能使投标人利用的资料。招标单位对投标人由此而做出的推论、理解和结论概不负责。

14. 投标文件的份数和签署

14.1　投标人应编制1份投标文件正本、3份副本和word电子文档1份，并在投标文件上明确标明"正本"和"副本"字样。唱标单与投标文件正本内容如有不一致处，以唱标单为准。

14.2　投标文件正本与副本均应使用不能擦去的墨水打印或书写，由投标单位法定代表人亲自签署并加盖法人单位公章和法定代表人印鉴。

14.3　全套投标文件应无涂改和行间插字，除非这些删改是根据招标单位的指示进行，或者是投标人造成的必须修改的错误。修改处应由投标文件签字人签字证明，并加盖单位印鉴。

15. 投标文件的密封与标志

15.1　投标人应在投标文件的正本和副本上标明"正本"或"副本"字样，投标人应将所有投标文件的正本和副本分别密封，并在外层再一次将投标文件一起密封在大密封袋里，同时在投标文件内层密封袋上清楚标明"正本"或"副本"字样。

15.2　在内层和外层投标文件密封袋上均应写明：

(1) 招标人名称和地址；

(2) 注明下列识别标志：

① 招标编号。

② 工程名称。

③ ××年××月××日××时××分开标，此时间之前不得开封。

15.3　除了按上述第15.2款所要求的识别字样外，在内外层投标文件密封袋上还应写明投标人的名称、地址和邮政编码。

15.4　所有投标文件的内层密封袋的正面和封口处应加盖投标单位印章和法定代表人印章。所有投标文件外层密封袋的正面、封口及密封条骑缝处应加盖投标单位印章和法定代表人印章。

15.5　如果投标文件没有按上述规定密封并加写标志，招标代理单位不承担投标文件错放或提前开封的责任。由此造成的提前开封的投标文件将予以拒绝，并退还给投标人。

七、投标文件的递交

16. 投标截止期

16.1　投标人应按附表1第10项规定的日期和时间之前将投标文件递交给招标单位。

16.2　招标单位可以补充通知的方式酌情延长递交投标文件的截止日期。在上述情况下，招标单位与投标人以前在投标截止期时的全部权力、责任和义务，将适用于延长后新投标截止期。

16.3　招标单位在投标截止期以后收到的投标文件，将原封退还给投标人。

17. 投标文件的修改与撤回

17.1　投标人在递交投标文件以后，在规定的投标截止时间之前，可以书面形式向招标单位递交修改或撤回其投标文件的通知。在投标截止日期以后，投标人不能更改投标文件。

17.2　投标人的修改或撤回通知，应按本须知第14、15条的规定编制、密封、标志和递交（在内层包封标明"修改"或"撤回"字样）。

17.3　在投标截止时间与招标文件中规定的投标有效期终止日之间的这段时间内，投标人不能撤回投标文件，否则其投标保证金将被没收。

八、开标

18.开标

18.1　招标单位将于附表1第11项规定的时间和地点举行开标会议，参加开标的投标人代表应签名报到，以证明其出席开标会议。投标人法定代表人或授权代表以及投标人确定的本工程项目经理必须出席开标会议。

18.2　开标会议由招标单位组织并主持召开。招标单位应对投标文件进行检查，确定投标文件是否完整，是否按要求提供了投标保证金，文件签署是否正确，以及是否按顺序编制。按规定提交"合格撤回通知"的投标文件不予开封。

18.3　投标人必须携带企业法人营业执照副本、资质证书、项目经理证书、法人或法人授权委托书、产品代理资格证书等参加开标会议，否则视为自动放弃投标。

18.4　投标人法定代表人或授权代表未参加开标会议的视为自动弃权。投标文件有下列情况之一者将视为无效。

18.4.1　投标文件未按规定标志、密封。

18.4.2　未经法定代表人（或授权代表）签署或未加盖投标人公章和未加盖法定代表人（或授权代表）印鉴。

18.4.3　未按规定的格式填写，内容不全或字迹模糊辨认不清。

18.4.4　投标截止时间以后送达的投标文件。

九、评标

19.评标

19.1　评标内容的保密：公开开标后，直到宣布中标单位签订合同为止，凡属于审查、澄清、评价和比较投标书的所有资料，有关授予合同的信息，都不应向投标人或与评标无关的其它人泄露。

19.2　在投标文件的审查、澄清、评价、比较和授予合同过程中，投标人对招标人和评标委员会成员施加影响的任何行为，都将导致取消其投标资格。

19.3　评标委员会：评标委员会由招标人按有关规定邀请专家组成。

19.4　投标文件的符合性鉴定：投标文件应实质上响应招标文件的要求。所谓实质上响应招标文件的要求，就是其投标文件应该与招标文件的所有条款、条件和规定相符，无重大偏离或保留。所谓重大偏离或保留是指影响到招标文件规定的供货范围、质量和性能，或限制了招标人和投标人义务的规定，而纠正这些偏离将影响到其它投标人的公平竞争地位。

19.5　综合评价与比较：

19.5.1　评标委员会将根据评标原则和评标办法对3个标段分别评标，对被确定为从本质上响应招标文件的投标文件进行评价和比较。

19.5.2　评标办法：

评标原则：本次评标采用综合评估法。

第一步：投标文件的符合性鉴定。投标文件应实质上响应招标文件的所有条款、条件，无显著的差异或保留，按照招标文件要求，无漏项和不合理的多项。本步骤主要考察以下内容：

①应没有招标人无法接受的保留条件。

②应在投标文件中报出一个明确的价格。

③应按招标文件规定提交规定数额的投标保证金。

④ 投标文件涂改、增改处应有授权代表签字。

对某一投标人的鉴定中，若评委会认为某投标人有 1 项以上（包括 1 项）"不符合"，则该投标人不得进入下一步的评审。

第二步：综合评审。各评委在审阅投标人标书的基础上，根据评分标准进行分项打分。

第三步：询标。对各投标单位的投标文件中含义不明确的内容进一步询问，寻求澄清。

第四步：名次评定及授标。取同一标段投标人合计分的算术平均值得到该标段标底（小数点后保留 2 位有效数字）。每标段分别评标，按分数从高到低的顺序选定第一中标候选人、第二中标候选人和第三中标候选人，编写评标报告，提交招标人选定各标段中标人。

20. 投标文件的澄清

为了有助于投标文件的审查、评价和比较，评标机构可以个别要求投标人澄清其投标文件。有关澄清的要求与答复应以书面形式进行，但不允许更改投标报价或投标的实质性内容。

十、定标

21. 根据《中华人民共和国招标投标法》第 54 条的规定，依法必须进行招标的项目，招标人应当自收到评标报告之日起 3 日内公示中标候选人，公示期不得少于 3 日。应根据《中华人民共和国招标投标法》相关规定，确定中标人。

22. 根据《中华人民共和国招标投标法》第 51 条的规定，有下列情形之一的，评标委员会应当否决其投标：

22.1 投标文件未经投标单位盖章和单位负责人签字；

22.2 投标联合体没有提交共同投标协议；

22.3 投标人不符合国家或者招标文件规定的资格条件；

22.4 统一投标人提交两个以上不同的投标文件或者投标报价，但招标文件要求提交备选投标的除外；

22.5 投标报价低于成本或者高于招标文件设定的最高投标限价；

22.6 投标文件没有对招标文件的实质性要求和条件作出响应；

22.7 投标人有串通投标、弄虚作假、行贿等违法行为。

如投标被否决，招标人可根据相关法律、法规重新招标。

十一、授予合同

23. 中标通知书

23.1 确定出中标单位后，在投标有效期截止前，招标单位将以书面形式通知中标的投标人其投标被接受。在该通知书中，给出招标单位对中标单位按本合同实施、完成和维护工程的报价，以及工期、质量和有关合同签订的日期、地点。

23.2 中标通知书将成为合同的组成部分。

24. 合同协议书的签署

中标单位按中标通知书中规定的日期、时间和地点，由法定代表人或授权代表前往与业主签订合同。

25. 履约责任

25.1 如果中标单位不按本须知第 23 条和第 24 条的规定执行，招标单位将有充分的理由废除授标，并没收其投标保证金，同时招标单位有权另选一家投标人为中标单位。

25.2 施工前，施工图纸必须事先经设计单位和招标人批准后才能进行施工。

26. 不正当竞争和纪律监督

26.1 严禁投标人向参与招标、评标工作的有关人员行贿，使其泄露一切与招标、评标工作的有关信息。在招标、评标期间，不得邀请参与招标、评标工作人员的有关人员到投标人单位参观考察或出席投标人主办的或赞助的活动，不得进行暗箱操作。

26.2 投标人在投标过程中严禁互相串通、结盟，损害招标的公正性和竞争性，或以任何方式影响其他投标人参与正当投标。

26.3 如发现投标人有上述不正当竞争行为，将取消其投标资格或中标资格。没收投标保证金，并视其情节按《中华人民共和国招标投标法》相关规定进行处罚，构成犯罪的依法追究其刑事责任。

第二章 合同条款

1. 合同格式

合同格式采用标准合同文本，下列文件应作为本工程合同的组成部分。

1.1 招标文件及补充。

1.2 投标文件。

1.3 中标通知书。

2. 合同的签订

2.1 确定中标单位后，招标人签发《中标通知书》。

2.2 中标单位应按《中标通知书》的相关规定，与业主、总承包单位签订专业分包施工合同。

3. 合同的主要条款

3.1 承包范围：以招标文件规定的相关内容、指标、工程量清单和图纸为准。

3.2 工期、质量等级标准、合同价格，以及中标企业的中标工期、质量等级标准、价格和在中标通知书、投标文件中承诺的相关条件为准。

3.3 工程竣工验收：建设单位组织设计、施工、监理等有关单位进行竣工验收。

3.4 竣工验收资料及竣工图：按规定要求整理竣工资料和竣工图，竣工资料和竣工图的规格和内容完整提交一式三份。

3.5 保修阶段：根据国家有关规定及招标人合同确定。

第二卷 技术要求

第三章 技术条件及技术规范

本工程项目质量应达到《建筑工程施工质量验收统一标准》（GB 50300—2013）、《建筑装饰装修工程质量验收规范》（GB 50210—2001）的要求。严格执行国家、省、市现行的"建设工程施工及验收规范"、"建筑内部装修设计防火规范"、"装饰工程施工及验收规范"、"施工技术标准及程序"、"建设工程施工操作规程"、"建设工程质量管理条例"、"建筑施工安全检查标准"，有关建筑质量、消防防火、抗震、抗腐蚀、抗锈蚀、防雷、防水、安全施工、建筑材料准用制度等有关文件、规定、规范，以及施工图纸、技术交底等有关技术要求和建筑工程质量验收标准、建筑安装工程质量检验评定统一标准等现行规范标准。

第三卷 投标文件

第四章 投标书

一、商务部分

1. 投标资格文件（开标验原件）

1.1 工商局颁发的投标企业营业执照复印件。

1.2 法定代表人证或授权委托书原件及身份证复印件。

1.3 建筑装修装饰工程专业承包一级及以上资质；建筑装饰专项工程设计甲级资质。

1.4 企业概况：包括企业简介，近3年承建的同类工程业绩（包括规模、质量评定情况，是否为重点工程等内容），2006年以来获得省部级及以上表彰奖励（含双十佳工程）及各类认证情况，目前正执行合同情况以及其经济行为是否受过起诉等情况，格式见附表2。

附表2　近3年企业工程业绩一览表

序号	合同工期 （开竣工时间）	工程名称	业主名称	合同金额	承包范围	工程规模	工程获奖情况	业主评价

投标人：（签名、盖章）

授权代表（签名）：

日期：

后附本表中所列工程的合同复印件、获奖证书复印件、业主评价材料复印件以及有关部门验收报告的复印件。

1.5 近3年资产负债表、损益表、银行资信能力证明等。

1.6 拟派出的项目负责人和项目部现场技术人员组成及简介（附有关人员资质证书及职称证书复印件各1份），格式见附表3。

附表3　主要施工管理人员表

名　称	姓名	职务	职称	主要经历、经验及承担过的项目
①总部：				
项目主管				
其它人员				
②现场：				
项目经理				
项目副经理				
质量管理				
材料管理				
计划管理				
安全管理				

注：后附主要施工管理人员的职称证、身份证复印件、照片（2寸）。

1.7 拟用于完成本工程的设备和机具一览表，格式见附表4。

附表4　拟投入本工程的主要施工机械设备一览表

序号	机械或设备名称	型号、规格	数量	国别产地	制造年份	额定功率/kW	备注

1.8 其它

2. 主要唱标内容一览表（格式见附表5）

附表5 主要唱标内容一览表［报价单位：元（人民币）］

序号	项 目		标段一	标段二	标段三
1	质量等级				
2	质保期				
3	各标段工期				
4	各标段工程报价	小写			
		大写			
5	对本工程的主要承诺				
6	对招标文件的认同程度(完全认同或有偏差,如有偏差应列出其详细内容)				
7	优惠条件(不包含价格优惠)				
8	保修承诺				

投标人（署名、盖章）：

授权代表（签字）：

日期：

注：本表必须放在投标文件的第一页，以方便唱标。

3. 投标书

3.1 投标书（可按以下格式）。

投 标 书

招标人：

1. 经考察现场和研究上述工程合同的图纸、合同条款、规范、工程量清单和其它有关文件后，我方愿以人民币_____（元）的总价，按上述合同条件、技术规范、图纸、工程量清单，承包上述工程的施工、完工、修补缺陷和保修。

2. 一旦我方中标，我方保证在____年____月____日开工，____年____月____日竣工，即_____天（日历日）内竣工，并移交整个工程。

一旦我方中标，我方保证在收到监理工程师的开工通知后_____天（日历日）开工，并在开工通知所限定时段的最后一天算起的_____天（日历日）内完工并移交整个工程。

3. 我方同意所递交的投标文件在"投标须知"第12条规定的投标有效期内有效。在此期间内，我方的投标有可能中标，我方将受此约束。

4. 除非另外达成协议并生效，你方的中标通知书和本投标文件将构成约束双方的合同。

5. 我方理解：你方不必定授标给最低报价的投标或收到的某一投标。

6. 我方金额为人民币_____元的投标保证金与本投标书同时递交。

投标人：（签字盖章）

单位地址：

法定代表人（或授权代表）：（签字、盖章）

邮政编码：

电话：

传真：

开户银行名称：

银行账号：

开户行地址：

电话：

传真：

年　月　日

法人代表授权书

国家教育局：

　　本授权书声明：_____公司的_____（法人代表姓名、职务）代表本公司授权_____（被授权人的姓名、职务）为本单位的合法代理人，以本公司名义参加_____（授权项目名称）项目的谈判、签订合同以及合同的执行、完成和纠纷处理，处理一切与之有关的事务。

　　本授权书有效期自____年____月____日至____年____月____日。

　　特此声明。

　　法人代表签字：

　　职务：

　　代理人（被授权人）签字：

　　职务：

　　投标人名称（加盖公章）：

　　地址：

年　月　日

　　3.2　对招标文件及合同条款认同程度声明。

　　3.3　针对本工程提出的合理化建议。

　　3.4　综合说明（由投标人自制）。

　　3.4.1　施工质量标准、施工技术保证措施和保证工期措施。

　　3.4.2　要求建设单位提供的配合。

　　3.4.3　对招标文件内容有不同意见的说明。

　　3.4.4　其它（项目经理表格、管理人员表、施工机械表、劳动力计划表、临时用地表等，格式见附表6～附表8）。

附表6　项目经理简历表

姓名		性别		年龄	
职务		职称		学历	
参加工作时间			从事项目经理年限		
项目经理业绩					
招标人	项目名称	建设规模	开、竣工日期	工程质量及奖励情况	

注：后附项目经理资质证书、学历证书、职称证书、身份证复印件、照片（2寸）。

附表 7　劳动力计划表

工种、级别	按工程施工阶段投入劳动力情况						

注：投标人应按所列格式提交包括分包人在内的估计的劳动力计划表。本计划表是以每班 8 小时工作制为基础。

附表 8　临时用地表

用　途	面积/m²	位　置	需用时间
合计			

注：1. 投标人逐项填写本表，指出全部临时设施用地面积以及详细用途。

2. 临时设施布置：投标人应提交 1 份施工现场临时设施布置图表，并附文字说明，说明临时设施、加工车间、现场办公、设备及仓储、供电、供水、卫生、生活等设施的情况和布置。

二、技术部分

1. 施工组织设计

施工组织设计应能说明问题，能指导施工，并要求做到以下各项。

1.1　施工技术措施完整、有利。

1.2　施工顺序、总进度安排及总形象进度示意图、横道图、网络图准确、合理。

1.3　主要分部分项的施工工艺、方法切实可行。

1.4　主要劳动力安排合理。

1.5　主要材料、施工机具安排合理。

1.6　降低工程造价的措施切实可行。

1.7　冬、雨季，农忙季节的施工措施。

1.8　临时设施项目数量及平面布置合理。

1.9　协调处理地方民事问题的措施和方法切实可行。

2. 质量保证体系

建立整个工程的完善的质量保证体系，并按技术规范和技术标准及"建设工程质量管理条例"要求，结合本工程特点，制定出该工程的主要分部分项工程的质量保证措施和质量控制措施（包含保修阶段措施）。

3. 工期

工期计划完善详细，分段工期详细合理，农忙季节，冬、雨季施工措施保障有力，并有特殊条件下的工期保证措施。

4. 安全

安全施工执行国家行业标准《建筑施工安全检查标准》（JGJ 59—2001），并制定以下主要保证措施。

4.1　文明施工措施。

4.2　主体结构施工安全防护措施。

4.3 施工现场临时用电方案及安全措施。

4.4 防火安全措施。

4.5 机械设备安全管理措施。

第五章 工程量清单报价表

1. 工程量清单报价表

2. 投标总价

3. 工程项目招标控制价/投标报价汇总表

4. 单项工程招标控制价/投标报价汇总表

5. 单位工程招标控制价/投标报价汇总表

6. 分部分项工程量清单与计价表

7. 措施项目清单与计价表（一）

8. 其它项目清单与计价汇总表

9. 工程量清单综合单价分析表

10. 措施项目清单与计价表（二）

第8节 某装饰工程投标书案例

案例1 ××市××社区活动中心装饰工程投标书案例（技术标书）

××市××社区活动中心装饰工程

投 标 文 件

（招标编号： ）

工程地址：××市××局××办公室

投标人：××市××装饰工程有限公司（公章）

法定代表人： （签章） 电话：

授权代表： （签章） 电话：

××××年××月××日

投标函件目录

一、营业执照（复印件加盖投标人法人公章）

二、税务登记证（复印件加盖投标人法人公章）

三、资质证书（复印件加盖投标人法人公章）

四、项目经理证书（复印件加盖投标人法人公章）

五、法定代表人身份证明（工商行政管理部门印制标准《法定代表人身份证明》）

六、法人授权委托证明（工商行政管理部门印制标准《法人授权委托证明书》）

七、授权代表身份证明（身份证复印件加盖投标人法人公章）

八、投标承诺书

九、中标承诺书

十、中标服务费承诺书

十一、退还投标保证金声明

授权委托书

　　本授权委托书声明：我×××（姓名）系××市××装饰工程有限公司（投标方名称）的法定代表人，现授权委托×××（姓名、身份证号）为我公司法定代表人的授权委托代理人，代理人全权代表我签署＿＿＿＿＿＿＿＿工程的投标文件，负责参加该工程的开标、询标、商签合同以及处理与此有关的其它事务，我单位均予承认。

　　代理人无转委权，特此委托。

　　委托代理人：＿＿＿＿＿　　性别：＿＿＿＿＿　　年龄：＿＿＿＿＿

　　代理单位：（盖章）＿＿＿＿＿　　部门：＿＿＿＿＿　　职务：＿＿＿＿＿

　　报价单位（盖法人单位公章）：＿＿＿＿＿＿＿＿＿＿

　　法定代表人（签字或盖章）：＿＿＿＿＿＿＿＿＿＿

日期：××××年××月××日

投标承诺书

工程名称：××市××社区活动中心装饰工程

　　我单位已详细阅读上述工程之招标文件，现自愿就参加上述工程投标有关事项向招标人郑重承诺如下：

　　1. 遵守中华人民共和国××省××市有关招标投标的法律法规规定，自觉维护建筑市场正常秩序。若有违反，同意被废除投标资格并接受处罚。

　　2. 遵守××市招投标中心各项管理制度，自觉维护招投标中心工作秩序。若有违反，同意被废除投标资格并接受处罚。

　　3. 服从招标有关议程事项安排，服从招标有关会议现场纪律。若有违反，同意被废除投标资格并接受处罚。

　　4. 接受招标文件全部条款及内容，未经招标人允许，不对招标文件条款及内容提出异议。若有违反，同意被废除投标资格并接受处罚。

　　5. 保证投标文件内容无任何虚假。若评标过程中查有虚假，同意作无效投标文件处理并被没收投标保证金，若中标之后查有虚假，同意被废除授标并被没收投标保证金。

　　6. 保证投标文件不存在低于成本的恶意报价行为。

　　7. 保证无论中标与否，均不向招标人查询追问原因。

　　8. 保证按照招标文件及中标通知书规定商签施工合同及提交履约保证金。如有违反，同意接受招标人违约处罚并被没收投标保证金。

　　9. 保证中标之后不转包及使用挂靠施工队伍，若有分包将征得建设单位同意。

　　10. 保证中标之后按照投标文件承诺派驻管理人员及投入机械设备，如有违反，同意接受建设单位违约处罚并被没收履约保证金。

　　11. 保证中标之后密切配合建设单位及监理单位开展工作，服从建设单位驻现场代表及现场监理人员的管理。

12. 保证按照招标文件及施工合同约定原则处理造价调整事宜，不会发生签署施工合同之后恶意提高造价的行为，在投标期间或履约合同期间，因纠纷被法院等执行的其一切后果自负。

投标人名称：××市××装饰工程有限公司（投标人盖章）

投标人授权代表签字：

承诺日期：××××年××月××日

中标承诺书

项目名称：工程名称：<u>××市××社区活动中心装饰工程</u>

承诺单位自愿就上述工程中标之后有关事项向贵单位郑重承诺如下：

1. 严格遵守中华人民共和国、××省、××市现行建设工程法律法规及文件的规定，严格执行基本建设程序及有关施工技术规范、规程、强制性条文，精心组织、按图施工。

2. 自觉维护建筑市场良好秩序，保证不会发生因投标报价或议价过低而导致项目无法进行或签署施工合同之后恶意提高造价等扰乱建筑市场的行为。

3. 保证按照投标文件承诺派驻管理人员及投入机械设备。

4. 保证项目经理等主要管理人员和技术工人全部为承诺人人员，按照规定配备各种特种作业人员，相关人员资格及人数符合要求。

5. 保证及时按照质量监督部门及安全监督部门要求对质量隐患、安全隐患进行整改。

6. 保证进场原材料、半成品、构配件、设备、安全网及其它安全防护用品质量符合要求，按照规定取样送质量监督部门检测。

7. 施工现场采取维护安全、防范危险、预防火灾措施；实行封闭式管理；使用钢管搭设外脚手架，使用非石棉制品搭设工棚；主要入口、主要道路、材料堆放场、材料加工厂、办公室、宿舍、伙房、厕所、仓库全部硬地化；施工现场用电安全规范，"三保四口五临边"安全防护到位。

8. 保证对毗邻建筑物、构筑物、特种作业环境采取安全防范措施。

9. 保证对各种粉尘、废气、废水、固体废物、噪声、振动等环境污染及危害采取控制及处理措施。

10. 保证按时向建设工程安全评标委员会申报五个阶段安全评价，各阶段评价为（合格/优良）<u>合格</u>。安全生产文明施工目标：（合格/优良/××市安全文明工地/××省安全文明工地）合格工地。

11. 保证工程质量达到合格工程。

12. 保证按时支付建筑工人工资，循法律途径解决工程款纠纷，杜绝建筑工人聚集或集体上访事件。

13. 保证遵守国家计划生育政策，施工现场范围之内不容留违反计划生育政策人员。

14. 如有违反上述承诺中任何一条，同意接受建设行政主管部门停工、量化及年度考核扣分、通报、罚款、暂停承接任务等处罚。

承诺人（法人公章）：××市××装饰工程有限公司

承诺人法定代表人（签名）：

××××年××月××日

中标服务费承诺书

致：中国××招标公司

我们在贵司代理的　××市××社区活动中心装饰工程　项目招标中若获中标（招标编号：＿＿），我们保证在收到中标通知书原件的同时按招标文件的规定，以支票、汇票、电汇、现金或经贵公司认可的一种方式，向贵公司即中国××招标公司指定的银行账号，一次性支付中标服务费［按国家计委文件"计价格［2002］1980号文"和国家发展改革委办公厅颁布的《国家发展改革委办公厅关于招标代理服务收费有关问题》的通知（发改办价格［2003］857号）的规定执行，详见招标文件下述附件］。

特此承诺。

投标人法定名称（法人公章）：××市××装饰工程有限公司

投标人法定地址：××市××区××大厦××室

投标人授权代表（签字或盖章）：

电　　话：

传　　真：

承诺日期：××××年××月××日

退还投标保证金声明

中国××招标公司：

我方为　××市××社区活动中心装饰工程　项目（招标编号：＿＿）投标所提交的投标保证金××（大写）（￥××元），已按招标文件要求于××××年××月××日前以＿＿＿＿＿（付款形式）方式汇入指定账户。请贵司退还时汇入下列账号：＿＿＿＿＿。

收款名称：××市××装饰工程有限公司

开户银行：＿＿＿＿＿＿＿＿＿

账　　号：＿＿＿＿＿＿＿＿

联 系 人：＿＿＿＿＿＿＿＿

联系电话：＿＿＿＿＿＿

单位名称：（投标人法人公章）

法定代表人或授权代表（签字）：＿＿＿＿

日　　期：××××年××月××日

××市××社区活动中心装饰工程

招标编号：

技术标书

工程地址：××市××社区活动中心

投标人：××市××装饰工程有限公司（公章）

法定代表人：＿＿＿＿（签章）　电话：＿＿＿＿

授权代表：＿＿＿＿（签章）　电话：＿＿＿＿

××××年××月××日

施工组织设计标书目录

1. 编制依据
2. 工程概况
3. 施工部署
4. 生产安排
5. 主要工序施工方案和施工方法
6. 安全保证措施
7. 工期保证措施

一、编制依据

于××××年××月××日我××公司接到中国××招标公司通知，领取××市××社区活动中心装饰工程招标文件、施工图纸各一份，采购编号：××××。

二、工程概况

××市××社区活动中心装饰工程，属于原旧楼改造，框架结构为二层，主要施工范围为一、二层及楼梯间室内装修，装修面积约 880m²。

招标工程项目范围包括：

1. 二层通道、活动室、休息室、卫生间及二层通道、活动室地面砖铺贴工程。

2. 二层通道、活动室、休息室、卫生间及二层通道，活动室原有天花、地面、墙面（铲）拆除工程。

3. 二层通道、活动室、休息室、卫生间及二层通道、活动室天花吊顶工程。

4. 二层通道、活动室、休息室、卫生间及二层通道、活动室墙面乳胶漆刷喷涂料工程。

5. 一层活动室、休息室、卫生间及二层办公室窗体开洞，铝合金门窗安装以及木质胶合板装饰门安装工程。

6. 楼梯间扶手、天花、墙面、地面清（铲）除工程。

7. 楼梯间天花吊顶、墙面乳胶漆、楼梯面层铺贴及不锈钢扶手安装工程。

8. 卫生间给排水系统及卫生间洁具安装。

9. 强配电系统及照明灯具安装工程。

三、施工部署

（一）项目管理形式

在项目施工中，我公司将按项目法施工管理模式。根据我公司项目施工管理标准，结合本项目的施工特点，由×××同志担任项目经理，项目部各级管理人员由项目经理在全公司范围内择优录用，实行动态管理。项目管理层设"三部一室一站"，即项目工程部、经营部、供应部、办公室、质检站。参看项目组织机构图、项目部主要管理人员名单、项目组织形式采用矩阵式。

（二）项目管理目标

1. 质量目标

本工程按照招标文件要求，工程质量经市建筑工程质量监督站核定。

2. 安全管理目标

杜绝死亡和重伤事故，控制千人负伤率小于 0.3。安全教育率 100%。

3. 文明施工

做到场地干净，分类标识明确，材料、构件堆放整齐，脚手架、安全网搭设规范，道路畅通，确保行人安全无障碍，无污水横流，无超标噪声，现场井然有序。

4. 工期目标

日历工期为_____天。

（三）指挥部

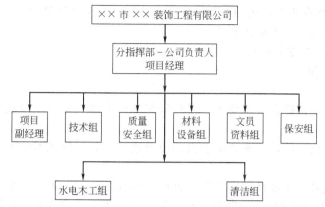

四、生产安排

（一）施工初级步骤

1. 若中标接通知进场，水电组四人进场，接通水电（安全用电为施工做好准备工作）。

2. 项目经理一名，项目助理二名，泥水组组长三人，分规划堆放场地，检查原楼质量状况，注重查找隐蔽工程情况，做出备忘录，二天完成。

3. 泥水杂工，三十五人进场，清（铲）拆楼层原有天花、墙面、地面及楼梯扶手及开窗洞，八天内完成。

（二）施工全投入

1. 第三天，水泥、轻质砖、沙进场（保证施工不缺货）。

2. 第四天，泥水工三十人进场，一楼十五人、二楼十五人展开工作。

3. 第九天，泥水工四十人进场，展开一层、二层砌墙工作。

4. 工程展开期间，配备电工二名，水工一名，保安二名、清洁工五名、卫生员一名跟随。

（三）装饰审查工作

1. 图纸会审：深化图纸设计，召集甲方有关人员会审，提出我方各项设计、施工情况，发会议纪要，甲方认可后作为工程施工中的主要依据。

2. 施工组织设计的编制和审批。

3. 技术交底：对装修技术人员布置施工方案与技术交底。

4. 现场勘察，检查工程质量是否合格，并做好记录，有问题马上汇报，以便紧急磋商对策。

5. 与甲方确认装修场地，以便甲方提早做准备，以及在适当位置设临时办公室和材料仓库。

6. 与甲方落实施工与现场水电的供应及接驳点、运输通道等施工条件。

7. 划定施工现场：施工人员在划分的现场，要有严格的组织纪律性，不能随意走动。严禁非施工人员及儿童进入，确保安全。

8. 机械工具的供应。

（四）装修注意事项

1. 各管理技术骨干对图纸和施工方案应有充分了解，熟悉各环节的设计要求及工艺要求，严格按图纸、标书要求规范施工。

2. 各单位，各工种之间的协调，及时排解矛盾，调整各工序操作的交叉与衔接，并注意随时与甲方保持协调，避免影响工程质量。

3. 服从甲方管理的各项要求，现场装修人员不准在施工现场随意走动，不能大声喧哗，不准衣冠不整，严禁在施工现场抽烟，施工噪声比较大时应遵守政府规定的作业时间。

4. 做好施工日记，以便检查核对。

五、主要工序施工方案和施工方法

（一）轻质砖工程

施工要点：

① 先检查基层是否符合质量要求，然后清扫基层表面，将浮土及垃圾清除干净，并浇水湿润。

② 砌筑前，先根据墙体位置弹出墙身轴线及边线，开始砌筑时先要进行摆砖，排出灰缝宽度。

③ 砌墙前，先要立皮数杆，皮数杆上划有砌体的高度、门窗、过梁、圈梁等构件位置。皮数杆立于墙角及某些交接处，其间距以不超过 15m 为宜。立皮数杆时要用水准仪进行抄平，使皮数杆上的楼地面标高线位于设计标高位置上。

④ 施工中所需门窗框、插筋、预埋件等必须事先做好安排，配合砌筑进度及时送到现场。

⑤ 砌墙时，必须先拉准线。

⑥ 墙体与上层结构的接触处，宜用实心黏土砖斜砖挤紧，所有填充墙顶部一律要求斜砌并与顶部梁或板顶紧，墙长大于 6m 每隔 3m 设构造柱一根。

⑦ 钢筋混凝土柱、与墙体连接处均需每隔 500mm 高度由柱内伸出 $2\Phi6$ 钢筋与砖墙相连接，钢筋入墙长度为 500mm，并不应小于墙长的 1/5，钢筋锚入混凝土柱内长度为 200mm。

⑧ 墙内的门洞、窗洞或设备留孔，其洞顶均需设钢筋过梁，要求按设计及有关规范进行施工。过梁支座长度大于等于 250mm。

⑨ 墙预留门、窗洞口尺寸必须确保窗框与周边梁、墙的间隙不小于 20mm，以保证后续塞缝施工质量。

⑩ 凡安装木门时，均要预埋 $53\times60\times120$ 木砖于墙内，用长铁钉与门框锚固，沿墙高每 500mm 放一块。

⑪ 凡安装铝合金门窗时，均要用射钉枪将门、窗框连接件钉在墙体内锚固。

⑫ 砌墙砂浆用 M5 混合砂浆砌筑。

（二）室内面砖墙面工程

1. 采用普通硅酸盐水泥，白水泥（擦缝用）矿物颜料与釉面砖色调需相同，与白水泥拌和擦缝用，釉面砖品种、规格、颜色与设计规定应相符，并应有产品合格证。釉面砖的吸水率不得大于 10%，砖表面平整，厚度一致，不得有缺棱、掉角和断裂等缺陷。

2. 面砖一般按 1mm 差距分类造出若干规格，选好后根据墙体面，分批分类计划用料，选砖要求方正、平整、棱角完好，同一规格的面要求颜色均匀。

3. 根据设计要求，按墙面积大小和面砖加缝隙以实际尺寸，先放好大样，从上到下划出面砖的皮数杆来，一般要求面砖的水平缝与窗脸或窗台在同一直线上。

4. 按设计要求，统一弹线分格、排砖，一般要求阳角都是整砖。

5. 在镶贴面砖时，应先贴若干块面砖作为标志块、下用托线板吊直，作为黏结厚度依据，横向每隔 1.5m 左右做一个标志块，用拉线或靠尺校正平整度。靠阳角的侧面做双面挂直。

6. 预先将面砖泡水浸透晾干（一般宜隔天泡水晾干备用）。贴面砖前，先用铁皮在背面刷素水泥灰浆一遍，接着在砖背面刮满灰铺贴，贴面砖的灰浆用1：2水泥砂浆，灰浆厚度以 10～15mm 为宜。面砖铺贴顺序为自下而上，自墙柱角开始。

7. 镶贴必须牢固，无空鼓、歪斜、缺棱、掉角和裂缝等缺陷。表面平整、洁净，色泽一致，无起碱，污痕和显著的光泽受损处。接缝填嵌密实，平整，宽窄一致，阴阳角处的板压向正确，非整砖使用部位适宜用整砖套割，且要吻合，边缘整齐。

（三）内墙乳胶漆工程

施工注意事项：

① 涂料调制时应注意，一般平光面涂装时要求涂料的流平性好，黏度低些。

② 施工时，为了保持长时间均匀布料，应注意不要过分压滚，不要让辊中的涂料全部挤出后才蘸料，应使辊内总保持一定数量的涂料。

③ 滚涂至接茬部位或达到一定段落时，应使用不粘涂料的空辊子滚压一遍，以保持滚涂饰面的均匀和完整，并避免在接茬部位显露明显的痕迹。

④ 滚涂前相邻部位必须贴好分色纸，方可进行施涂，避免交叉污染，滚涂的涂膜应厚薄均匀，平整光滑，不掉粉、起皮、不漏刷、透底，不反碱、咬色，不流坠、不出疙瘩，颜色一致，无砂眼，无刷纹，墙柱面内墙乳胶漆施涂和验收依照《建筑装饰装修工程质量验收规范》（GB 50210—2001）的有关规定执行。

（四）地面装饰工程

1. 地面抛光砖及花岗岩铺贴

在墙面＋50cm 处弹好水平基准线，清理基层基体的落地砂浆、油垢和垃圾，并冲洗干净，弹控制线，根据墙面水平基准线，在四周墙面上弹出楼地面层标高线和水泥砂浆结合层线，结合厚度为 2.5 可以进行试排、试拼，在地面纵、横两个方向敷两条宽度不大于抛光砖或耐磨砖板块的干砂带，砂厚 2.5cm；根据施工图拉线校正方正度，排列好，校对板块与墙边、柱边、门洞口及其它较复杂部位的相对位置，检查接缝宽度。

砂浆应采用干硬性砂浆，水泥：砂子＝1：2（体积比）相应的砂浆标号 M15，砂浆稠度为 2.5～3.5cm，结合层是洒水湿润基层后刷水灰比为 0.5 的水泥素浆一遍，随刷随铺干硬性砂浆做结合层，从里往外摊铺，用刮尺压实赶平，再用木抹子搓揉找平，铺完一段结合层随即安装一段面板，以防砂浆结硬，镶贴面板应从中间向边缘展开退至门口，但有镶边和大厅独立柱之间的面板应先铺，采用通长面板带标筋地面，按标准拉线嵌贴，板块应预先浸湿晾干，拉通线将板块跟线平稳铺下，用木锤（或橡皮锤）垫木轻击，使砂浆振实，缝隙平整，满足要求后，揭开板块再浇上一层水灰比为 0.45 的水泥素浆（色浆）正式铺贴，轻轻锤击找平找直，灌缝、擦缝应在板块铺完养护两昼夜后在缝隙内灌水泥浆。

2. 卫生间防滑砖铺贴

施工时一定要注意基层的清理要干净，用水洗刷，并弹好地面水平标高线，在墙四周做灰饼，每隔 1.5m 冲好标筋，标筋表面应比地面水平标高线低一块陶瓷砖的厚度，结合砂浆采用水泥：砂＝1：3 的干硬性水泥砂浆，干硬性水泥砂浆，其干硬度以手捏成团落地即散为准，机械拌和，其搅拌时间应不少于 1.5min。铺砂浆前先将基层浇水湿润，均匀刷水灰比为 0.5 的水泥素浆一遍，随即摊铺砂浆，用刮尺压实刮平，木抹子拍搓抹平，铺贴时先按设计图找好规矩，后用素水泥撒放在要铺设的范围内，洒水润湿，同时用排笔蘸水，将砖背刷湿，然后用方尺作方，拉控制线顺序，用开刀将缝隙拨直、拨匀，拨好后用排笔蘸浓水泥浆灌缝，可用1：1水泥砂子把缝隙填满，适当洒水擦平，检查缝格平直，接缝高低差，以及砖面缝隙宽度和表面平整度，地面砖铺，24h 后应撒锯末，养护 4～5d 方准上人。质量要求表面平整允许不大于 2mm，阳角平正允许不大于 2mm，接缝需平整。

（五）室内门工程

1. 半空心夹板门施工

（1）半空心夹板门的施工　施工前必须按照门口宽、高定位线为基准，按照安装形式、方法和安装构造缝隙来制作门扇，半空心木门采用中层 18mm 夹板板条（间距净空 150），两侧用 9mm 夹板夹拼而成，面层选用 3mm 的木饰面板粘贴。

施工时先按照预选计算好的尺寸进行板材的裁割，然后用白乳胶及射钉枪拼装门骨架，先用刷子将胶均匀涂在 18mm 板子面，依次将板子排列在 9mm 板面，涂胶后用另一块 9mm 门板压上，然后用射钉枪每隔 300mm 打钉固定，这样做可让板材变形一致，制作完的骨架用重物均匀压放 7 天定型，定型后再在门正背面进行木饰面粘贴，四周用实心榉木线进行包边，包边时按要求上下包边线必须留有 $\phi10$ 的透气孔，并扫清漆两层。

完成制作后平压放置 3 天即可进行安装，施工顺序为：弹控制线→立门校正→门框固定→安装五金零件→清理→油漆。

（2）安装应符合如下要求　门扇启闭灵活，无阻滞、固弹和倒翘缺陷，高宽外形尺寸允许偏差在 ±2mm，两对角线长度误差应小于 4mm，相邻两门芯位置偏移量误差不大于 3mm，门板表面弯曲值不大于 3mm。

2. 木工油漆

① 油漆工应先清除木表面的胶水、污点和杂质，在清理过程中注意不将线角损坏，保持原有的棱角和外形。

② 表面清理好后，首先按设计要求，将颜色调好，如实木和胶合板的色差较大，必须将实木和胶合板的颜色调配一致，在调配颜色时一定要保证木纹的清晰度。

③ 在刷漆到 2～3 遍时，开始补钉眼，注意保持腻子的平整度，保证腻子的颜色与板接近。

④ 在刷漆的过程中，正反两面的遍数必须保持一致，以免变形。

⑤ 油漆的厚度必须按照设计施工要求，必须符合国家施工规范。

（六）给排水及卫生洁具安装工程

1. 管线安装

① 衬塑镀锌钢管道丝扣连接时要注意管螺纹应清洁不乱丝，外露 2～3 扣螺纹，法兰对接平行、紧密，垫片不准使用双层，法兰应与管道中心线垂直，螺母应在同一侧，螺杆露出螺母的长度不应大于螺栓直径的 1/2。

② 有坡度要求的管道，安装前必须按坡度要求拉线，装设托架，然后上管固定。穿墙或楼板，必须装设套管，套管内径比管道外径大 20～30mm，其间隙可用超细玻璃纤维或其它材料填充。

③ 管道所用的支、吊架，参照全国通用给水，排水标准图集 S161《管道支架及吊架》及设计要求进行制作与安装，安装时必须先拉线。

④ 管道安装后，应全面复核管线的流程、标高、水平度、垂直度、坡度是否符合设计要求，支、吊架是否牢固，焊缝等是否符合设计及规范的要求。

⑤ 消火栓口安装时应朝外，阀门中心离地面为 1.1m。阀门距箱侧面为 140mm，距箱后面为 100mm，水龙带与水枪的快速接头绑好后，将水龙带挂在箱内的挂钉上。

⑥ 管道试压：强度试验压力为设计压力的 1.25 倍，严密性试验压力采用设计压力。液压强度试验时，升压应缓慢，达到试验压力后，停压 10min，以无泄漏，目测无变为合格。然后降压至设计压力进行严密性试验，稳压 30min，无泄漏为合格。

⑦ 室外钢筋混凝土管安装，应根据图纸的平面布置和实际施工现场，进行放线、开挖、测量、夯实、垫层，再安装管道，要保证管道的坡度符合图纸要求。

⑧ 室外埋地管采用普压承插式给水球墨铸铁管，橡胶圈接口，安装时必须用力均匀，保证胶圈完整无损承插到位，发现胶圈拉反及时处理。

⑨ 排水铸铁管采用卡箍式，施工时应做到管口对接平直牢固。

⑩ PVC 管采用粘接工艺，要注意保持接口干燥、清洁，涂胶黏剂要均匀，不要有漏涂等缺陷，安装中断或完毕的敞口处，应临时封闭。

⑪ 管道安装后要进行灌水试漏，经甲方验收合格后才能回填或隐蔽。

⑫ 系统调试前必须清洗管道，不启泵及启泵分开清洗 3～4 次，直到水质合格。

2. 洁具安装

（1）材料要求

① 卫生洁具的规格、型号必须符合设计要求，并有出厂合格证，卫生洁具外观应规矩、造型周正、表面光滑、美观，边缘平滑，色调一致。

② 卫生洁具零件规格应标准，质量应可靠，外表光滑，电镀均匀，螺纹清晰，锁母松紧适度，无砂眼、裂纹等缺陷。

③ 其它管件、阀门、油灰、螺丝、石棉绳等均应符合材料标准要求。

（2）大便器安装

① 配件安装。

a. 带溢水管的排水口安装与塞风安装相同，溢水管应低于水箱固定螺孔 10～20mm。

b. 浮球阀安装与高水箱相同，吸补水管者把补水管上好、煨弯后至溢水管口。

c. 安装扳手时，先将圆盘塞入背水箱左上角方孔内，把圆盘上方螺母用管钳拧至松紧适度，把挑杆打紧，将扳手插入圆盘孔内，套上挑杆拧紧顶丝。

d. 安装翻板式排水时，将挑杆与翻板用尼龙线连接好，扳动扳手使挑杆上翻板活动自如。

② 大便器稳装。

a. 将坐便器预留排水管口周围清理干净，取下临时管堵，检查管内有无异物。

b. 将坐便器出水口对准预留排水口放平找正，在两侧固定螺栓眼处画好印记后，移开坐便器，将印记做好十字线。

c. 在十字线处剔 20mm×60mm 的孔洞，把 φ10mm 螺栓插入孔洞内用水泥栽牢，将坐便器试稳，使固定螺栓与坐便器吻合，移开坐便器，将坐便器排水口及排水管口周围抹上油灰后将坐便器对准螺丝栓放平、找正，与坐便器中心对正，螺栓上套好胶皮垫，带上眼圈，螺母拧至松紧适度，坐便器无进水锁母的可采用胶皮碗的连接方法，上水八字水门的连接方法与高水箱相同。

（3）洗脸盆安装

① 洗脸盆零件安装。

a. 安装洗脸盆下水口：先将下水口根母、眼圈、胶垫卸下，将上垫垫好油灰后插入洗脸盆排水口孔内，下水口中的溢水口要对准洗脸盆排水口中的溢水口眼。外面加上垫好油灰的胶垫，套上眼圈，带上根母，再用自制扳手卡住排水口十字盘，用平口扳手上根母至松紧适度。

b. 安装洗脸盆水嘴：先将水嘴根母、锁母卸下，在水嘴根部垫好油灰，插入洗脸盆给水孔眼，下面再上胶垫、眼圈，戴上根母后左手按住水嘴，右手用自制八字扳手将锁母紧至松紧适度。

② 洗脸盆稳装。

洗脸盆支架安装：应按照排水管口中心在墙上画出竖线，由地面向上量出规定的高度，画出水平线，根据盆宽在水平线上画出支架位置的十字线，按印记剔成 φ30×120mm 孔洞。

将洗脸盆支架找平、找正，将 $\phi4mm$ 螺栓上端插到洗脸盆下面固定孔内，下端插入支架孔内，带上螺母拧至松紧适度。

（4）浴盆安装　浴盆稳装前应将浴盆内表面擦拭干净，同时检查瓷面是否完好。带腿的浴盆先将腿部的螺丝卸下，将拨梢母插入浴盆底卧槽内，把腿扣在浴盆上戴好螺母拧紧找平，浴盆如砌砖腿时，应配合土建施工把砖腿按标高砌好，将浴盆稳放于砖台上，找平、找正，浴盆与砖腿缝隙外用 1：3 水泥浆填充抹平。

浴盆混合水嘴安装：将冷、热水管口找平、找正，把混合水嘴转向对丝抹铅油，缠麻丝，带好护口盘，用自制扳手插入转向对丝内，分别拧入冷、热水预留管口，校好尺寸，找平、找正。使护口盘紧贴墙面。然后将混合水嘴对正转向对丝，加垫后拧紧锁母找平、找正。用扳手拧至松紧适度。

（七）电气安装工艺

1．材料要求：所有进场材料应有产品合格证，符合设计和规范要求。

2．弹线定位：根据施工规范、设计要求及建筑标线，确定用电设备及标高。

3．线管预埋：管径应符合设计要求，连接及进箱盒用明装时，丝接，暗接时可用套管连接，金属管必须作跨地接地线，TC 管严禁熔焊连接、固定，弯曲半径及弯扁度应符合规范要求，管内清扫干净，管中打磨光滑，与其它管线保持安全距离。

4．管内穿线：导线规格、根数符合设计要求，中间严禁有断头，穿线前检查管路是否畅通，清扫干净管内的杂物，检查管口的护口是否齐整，穿线连接处用专用线帽或刷锡，穿线完毕后，做绝缘摇测，符合国家规范后方通电试运行。

5．照明电器具安装：灯具的规格、型号、高度、位置应符合设计要求和施工规范，超过 3kg 的灯具必须预埋吊钩或螺栓，灯箱内的导线和光源分隔开，低于 2.4m 以下灯具，金属外壳部分应接地保护。开关和插座的安装位置应正确，同一场所的开关位置应一致，且开关应切断相线，箱盒收口平整，配电箱的接地保护措施和其它安全要求，必须符合施工规范规定，且安装牢固可靠。

六、安全保证措施

1．安全保证体系

① 建立以项目经理为安全第一责任人的安全生产保证体系。

② 建立以项目总工（项目技术负责人）为安全技术责任人的安全技术保证体系。

③ 建立以项目安全系统为主体的安全监督检查保证体系。

④ 建立以工会为主体的项目安全生产职工监督保证体系。

2．安全责任

① 根据公司本年度安全工作要点，制定项目安全目标、措施和计划，有步骤地改善作业人员的作业环境和条件。

② 施工现场要根据季节和施工变化，组织安全生产全面检查或专项检查、巡检，对存在的问题、事故隐患要及时整改。

③ 现场按工程大小配备持有效证件的专（兼）职安全员，各级领导要支持他们的工作，按规定独立行使职权。

④ 施工现场要严把教育关，未经安全教育、培训或教育、培训不合格者以及特种作业人员未持有效证件不得上岗操作。

⑤ 现场要保障安全技术措施费用的落实实施。

3．安全管理制度

① 实行总分包的建设工程，总包单位对施工现场的施工安全全面负责，分包单位对分包工程的施工安全负责，并接受总包单位的统一管理。

② 施工现场要根据不同施工阶段的施工防护要求，采取相应的施工安全防护措施。

③ 现场要建立专业检查、职工自检、定期检查和日巡安全检查制度。

④ 施工现场安全设施、架设机具、机械设备进场前应进行安全检查，检查合格后方准进入现场；现场要执行维修、保养制度，并建立台账。

⑤ 施工现场实行领导安全值班制度，值班人员对当天安全生产负全面责任。

⑥ 建立施工现场安全教育、培训制度，并严格执行。

⑦ 施工现场发生伤亡事故，按公司规定及时报告和处理。

4. 安全技术措施

① 季节性施工安全技术措施：应针对不同季节的气候对施工生产带来的不安全因素，可能造成突发性的事故，从防护上、技术上、管理上采取的措施。

a. 夏季施工安全技术措施：主要做好防高处坠落、防触电、防暑降温等工作。

b. 雨季施工安全技术措施：主要做好防触电、防雷、防坍塌和台风等工作。

② 施工临边作业的安全防护：设置防护栏杆。对于基坑周边、无外脚手架的屋面与楼层周边、未安装栏杆或栏板的阳台、料台与挑平台周边、雨篷与挑檐边、水箱与水塔周边、分层施工的楼梯口和楼段边、井架与施工用电梯和脚手架等与建筑物通道的两侧边，都必须设置防护栏杆。对于主体工程上升阶段的顶层楼梯口应随工程结构进度安装正式防护栏杆。

③ 施工现场临时用电

a. 临时用电应由专人负责架设、维修、管理，电工必须持有效特种作业操作证上岗，必须按工程设计正确架设。

b. 施工现场临时用电实行动力与照明用电分开架设。

c. 架空线路与在建工程（含脚手架）外侧边缘应不少于4m。架空线路的档距不得大于35m；线间距离不得小于0.3m，横担间最小垂直距离直线杆0.6m，宜采用铁横担，铁横担应不小于∠50×5的角铁，横担长度为1.5m（三相）。架空线路必须使用绝缘子，架设高度施工现场应大于4m，机动车道大于6m。

d. 架空线路宜采用混凝土杆或木杆。混凝土杆不得有露筋、环向裂纹和扭曲；木杆不得腐朽，其梢径应不小于0.13m。严禁架设在树木、脚手架上。电杆埋设深度宜为杆长1/10加0.6m，但在松软土质处应加大埋设深度。

e. 架空线必须采用绝缘铜线或绝缘铝线。为了满足机械强度要求，绝缘铝线截面不小于16mm²，绝缘铜线截面不小于10mm²；工作零线和保护零线与相线截面相同。

f. 配电箱、开关箱应采用铁板或优质绝缘材料制作，铁板的厚度应大于1.5mm。必要时，要做防雨、防尘、防盗处理。

g. 施工现场实行三级配电（总箱、分箱、开关箱）、两级漏电保护（总箱、分箱或开关箱）。且前一级（总箱）额定漏电动作及电流额定动作时间是后一级（分箱或开关箱）漏电动作电流及动作的可靠后备保护，使之具有分线分段保护的能力。

h. 设备配电箱与照明配电箱宜分别设置，如合置在同一配电箱内，设备和照明线应分别设置。

配电箱、开关箱周围应有足够两人同时工作的空间和通道，不得堆放任何妨碍操作、维修的物品；不得有灌木、杂草。配电箱、开关箱应装设端正、牢固。移动式配电箱、开关箱应装设在牢固的支架上。固定式配电箱、开关箱的下部与地面的垂直距离大于1.3m，小于1.5m；移动式分配电箱、开关箱的底与地面的垂直距离宜大于0.6m，小于1.5m。

i. 配电箱、开关箱内电器必须可靠完好，不准使用破损、不合格的电器及"三无"产品。

j. 施工现场用电设备，除作保护接零外，必须在设备负荷线的首端设置漏电保护装置。

保护零线除必须在配电室或总配电箱处作重复接地外，还必须在配电线路的中间处和末端处做重复接地。保护零线每一重复接地装置的接地电阻应小于 10Ω。严禁保护零线与工作零线混用。

七、工期保证措施

1. 制订完善的施工进度计划

① 根据业主的使用要求及工序施工周期，科学合理地组织施工，使各分部分项工程紧凑搭接，从而缩短工程的施工期。

② 严格按照制定好的进度计划表，全方位展开施工。在施工过程如发现进度与形象进度有出入时，找出原因，采用施工进度计划与月、周计划相结合的各级网络计划进行调整，确保每道工序、每个分项工程都在计划工期之内。整个工程要加强计划工期控制，每周制订工程周进度计划，每月制订工程月进度计划，并严格执行进度计划。

③ 建立施工班组每周生产例会制度，总结每周施工进度，找出拖延进度计划的原因，并采取相应措施。

2. 材料组织

按图纸要求及签证的材料样板，进行大批量的材料采购。所有主材料都必须是合格或优等品，把好进货质量关，确保施工材料质量达到设计要求。

3. 交叉施工

在施工过程当中存在多种交叉施工问题，由项目负责人统一协调各分项工程，在互不影响的情况下进行交叉作业。

案例 2　某高级住宅楼装饰工程投标策略

某高级住宅楼装饰工程，共 25 层，建筑面积约 $50000m^2$，工程投资巨大，业主采用邀请招标的方式，共分四期招标（分别为外墙幕墙工程、1～10 层、11～20 层、20～25 层），由××测量师行编制工程量清单，实行按招标图纸内容总价包干，其中部分工程为暂定数量，此部分结算按实际完成工程量计算。由××装饰公司对该装饰工程进行投标。

1. 投标策略的分析

投标策略是指承包商在投标竞争中的系统工作部署及其参与投标竞争的方式和手段，企业在参加工程投标前，应根据招标工程情况和企业自身的实力，组织有关投标人员进行投标策略分析，其中包括企业目前经营状况和自身实力分析、对手分析和机会利益分析等。

（1）企业经营状况和实力分析　××装饰公司是刚晋升的一级总承包企业，有充足的后备力量拓展业务，正待开拓外地市场提高市场占有率。而该高级住宅楼所在地区建设项目多，竞争对手少，且工程造价偏低，对××装饰公司有一定的吸引力，能参加该工程的投标既是拓展经营的契机，亦是对××装饰公司实力的挑战。

（2）对手分析　据了解，参加该项目投标的承包商除××装饰公司外都是国内的国有企业，虽然有丰富的施工经验，但对××（城市）投资开发的项目施工经验甚少，在招标会中显示出对该工程的投标报价模式非常陌生，而××装饰公司早于 20 世纪 90 年代初期起已参加多个同类模式的投标，对同类工程的投标过程相当熟悉，同时在同类工程的施工管理和成本控制上积累了很多宝贵的经验，对参加这次投标有很大优势。

（3）业主情况和机会利益分析　该项目的开发商是实力雄厚的知名企业，资金充足，信誉良好，计划在该商务大楼所在地区开发多个项目，仅此项目拟投资约 6 亿元人民币，如果能够先人为主，为公司创下品牌，这将为承接后续工程和打开新的市场创造条件，并将可能会给公司带来不可限量的机会利润。

经过以上分析，××装饰公司决定以成本加合理利润的低价中标策略进行投标报价，并预留一定的下浮空间，待议标后二次报价时让利，给业主心理上造成"大降价"的错觉，并且可以在泄露标价时，以突然降价的方法，使对手措手不及。

2. 投标报价方法的运用

投标报价方法是依据投标策略选择的，一个成功的投标策略必须运用与之相适应的报价方法才能取得理想的效果。同时，在一个工程投标过程中往往不能只运用一个报价方法，还应结合采用多个报价方法，取长补短，互相呼应。在该工程的投标中主要运用了以下两种报价方法。

（1）成本分析法报价 由于业主提供的工程量是由××测量师行编制的，与国内定额、清单计价模式不尽相同，套用定额或清单计价只能起一定的参考作用，因此我们采用了成本分析法报价。

① 报价准备。成本分析法报价建立在预测成本的基础上，可通过下式表达：

$$投标总价＝总成本×（1＋利润率）×（1＋税率）$$

因此，必须保证预测成本的准确性，做好充分的报价准备。

首先，必须对招标文件进行深入研究，将工程量清单、图纸和技术规范结合阅读，检查复核；组织投标人员亲自考察现场，搜集资料包括现场的地形、道路、水电资源等情况；并对当地市场信息进行摸底，其中包括主要材料的市场价格，机械设备的租赁情况及各种工种的人工价格等，为投标报价的合理性提供准确依据。

其次，需分析选择合理的施工方案，不同的施工方案对应不同的工程造价，对投标报价的影响也是相当大的。在该工程的投标中××装饰公司向业主推荐板筋采用冷拉变形钢筋代替普通圆钢，此方案得到业主认可。

② 成本单价的确定。根据招标文件要求，该项目采用全费用单价进行报价，则成本单价组成包括了直接费、管理费、开办费等，其中：

$$直接费＝工资＋材料费＋施工机械费$$

工资是根据所搜集的目前市场上各类工种的人工工资确定。材料费则是根据目前市场上各种材料的市场价格乘以材料消耗量（可根据定额消耗量结合企业的施工经验所得）计算得到。施工机械费则是各分部工程的机械摊销费，可根据企业定额或参考市场租赁价格所得。

经过以上计算可得出每个分部分项工程的直接成本。

$$成本单价＝直接成本×（1＋开办费分摊率）×（1＋管理费分摊率）$$

式中成本单价是中标后成本控制的依据，是当前市场的最低成本，投标单价必须高于该成本单价，否则将会造成亏本。开办费分摊率和管理费分摊率是企业根据所积累的施工经验，结合施工管理水平综合取得的。

③ 投标单价的确定。投标总报价的另一公式为：

$$投标总价＝\sum 投标单价×工程量$$

$$投标单价＝成本单价×（1＋利润率）×（1＋税率）$$

式中的利润率是根据投标策略分析所得的预期利润，在此处利润率是变动的，在保持项目总利润率不变的前提下，对不同的分部工程可采用不同的利润率。而税率则是由政府部门统一规定的，不能随便改变。此外，可适当考虑一定的风险系数组成投标单价。

（2）不平衡报价法 是相对通常的平衡报价（正常报价）而言的，巧妙地结合使用不平衡报价有利于提前资金回笼时间和转移风险，间接赢得经济效益。

① 提前资金回笼时间。因为该工程付款方式为按工程进度付款，前期资金压力较大，所以在报投标单价时，我们结合采用了不平衡报价法，对前期工程如外墙的幕墙工程，通过调整此部分单价的利润率，适当调高投标单价，而对后期工程如粉刷、室内工程等则适当调低，经过调整后对工程总造价并没有影响，但如工程中标则在一定程度上缓解了因没有工程备料款而产生的前期资金压力紧张问题，加速工程资金回笼，间接赢得了经济效益。

② 风险转移。对总价包干工程，巧妙运用不平衡报价方法，还有利于提高变更工程的赢利能力，降低风险。如对工程量清单中预测可能会不断增加的项目，可适当提高项目单价，对可能会不断减少的项目，则可适当降低项目单价。在该工程投标中，业主以暂定数量形式，按低装修标准报价，但我们在分析时认为业主有很大的可能会根据目前主流市场要求提高装修标准，因此，低装修标准的报价作了适当上调。工程开工后，业主根据市场调查提高装修标准，由于投标时已将低装修标准的报价作了适当上调，巧妙地避免了减少利润的风险。

但采用不平衡报价要认真分析，价格水平高低不能明显夸张，否则可能会引起业主反感，认为报价不合理，甚至对业主评标产生负面影响，造成废标。

第8章
装饰工程承包合同管理

第1节　装饰工程承包合同的内容

要　点

　　装饰装修工程承包合同是经济合同中的一种，是发包方与承包方为完成装饰装修工程任务所签订的具有法律效力的经济合同。它旨在明确双方的责任、权利及经济利益的关系。

解　释

一、装饰工程承包合同的作用

　　① 明确双方的责任、权利、利益，使合同双方的计划能得到有机的统一，使计划落实有所制约和保证，确保建筑装饰装修工程能按照预控目标顺利实施。

　　② 有利于提高施工企业的经营水平和技术水平。

　　③ 有利于充分调动合同双方的积极性，共同在合同关系的相互制约下，有效地保证项目工程的顺利完成。

　　④ 为有关管理部门和签约双方提供监督和检查的依据，能随时掌握施工生产的动态，全面监督检查各项工作的落实情况，及时发现问题和解决问题。

二、装饰工程承包合同的主要条款

　　根据《中华人民共和国经济合同法》、《建设工程施工合同管理办法》、《建筑市场管理规定》和《建筑安装工程承包合同条例》等法规，装饰装修工程承包合同应具备下列主要条款。

　　（1）合同标的　合同标的要明确。例如建筑装饰装修工程合同中，要明确工程项目、工程量、工程范围、工期和质量等。

　　（2）价款或酬金　价款或酬金是装饰装修工程承包合同的主要部分之一。合同中要明确货币的名称、支付方式、单价、总价等，特别是国际工程承包合同。

　　（3）数量和质量　合同数量要明确计量单位，如 m、m^2、m^3、kg、t 等，在质量上，要明确所采用的验收标准、质量等级和验收方法等。

　　（4）履约的期限、地点和方式　合同履行包括工程开工到竣工交付使用的全过程及工程

期限、地点及结算方式等。

（5）违约责任　当合同当事人违反承包合同或不按承包合同规定期限完成时，将受到违约罚款。违约罚款有赔偿金和违约金等。

① 赔偿金：赔偿金是指由违约方赔偿给对方造成的经济损失，赔偿金的数量根据直接损失计算，也可根据直接损失加由此引起的其它损失一并计算，如双方发生争执，可由仲裁机构或法律机关依法裁决或判决。

② 违约金：违约金是指合同规定的对违约行为的一种经济制裁方法。违约金通常由合同当事人在法律规定的范围内双方协商确定，如事后发生争议，可由仲裁机构或审判机关依法裁决或判决。

三、装饰工程承包合同的主要内容

装饰装修工程承包合同应当宗旨明确，内容具体完整，文字精练，叙述清楚，含义明确。对于关键词或个别专有名词，应作必要的定义，避免模棱两可，解释不一，责任不明确，而埋了纠纷的种子。合同条款中不应出现含糊不清或各方未完全统一意见的条文，以方便合同执行和检查。

装饰装修工程承包合同的内容，主要有以下 15 个方面。

① 简要说明。

② 签订工程施工合同的依据。如上级主管部门批准的有关文件的文号，经批准的建设计划、施工许可证等。

③ 工程造价。应明确建设项目的总造价。

④ 工程的名称和地点。明确工程项目及施工地点，可为调整材料价差和计算相应的费用提供依据。

⑤ 施工准备工作分工。应明确建设单位与施工单位双方施工准备工作的分工责任、完成时间等。

⑥ 工程范围和内容。应按施工图列出工程项目内容一览表，表中分别注明工程量、计划投资、开竣工日期、工期及分期交付使用要求等。

⑦ 技术资料供应。应明确建设单位向施工单位供应技术资料的内容、份数、时间及其它有关事项。

⑧ 承包方式。是包工包料还是包工不包料等，施工期间出现政策性调整的处理方法等。

⑨ 物资供应。应明确物资供应的分工、办法、时间、管理以及双方的职责。

⑩ 工程质量和交工验收。应明确工程质量的要求、检查验收标准和依据，发生工程质量事故的处理原则和方法，保修条件及保修期限等。

⑪ 奖罚。在合同双方自愿的原则下，商定奖罚条款，如工期提前或拖后的奖罚及奖罚的结算方式、奖罚率（或额度）、支付办法等。

⑫ 工程拨款和结算方式。应明确工程预付款、工程进度款的具体拨付办法，设计变更、材料调价、现场签证等处理方法，延期付款计息方法和工程结算方法等。

⑬ 合同份数和生效方式。应明确合同正本与副本的份数和何时合同生效。

⑭ 仲裁。应明确合同当事人如发生争执而不能达成一致意见时，由仲裁机构或法律机关进行仲裁或判决等。

⑮ 其它条款。其它需要在合同中明确的权利、义务和责任等条款。

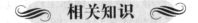

相关知识

装饰工程承包合同的种类

根据取费方式的不同，装饰装修合同可划分为下列几类。

（1）总价不变合同 是指发包方与承包方按固定不变的工程投标报价进行结算，不因工程量、材料价格、设备、工资等变动而调整合同价格的合同。对承包商来说，有可能获得较高的利润，但是也要承担一定的风险。此种承包方式的优点是装饰装修工程造价一次性包死，省事简单，但是承包商要承担单价与工程量的双重风险；这种方式多用于有把握的工程。

（2）单价合同 是指按照实际完成的工程量和承包商的投标单价结算，也就是量可变、单价不变的合同。单价合同目前国际上最为普遍。对承包商来说，工程量可以按实际完成的数量进行调整，但是单价不变，仍担风险，但比总价不变合同的风险相对要少。

（3）成本加酬金合同 是指工程成本实报实销，另加一定额度的酬金（利润）的合同。酬金的额度，按照工程规模和施工难易程度确定，酬金的多少随工程成本的变化而变动。这种成本加酬金的合同，虽然酬金较少，但是承包商可以不担任何风险，保收酬金，比较安全。

（4）统包合同 是指承包商从工程的方案选择、总体规划、可行性研究、勘察设计、施工，直至工程竣工、验收合格后，移交发包方使用为止，全部承包，即所谓交钥匙的合同。

第2节 装饰工程承包合同的签订与履行

∽ 要 点 ∽

工程承包合同分为按招标、投标方式订立的承包合同和按概预算定额、单价订立的承包合同两类。前者按招标文件的要求报价，签订合同；后者，由双方协商洽谈，统一意见后签订。

合同一旦签订，即具有法律效力，双方当事人必须严格履行合同全部条款，并承担各自的义务。合同不得因承包人或法人代表的变动而变更或解除。

∽ 解 释 ∽

一、装饰工程承包合同的签订

订立承包合同，都要经过洽谈协商阶段，又称"邀约"和"承诺"阶段。开始时，由一方向另一方提出订立合同的想法和要求，拟定订立合同的初步内容（即合同草案）。经过双方二次洽谈，同意对方的意见，达成协议，就由"邀约"达到"承诺"。如果另一方不完全同意对方的意见，则再次洽谈，不视为承诺。而订立一份合同往往要经过几番周折，多次洽谈，即邀约→二次邀约→再次邀约→承诺，直到签字为止。

在订立装饰装修工程承包合同时，应注意下列几个问题。

① 装饰装修工程承包项目种类多、内容复杂，在签订合同时应根据具体情况，由当事人协商订立各项条款。应注意执行国务院发布的《建设工程勘察设计合同条例》第五条和《建筑安装工程承包合同条例》第六条的有关规定。

② 合同必须按照国家颁发的有关定额、取费标准、工期定额、质量验收规范标准执行。双方当事人应该在核定清楚后签约。如果是通过招标、投标方式签订承包合同，双方可以不受国家定额、取费和工期的规定限制，但在标书中必须明确。

③ 签订合同应注意工程项目的合法性。一方面要了解该项目是否已列入年度计划，是否经有关部门批准；另一方面，要注意当事人的真实性，避免那些不具备法人资格、没有施工能力（技术力量）的单位充当施工方。此外，还要看资金、材料、设备是否落实，现场

水、电、道路、电话是否通畅，场地是否平整等。

④ 签订合同尽量不留活口，以免事后发生争议，影响合同的执行。

二、装饰工程承包合同的履行

为了保证合同的顺利进行，双方通常采用担保方式。通常的担保做法是：请担保人、预付担保金（由银行或保险公司出具保金）或以资产抵押等方式。担保人（或单位）以自己的名义或单位保证一方当事人履行合同，若被担保人不履行合同时，担保人要负连带责任。对方将依法没收担保金或变卖其抵押财产，收回违约造成的损失。

合同履行过程中，若因改变建设方案、变更计划、改变投资规模、较大地变更设计图纸等增减工程内容，打乱原施工部署，则应另签补充合同。补充合同是原合同的组成部分。

若因种种原因需解除合同，必须经双方共同协商同意，签订解除合同协议书。协议书未签署前，原合同依然有效。

合同变更或解除所造成的经济损失，应本着公平合理的原则，由提出变更或解除合同的一方负责，并及时在合同履行中办理经济签证手续，发生争议或纠纷时，合同双方应主动协商，本着实事求是的原则，尽量求得合理解决。如协商不成，任何一方均可向合同约定的仲裁机构申请调解仲裁。若调解无效、仲裁不服，可向经济法院提出诉讼、裁决。

～～ 相关知识 ～～

签订施工承包合同的原则

（1）合同第一位原则　合同是当事人双方经过协商达成一致的协议，签订合同是双方的民事行为。在合同所定义的经济活动中，合同是第一位的，作为双方的最高行为准则，合同限定并协调着双方的权利和义务。任何工程问题或争议首先都要按照合同解决，只有当法律判定合同无效，或争议超过合同范围时才按法律解决。

（2）合同自愿原则　合同自愿体现在下列两方面。

① 合同签订时，双方当事人应在自愿平等的条件下进行商讨。双方自由表达意见，自己决定签订与否，自己对自己的行为负责。任何人不得利用暴力、权力和其它手段胁迫对方当事人，致使签订违背当事人意愿的合同。

② 合同的内容、形式及范围由双方商定。合同的签订、变更、修改、补充和解释，以及合同争执的解决等均由双方商定，只要双方一致同意即可，其他人不得任意干预。

（3）合同的法律原则　合同的签订和实施必须符合合同的法律原则，具体体现在下列三个方面。

① 合同不能违反法律，不能与法律相抵触，否则合同无效。

② 法律保护合法合同的签订与实施。签订合同是一个法律行为，合同一经签订，合同以及双方的权益即受法律保护。

③ 合同自由原则受法律原则的限制，工程实施和合同管理必须在法律限定的范围内进行。

（4）诚实信用原则　合同的签订和顺利实施应建立在承包商、业主和工程师紧密协作、相互信任的基础上，合同各方应对自己的合作伙伴、对合同和工程的总目标充满信心，业主和承包商才能圆满地执行合同。

（5）公平合理原则　公平合理原则具体体现在下列几个方面。

① 承包商提供的工程（或服务）与业主的价格支付之间应体现公平的原则，并通常以当时的市场价格为依据。

② 工程合同应体现工程惯例。

③ 合同中的责任和权利应相互平衡，任何一方有一项责任就必须有相应的权利；反之，

有权利就必须有相应的责任。无单方面的权利和单方面的义务条款。

　　④ 风险的分担应公平合理。

　　⑤ 合同执行过程中，应对合同双方公平地解释合同，并统一使用法律尺度约束合同双方。

第 3 节　装饰工程施工索赔

～ 要　点 ～

　　签订工程承包合同后，在施工过程中可能发生许多问题，如发包方修改设计，额外增加工程项目，要求加快施工进度，以及招标文件中难免出现的与实际不符的错误等因素。由于这些原因，使施工单位在施工中付出了额外的费用，施工单位可通过合法的途径要求发包方偿还这项工作即"施工索赔"。

～ 解　释 ～

一、装饰工程施工索赔的内容

　　装饰装修工程施工索赔，一般包括要求赔偿款项和要求延长工期。

　　下列费用均在索赔范围之内：①人工费；②分包费和管理费；③材料及设备费；④工程贷款利息等；⑤保险费和保证金。

二、装饰工程施工索赔的手续

　　发包方在改变或增加合同条款时，一般都规定有提出索赔的时间期限（一般在 30 天之内），并经双方协商同意采纳赞同的条款，以便在提供工程资金问题上做出准确的估计和安排。

　　承包双方遇有索赔时，应在规定的期限内尽早向建设单位报送索赔通知，详细说明索赔的项目和具体要求，以免失掉索赔的机会。同时，应注意下列几点：①索赔费用准确；②索赔依据可靠；③严格遵守索赔期限。

　　如果合理的索赔要求拒绝执行或得不到承认时，应尽可能通过建设单位的组织或其上级主管部门得到解决，或提交有关仲裁机关仲裁，这样解决索赔问题费用省、时间短。必要时可向法院提出索赔诉讼。

～ 相关知识 ～

装饰工程施工索赔的依据

　　装饰装修工程施工索赔涉及面广，工程项目的各种资料是索赔的主要依据。为了保证索赔成功，承包方应指定专人负责收集和保管下列工程资料。

　　① 施工进度计划表及其执行情况。

　　② 施工人员计划表和日报表。

　　③ 施工材料和设备进场、使用情况。

　　④ 施工备忘录和有关会议记录以及定期与甲方代表的谈话资料。

　　⑤ 工程检查、实验报告。

　　⑥ 工程照片、来往有关信件。

　　⑦ 各项付款单据和工资薪金单据。

　　⑧ 所有的合同文件，包括标书、施工图纸和设计变更通知等。

参 考 文 献

[1] 中华人民共和国国家标准. 建设工程工程量清单计价规范（GB 50500—2013）[S]. 北京：中国计划出版社，2013.

[2] 中华人民共和国国家标准. 房屋建筑与装饰工程工程量计算规范（GB 5084—2013）. 北京：中国计划出版社，2013.

[3] 中华人民共和国国家标准. 建筑工程建筑面积计算规范（GB/T 50353—2013）[S]. 北京：中国计划出版社，2013.

[4] 中华人民共和国国家标准. 建筑装饰装修工程质量验收规范（GB 50210—2001）[S]. 北京：中国标准出版社，2002.

[5] 广播电影电视行业标准. 全国统一建筑装饰装修工程消耗量定额（GYD 901—2002）[S]. 北京：国家广播电影电视总局标准化规划研究所，2002.

[6] 中华人民共和国国家标准. 住宅装饰装修工程施工规范（GB 50327—2001）[S]. 北京：中国建筑工业出版社，2005.

[7] 徐学东. 建筑工程估价与报价 [M]. 北京：中国计划出版社，2005.

[8] 邢莉燕. 工程量清单的编制与投标报价 [M]. 济南：山东科学技术出版社，2005.

[9] 马维珍. 工程计价与计量 [M]. 北京：清华大学出版社，2005.

[10] 赵延军. 建筑装饰装修工程预算 [M]. 北京：机械工业出版社，2003.

[11] 刘全义. 建筑与装饰工程定额与预算 [M]. 北京：中国建材工业出版社，2003.

[12] 周学军. 工程项目招标投标策略与案例 [M]. 济南：山东科学技术出版社，2002.